U0294504

住房和城乡建设部"十四五"规划教材
"1＋X"职业技能等级证书系列教材
建筑信息模型（BIM）技术员培训教程

"1＋X"建筑信息模型（BIM）建模实务

庞　玲　　主　编
尹文君　　　副主编
黄永乾　岳现瑞　主　审

中国建筑工业出版社

图书在版编目（CIP）数据

"1＋X"建筑信息模型（BIM）建模实务／庞玲主编；
尹文君副主编. — 北京：中国建筑工业出版社，2022.7（2024.1重印）
住房和城乡建设部"十四五"规划教材 "1＋X"职
业技能等级证书系列教材 建筑信息模型（BIM）技术员
培训教程
ISBN 978-7-112-27196-2

Ⅰ. ①1… Ⅱ. ①庞… ②尹… Ⅲ. ①建筑设计-计算
机辅助设计-应用软件-职业教育-教材 Ⅳ.
①TU201.4

中国版本图书馆 CIP 数据核字（2022）第 040775 号

本书分基础篇和专项篇。基础篇以族、项目、体量的基本实例为基础，以
任务驱动的方式层层深入，介绍利用 BIM 工具软件 Revit 创建族、建筑项目、
体量模型的流程，以及对完成的模型进行渲染和表达的方法。专项篇以"1＋
X"建筑信息模型（BIM）职业技能等级证书初级考证大纲为依据，针对族专
项、体量专项、屋顶和楼梯专项、项目专项进行大量实例和专项训练。本书是
一本实训型教材。

本书配有详细操作视频微课，可以扫描书中二维码观看。本书还配有图
纸、模型文件、PPT 等数字资源。

本书适用于大中专院校"1＋X"建筑信息模型（BIM）职业技能等级证书
考试人员、BIM 技术员，以及各类 BIM 技能等级考试和培训人员。

为了更好地支持相应课程的教学，我们向采用本书作为教材的教师提供课
件，有需要者可与出版社联系。建工书院：http：//edu. cabplink. com，邮箱：
jckj@cabp. com. cn，2917266507@qq. com，电话：（010）58337285。

责任编辑：聂　伟
责任校对：党　蕾

住房和城乡建设部"十四五"规划教材
"1＋X"职业技能等级证书系列教材
建筑信息模型（BIM）技术员培训教程
"1＋X"建筑信息模型（BIM）建模实务
庞　玲　　主　编
尹文君　　　副主编
黄永乾　岳现瑞　主　审
*
中国建筑工业出版社出版、发行（北京海淀三里河路 9 号）
各地新华书店、建筑书店经销
北京鸿文瀚海文化传媒有限公司制版
天津翔远印刷有限公司印刷
*
开本：787 毫米×1092 毫米　1/16　印张：28　字数：699 千字
2022 年 8 月第一版　　2024 年 1 月第三次印刷
定价：**76.00** 元（附数字资源及赠教师课件）
ISBN 978-7-112-27196-2
（39012）

版权所有　翻印必究
如有印装质量问题，可寄本社图书出版中心退换
（邮政编码　100037）

出版说明

党和国家高度重视教材建设。2016年，中办国办印发了《关于加强和改进新形势下大中小学教材建设的意见》，提出要健全国家教材制度。2019年12月，教育部牵头制定了《普通高等学校教材管理办法》和《职业院校教材管理办法》，旨在全面加强党的领导，切实提高教材建设的科学化水平，打造精品教材。住房和城乡建设部历来重视土建类学科专业教材建设，从"九五"开始组织部级规划教材立项工作，经过近30年的不断建设，规划教材提升了住房和城乡建设行业教材质量和认可度，出版了一系列精品教材，有效促进了行业部门引导专业教育，推动了行业高质量发展。

为进一步加强高等教育、职业教育住房和城乡建设领域学科专业教材建设工作，提高住房和城乡建设行业人才培养质量，2020年12月，住房和城乡建设部办公厅印发《关于申报高等教育职业教育住房和城乡建设领域学科专业"十四五"规划教材的通知》（建办人函〔2020〕656号），开展了住房和城乡建设部"十四五"规划教材选题的申报工作。经过专家评审和部人事司审核，512项选题列入住房和城乡建设领域学科专业"十四五"规划教材（简称规划教材）。2021年9月，住房和城乡建设部印发了《高等教育职业教育住房和城乡建设领域学科专业"十四五"规划教材选题的通知》（建人函〔2021〕36号）。为做好"十四五"规划教材的编写、审核、出版等工作，《通知》要求：（1）规划教材的编著者应依据《住房和城乡建设领域学科专业"十四五"规划教材申请书》（简称《申请书》）中的立项目标、申报依据、工作安排及进度，按时编写出高质量的教材；（2）规划教材编著者所在单位应履行《申请书》中的学校保证计划实施的主要条件，支持编著者按计划完成书稿编写工作；（3）高等学校土建类专业课程教材与教学资源专家委员会、全国住房和城乡建设职业教育教学指导委员会、住房和城乡建设部中等职业教育专业指导委员会应做好规划教材的指导、协调和审稿等工作，保证编写质量；（4）规划教材出版单位应积极配合，做好编辑、出版、发行等工作；（5）规划教材封面和书脊应标注"住房和城乡建设部'十四五'规划教材"字样和统一标识；（6）规划教材应在"十四五"期间完成出版，逾期不能完成的，不再作为《住房和城乡建设领域学科专业"十四五"规划教材》。

住房和城乡建设领域学科专业"十四五"规划教材的特点，一是重点以修订教育部、住房和城乡建设部"十二五""十三五"规划教材为主；二是严格按照专业标准规范要求编写，体现新发展理念；三是系列教材具有明显特点，满足不同层次和类型的学校专业教学要求；四是配备了数字资源，适应现代化教学的要求。规划教材的出版凝聚了作者、主审及编辑的心血，得到了有关院校、出版单位的大力支持，教材建设管理过程有严格保障。希望广大院校及各专业师生在选用、使用过程中，对规划教材的编写、出版质量进行反馈，以促进规划教材建设质量不断提高。

住房和城乡建设部"十四五"规划教材办公室

2021 年 11 月

前　言

　　本书根据国家职业教育改革实施方案，探索"1+X"证书制度试点工作，通过对"1+X"BIM职业技能等级证书初级考证的教育教学实践，从职业教育特点出发，结合大量的实例实训，实现"教学做考"一体化，使学生既能以直观快捷的方式进行实操，掌握一般的BIM建模工作流程和方法，也为后续进行BIM技术的应用打下坚实基础。

　　本书注重能力与基础知识融会贯通，以"基础理论够用为度"为原则，重点突出实用性。在编写时特别注重分析任务，引导学生建立解决任务的思路和逻辑，在综合实训模块，按照"1+X"BIM职业技能等级证书初级考证的要求设置模拟题，给出实训建议和时间安排建议，学生通过综合实训能熟悉完整的"1+X"建筑信息模型（BIM）初级考证流程，并自测成绩。

　　本书提供丰富的学习资源，包括操作微课、教学PPT以及大量模型文件，可通过扫描对应的二维码查看。

　　全书共9个项目，由庞玲任主编并负责全书的统稿工作，尹文君任副主编，伍艺、林妍、祝煜、李伟、王颖、谢金萍、李欣倍参加编写，黄永乾、岳现瑞为主审。编写分工如下：庞玲、李欣倍编写项目1；尹文君编写项目2、项目3、项目5；林妍编写项目4；祝煜编写项目8中的任务8.1.1～任务8.1.5；谢金萍编写项目8中的任务8.1.6；李伟编写项目6、项目8中的任务8.2；王颖编写项目8中的任务8.3和任务8.4；伍艺编写项目7、项目8中的任务8.5和项目9。

　　限于编写时间和水平，书中难免存在不足和不当之处，恳请读者和同行批评指正。

目 录

基础篇

专项篇

二维码索引

基础篇

▶▶ 项目 1 BIM 建模基础知识

【项目目标】

知识目标：

1. 了解 BIM 的概念、BIM 的发展及 Revit 与 BIM 的关系；

2. 了解 Revit 操作界面；熟悉项目文件的创建和设置；

3. 掌握视图控制的方式、掌握基本修改编辑的命令。

能力目标：

1. 培养 BIM 技术思维能力；

2. 能使用 Revit 进行图元、视图的基本操作。

【思维导图】

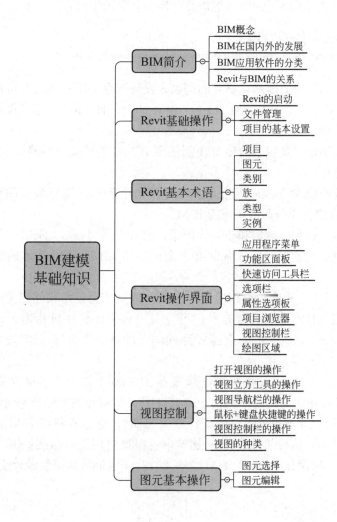

任务 1.1 BIM 简介

1.1.1 BIM 的概念

BIM 的全称是 Building Information Modeling（建筑信息模型），BIM 技术是 Autodesk 公司在 2002 年率先提出，目前已经在全球范围内得到业界的广泛认可。BIM 是一项应用于建设工程全生命周期的信息数字化技术，在设计管理、施工管理、运营维护管理等各个环节都有广泛的应用价值。它是以三维数字技术为基础，集成了建筑的设计、施工、运行直至建筑全寿命周期各种信息的建筑模型库，为建筑工程项目的相关利益方提供了一个工程信息交换和共享的平台。

码1-1
BIM简介

1.1.2 BIM 在国内外的发展

美国是较早启动建筑业信息化研究的国家，发展至今，BIM 研究与应用都走在世界前列，政府自 2003 年起，实行国家级 3D-4D-BIM 计划；自 2007 年起，规定所有重要项目通过 BIM 进行空间规划。

与大多数国家不同，英国政府要求强制使用 BIM，英国政府明确要求 2016 年前企业实现 3D-BIM 的全面协同。

在新加坡，政府成立了 BIM 基金，2011 年发布了新加坡 BIM 发展路线规划，计划于 2015 年前，超八成建筑业企业广泛应用 BIM。

在北欧，挪威、丹麦、瑞典和芬兰等国家，已经孕育 Tekla、Solibri 等主要的建筑业信息技术软件厂商。北欧四国并未强制要求全部使用 BIM，BIM 技术的发展主要是企业的自觉行为。

在日本，有 2009 年是日本的 BIM 元年之说。建筑信息技术软件产业成立国家级国产解决方案软件联盟。日本建筑学会于 2012 年 7 月发布了日本 BIM 指南。

在韩国，政府于 2010 年发布了 BIM 路线图，计划于 2016 年前实现全部公共工程的BIM 应用。

在中国，2011 年，住房和城乡建设部发布了《2011—2015 年建筑业信息化发展纲要》，拉开了 BIM 在中国应用的序幕，2012 年 1 月，住房和城乡建设部组织发布了《关于印发 2012 年工程建设标准规范制订修订计划的通知》，标志着我国 BIM 标准制订工作的正式启动。目前已颁布执行的标准有：《建筑信息模型应用统一标准》GB/T 51212—2016、《建筑信息模型施工应用标准》GB/T 51235—2017、《建筑信息模型设计交付标准》GB/T 51301—2018 等。

1.1.3　BIM 应用软件的分类

BIM 应用软件是指基于 BIM 技术的应用软件，即能支持 BIM 技术应用的软件。根据使用功能，可以简单地将 BIM 应用软件分为三大类，如图 1-1 所示。

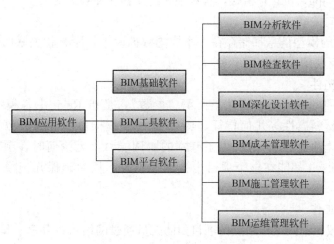

图 1-1　BIM 应用软件的分类

1. BIM 基础软件

BIM 基础软件即 BIM 建模软件，是 BIM 应用的基础，目前常用的软件有 Revit、ArchiCAD 等。

2. BIM 工具软件

BIM 工具软件是指利用基础软件创建的 BIM 模型，开展各种工作的应用软件。如在成本管理软件中常用的有广联达、鲁班、斯维尔等算量与计价软件。

3. BIM 平台软件

BIM 平台软件是指对以上软件产生的 BIM 数据进行有效的管理，支持项目全生命周期 BIM 数据共享应用的软件。这类软件构建了一个信息共享平台，各参与人员可通过网络，随时随地共享、查看、调用项目数据，如 BIM5D，广联云等。

1.1.4　Revit 与 BIM 的关系

Revit 系列软件是由全球领先的数字化设计软件供应商——美国欧特克（Autodesk）公司，针对建筑设计行业开发的三维参数化设计软件平台。Revit 最早是一家名为 Revit Technology 的公司于 1997 年开发的三维参数化建筑设计软件，2002 年，Autodesk 收购了该公司，并在工程建设行业提出 BIM 的概念。Revit 自 2004 年进入中国以来，已成为最流行的 BIM 创建工具，越来越多的设计企业、工程公司使用它完成三维设计工作和 BIM 模型创建工作。

Revit 建模以三维设计的理念为基础，直接采用建筑构件墙体、门窗、楼板、屋顶等构件，快速创建出与真实工程一致的 BIM 模型。Revit 能够自动构建参数化框架，提高模型创建的精确性和灵活性，所有的操作都在一个直观环境中完成，软件的主要特点有：

1. 文件的互操作性强

Revit 的标准文件是"＊.rvt"，同时支持 BIM 行业标准和系列格式文件的导入和导出，如 ifc、dwg、jpg、png 等格式，具有很好的兼容性和数据交换。

2. 信息的双向关联

Revit 中所有的模型信息都储存在一个协同数据库中，所有相关联的信息只要有一处变动，都会自动反映到模型中。

3. 参数化的构件

"参数化"是 Revit 的基本特性。所谓"参数"，是指 Revit 中各模型图元的几何尺寸、空间位置、材料属性等几何特征，Revit 通过修改构件的各种参数实现对模型的变更和修改，参数化功能为 Revit 提供了基本的协调能力；无论何时在项目中的任何位置进行任何修改，Revit 都能在整个项目内协调该修改，从而确保几何模型和工程数据的一致性。

4. 协同共享工作

不同专业领域、不同工作地点的项目团队人员通过网络可以共享、编辑同一模型，在同一服务器上综合收集中央模型。

Revit 是目前使用比较多的 BIM 应用软件，在其基础上二次开发的 BIM 工具也是最多的。我们主要学习 Revit 建筑建模，掌握 Revit 软件的建模功能、掌握参数设置，理解信息集成、叠加的逻辑性，进一步认识 BIM。

任务 1.2　Revit 基础操作

1.2.1　Revit 的启动

双击快捷方式，启动 Revit 主程序。Revit 2016 的应用界面如图 1-2 所示，整个主页界面主要包含项目和族两大区域，分别用于打开或新建项目以及打开或新建族。

在项目区域中，提供了建筑、结构、机械、构造等项目创建的快捷方式，单击不同类型的项目快捷方式，将采用各项目默认的项目样板进入新项目创建模式。

项目样板文件定义了项目文件中默认的初始参数，例如项目单位、层高信息、线型设置等。在实际应用中，预先设置好的符合工程要求的样板文件，可以避免重复创建各种初始参数。

码1-2
Revit基础
操作和基本
术语

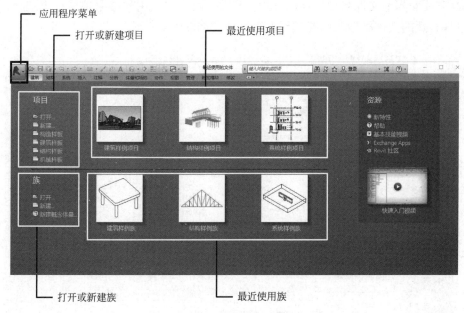

图 1-2　Revit 应用界面

　　点击"应用程序菜单"按钮，其右下方的"选项"按钮，可以设置"保存提醒时间间隔""选项卡"的显示和隐藏、文件保存位置等。

　　还可以通过单击"应用程序菜单"按钮，在列表中选择"新建"→"项目"选项，将弹出"新建项目"对话框，根据需要从"样板文件"下拉栏中选择合适的样板文件，选择新建"项目"，单击完成，如图 1-3 所示，也可以单击"浏览"指定其他样板文件。

图 1-3　"新建项目"对话框

1.2.2　文件管理

　　在 Revit 软件运行时，或者完成工作退出软件时，需要及时保存文件，保存文件的方式有以下几种：

　　（1）在快速访问工具栏中选择"保存"；

　　（2）在"应用程序菜单"栏中选择"保存"文件；

（3）若要对当前文件名和保存位置进行修改，可在"应用程序菜单"栏中选择"另存为"，选择合适的文件类型及位置进行保存即可，如图1-4所示。

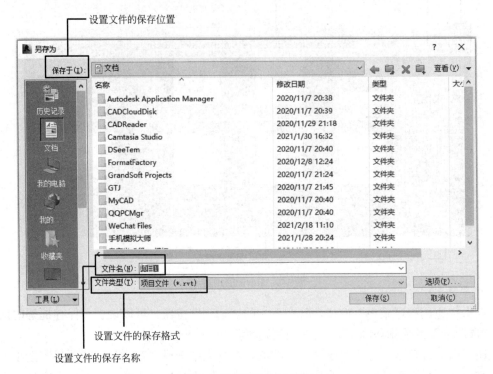

图1-4 "另存为"对话框

1.2.3 项目的基本设置

项目的创建通常是由项目样板开始的。项目样板承载着项目的各种信息，以及用于构成项目的图元。Revit依据不同专业的通用需求，发布了适用于构造、建筑、结构、机械的项目样板。实际建模时，还可以通过功能区"管理"选项卡中"设置"面板的工具来定制项目的设计标准，如图1-5所示。

图1-5 "管理"选项卡中的"设置"面板

本节重点介绍项目单位、捕捉的设置，其余工具在后续应用中介绍。

1. 设置项目单位

项目单位用于设置项目中的数值单位，控制明细表及打印等数据输出。单击"管理"→

单击"设置"面板中的"项目单位"按钮，在弹出的对话框中可以预览和修改单位格式和精度。如图 1-6 所示是根据"建筑样板"创建项目时项目单位的默认设置，可以满足一般的设计要求。如果有需要，可以单击格式列的按钮进行修改。

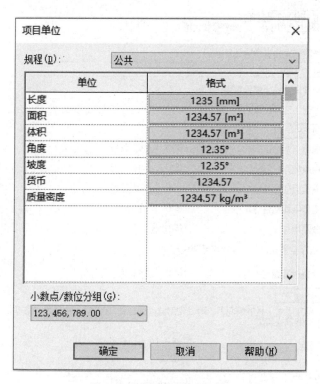

图 1-6　"项目单位"对话框

2. 设置捕捉

在建模过程中启用"捕捉"功能，可以精确地选中图元的特定点，精确、快速地完成绘制和建模。单击"管理"→单击"设置"面板中的"捕捉"按钮，弹出对话框，如图 1-7 所示。

默认情况下，"关闭捕捉"是未勾选的，表示当前已启动捕捉模式。

捕捉对话框包括三部分：尺寸标注捕捉、对象捕捉、临时替换。

分别勾选"长度标注捕捉增量"和"角度尺寸标注捕捉增量"，并设置对应的增量值，在绘制有长度和角度信息的图元时，会根据设置的增量进行捕捉，从而快速建模。

在对象捕捉中，可以根据自己的建模习惯，勾选对应的捕捉点，启动需要的特殊点捕捉。

在放置图元或绘制线时，当系统出现的捕捉点不是我们的目标点时，可以调用临时替换，临时替换只影响当次选择。在捕捉对话框中，对象捕捉中对应点后圆括号中所示的字母为该点的快捷键，同时还提供了关闭捕捉、循环捕捉、强制水平和垂直等的快捷键。

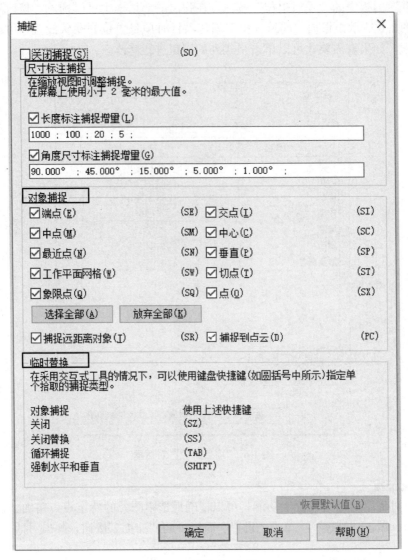

图 1-7 "捕捉"对话框

任务 1.3　Revit 基本术语

Revit 常用术语包括：项目、图元、类别、族、类型、实例，应理解这些术语的概念和含义，才能灵活创建模型和文档。扫描码 1-2 观看相关视频。

1.3.1　项目

在 Revit 中，可以简单地将项目理解为 Revit 的默认存档格式文件。该文件中包含了工程中所有的模型信息和其他工程信息，如材质、造价、数量等，还可以包括设计中生成的各种图纸和视图。项目以".rvt"的数据格式保存。注意".rvt"格式的项目文件无法在低版本的 Revit 打开，但可以被更高版本的 Revit 打开。

项目样板是创建项目的基础，在 Revit 中创建任何项目时，均会采用默认的项目样板文件。项目样板文件以".rte"格式保存。与项目文件类似，无法在低版本的 Revit 软件中使用高版本软件创建的样板文件。

1.3.2　图元

图元，即图形元素，是可以编辑的最小图形单位。图元是图形软件用于操作和组织画面的基本元素。Revit 图元有三种：模型图元、基准图元、视图专有图元，如图 1-8 所示。

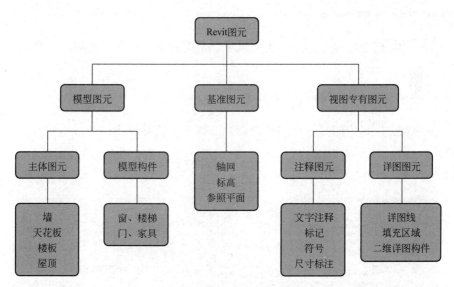

图 1-8　Revit 图元

模型图元：表示建筑的实际三维几何图形。它们显示在模型的相关视图中，例如墙、天花板、门、窗、屋顶等是模型图元。

基准图元：用于绘制或创建模型时的定位工具。例如，轴网、标高和参照平面都是基准图元。

视图专有图元：视图专有图元是二维图元，只能在放置这些图元的视图中显示，包括注释图元和详图图元。

注释图元是对模型进行图纸化的说明、归档并与出图比例相关联的二维图元，例如，尺寸标注、标记和文字注释等。

详图图元可以在特定识图中更详细地表达模型的细节，包括详图线、填充区域和二维详图构件等。

1.3.3 类别

类别是一组用于对建筑设计进行建模或记录的图元，用于对建筑模型图元、基础图元、视图专有图元进一步分类。

1.3.4 族

族是某一类别中图元的类，用于根据图元参数的共用、使用方式的相同或图形表示的相似来对图元类别进一步分组。一个族中不同图元的部分或全部属性可能有不同的值，但是属性的设置（其名称和含义）是相同的。

1.3.5 类型

每一个族都可以拥有多个类型。类型既可以是族的特定尺寸，也可以是样式。

1.3.6 实例

实例是放置在项目中的每一个实际的图元。每一实例都属于一个族，且在该族中属于特定类型。

图 1-9 列举了 Revit 中类别、族、类型和实例之间的相互关系。

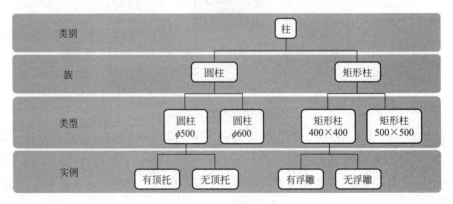

图 1-9　类别、族、类型、实例关系图

例如，对于同一类型的不同柱实例，它们均具备相同的柱截面尺寸和柱构造定义，但可以具备不同的高度、底部标高等信息。

修改类型属性的值会影响类型的所有实例，而修改实例属性时，仅影响所有被选择的实例。要修改某个实例使其具有不同的类型定义，必须为族创建新的类型。例如，要将其中一个 400×400 的矩形柱图元修改为 400×500 的矩形柱，必须为矩形柱创建新的类型，以便于在类型属性中定义柱的截面尺寸。

任务 1.4　Revit 操作界面

Revit 操作界面是执行显示、编辑图形等操作的区域，完整的操作界面包括应用程序菜单、快速访问工具栏、信息中心、功能区面板、选项栏、属性选项板、项目浏览器、绘图区域、视图控制栏、状态栏等界面内容，如图 1-10 所示。

码1-3
Revit操作界面

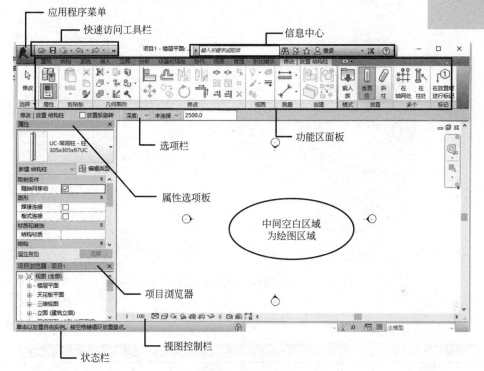

图 1-10　操作界面

1.4.1　应用程序菜单

单击左上角按钮，可以打开应用程序菜单列表，如图 1-11 所示。该菜单包括新建、打开、保存、打印、导出等常用工具。

1.4.2　功能区面板

功能区面板提供了在创建项目或族时所需要的全部工具。功能区界面如图 1-12 所示。功能区主要由选项卡、工具面板和工具组成。

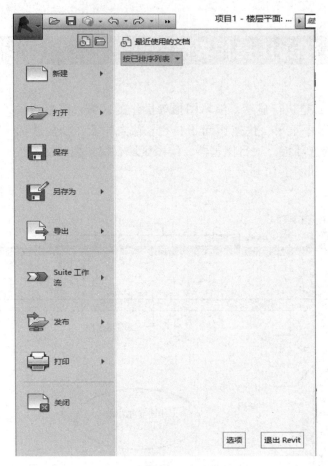

图 1-11 "应用程序菜单"对话框

图 1-12 功能区

单击工具可以执行相应的命令，进入绘制或编辑状态。例如，要执行"墙"工具，点击"墙"工具按钮中的下部倒三角符号，可以显示附加的相关工具。如图 1-13 所示。直接单击工具将执行最常用的工具，即列表中的第一个工具。

Revit 提供了 3 种不同的功能区面板的显示状态。单击功能区选项卡最右侧的功能区状态切换符号 ，可以将功能区视图在显示完整的功能区、最小化到面板平铺、最小化至选项卡状态间切换。

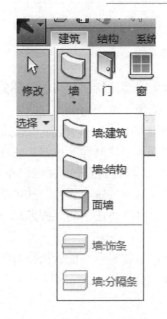

图 1-13　"墙"工具按钮

另外，将鼠标停在工具按钮上，会显示出该工具的使用说明。

1.4.3　快速访问工具栏

快速访问工具栏默认放置了一些常用的命令和按钮，如图 1-14 所示。同样地，将鼠标停在工具按钮上，会显示出该工具的用途。

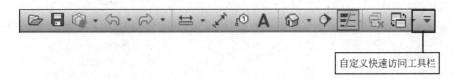

图 1-14　快速访问工具栏

另外，单击"自定义快速访问工具栏"按钮，可查看工具栏命令的用途，用户可自定义快速访问工具栏显示的命令及顺序。

1.4.4　选项栏

选项栏默认位于功能区下方。用于设置当前正在执行的操作细节，根据当前工具命令或者选择不同的图元时，选项栏显示与该命令或图元的相关选项，可以根据需要设置相关参数和编辑信息。图 1-15 为使用墙工具时，选项栏的设置内容。

图 1-15　使用墙工具时的选项栏

1.4.5 属性选项板

属性选项板用于查看和修改图元属性特征。其由四部分组成：类型选择器、编辑类型按钮、属性过滤器和实例属性，如图1-16所示。

在任何情况下，按键盘快捷键Ctrl+1，均可打开或关闭属性选项板。还可以选择任意图元，点击"上下文关联"选项卡中"属性"按钮；或在绘图区域中单击鼠标右键，在弹出的快捷菜单中选择"属性"选项将其打开；也可以单击功能区选项卡的"视图"按钮→单击"用户界面"的倒三角符号→勾选"属性"选项将其打开。

可以将该选项板固定在Revit窗口的任一侧，推荐固定在Revit界面的最左侧"选项栏"的下方。

当选择图元对象时，属性选项板将显示当前所选择对象的实例属性；如果未选择任何图元，则选项板上将显示活动视图的属性。

1.4.6 项目浏览器

项目浏览器用于管理整个项目所涉及的视图、明细表/数量、图纸、族、组及其他对象，项目浏览器呈树状结构，如图1-17所示。

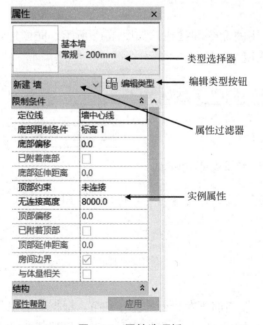

图1-16 属性选项板

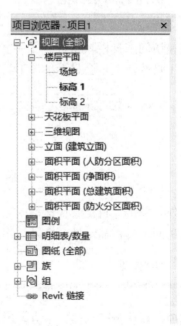

图1-17 项目浏览器

项目浏览器中，项目类别前显示 ⊞ 表示该类别中还包括其他子类别项目，单击它，可展开或折叠，将下一层级的内容显示出来或者隐藏。

可以将该选项板固定在Revit窗口的任一侧，推荐固定在Revit界面的最左侧"属性选项板"的下方。

　　当找不到项目浏览器时，可以单击功能区选项卡的"视图"按钮→单击"用户界面"的倒三角符号→勾选"项目浏览器"选项将其打开，或在绘图区域中单击鼠标右键，在弹出的快捷菜单中选择"属性"选项将其打开。

1.4.7　视图控制栏

　　视图控制栏的主要功能为控制当前视图的显示样式，它提供了视图比例、详细程度、视觉样式、日光路径、阴影设置、视图裁剪、视图裁剪区域可见性、三维视图锁定、临时隐藏、显示隐藏图元、临时视图属性、隐藏分析模型等视图控制选项，如图 1-18 所示。

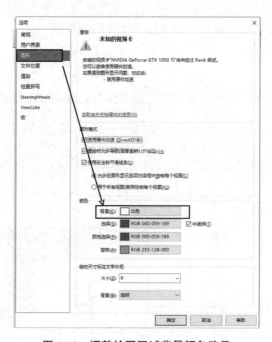

图 1-18　视图控制栏

1.4.8　绘图区域

　　Revit 窗口中的绘图区域显示当前项目的楼层平面视图以及图纸和明细表视图。在 Revit 中每当切换至新视图时，都将在绘图区域创建视图窗口，且保留所有已打开的其他视图。

　　默认情况下，绘图区域的背景颜色为白色。时间长了会感觉眼花，可以修改成黑色，要修改颜色，先点击软件左上角，打开"应用程序菜单"（图 1-10）→点击右下角的"选项"→点击"图形"，可以设置视图中的绘图区域背景颜色为黑色，如图 1-19 所示。

图 1-19　调整绘图区域背景颜色路径

使用"视图"选项卡"窗口"面板中的平铺和层叠工具，可设置所有已打开视图排列方式为平铺或者层叠，如图1-20所示。

图1-20　平铺、层叠窗口

任务1.5　视图控制

Revit 提供了多种方法显示模型的整体效果或局部细节。

1.5.1　打开视图的操作

打开功能区选项卡"视图"按钮，可以创建视图。或者通过项目浏览器快速浏览视图、图例、明细表、图纸、族等重要信息。在"项目浏览器"中，视图的排序和分组是按视图类型、规程或阶段来进行设定的，双击视图名称，可以打开相应的视图。

Revit 支持多视图操作，如图1-21所示。当前打开了3个视图，可以直接点击绘图区左上方的视图名称进行活动视图的切换。

码1-4
Revit视图
控制

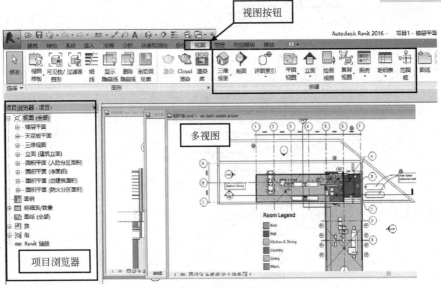

图1-21　打开视图操作

1.5.2　视图立方工具的操作

视图立方工具又称 ViewCube 导航工具，当打开三维视图时，会出现在绘图区右上方的导航工具，可以灵活地观察模型的整体效果或局部细节。

视图立方工具分为四个组成部分，包括：主视图、视图立方体、方向控制盘、关联菜单按钮，如图 1-22 所示。

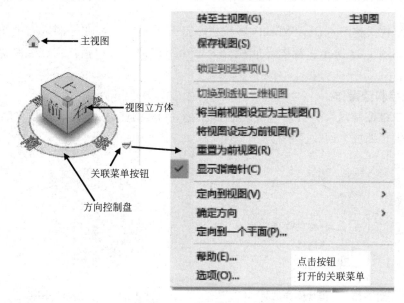

图 1-22　"立方体"工作窗

1. 主视图操作

单击视图立方工具左上角的"小房子"按钮，可将当前视口图形切换到系统默认的"东南轴测视图"，也可以根据需要将其他方向的视图设为主视图。

2. 立方体操作

立方体操作有三种控制方式：

（1）立方体角点控制

单击立方体中的任一角点，可切换至对应的等轴测视图。

（2）立方体棱边控制

单击立方体上的任一棱边，可切换至 45°侧立面视图。

（3）立方体面控制

单击立方体四周的 4 个方向箭头按钮（▲、▼、◀、▶）来选择立方体的 6 个方位的正投影面，对视口图形进行俯视、仰视、左视、右视、前视及后视的视图观察。

3. 方向控制盘操作

单击或拖动视图立方体工具中的方向控制盘方向文字（东、南、西、北），以获得西南、东南、西北、东北或任意方向的视图。

此外，还可以通过鼠标配合键盘（按住鼠标滚轮＋Shift 键）对模型进行任意方位查看。

4. 关联菜单操作

单击视图立方体工具右下角"关联菜单按钮"，或者在立方体处单击鼠标右键，系统都会弹出关联菜单。菜单中"保存视图""将当前视图设定为主视图""定向到视图"工具在实际建模实务中经常使用。

1.5.3　视图导航栏的操作

视图导航栏又称 Steering Wheels 导航栏，打开项目文件，在绘图区右上角会出现视图导航栏，如图 1-23 所示。视图导航栏分为三个组成部分，包括：二维控制盘、区域放大、自定义。

1. 二维控制盘操作

单击"二维控制盘"会自动生成控制盘图标，并跟随鼠标移动，如图 1-24 所示。二维控制盘提供了缩放、回放、平移三个指令。

图 1-23　二维视图导航栏

图 1-24　"控制盘"图标

当对当前视图进行缩放时，只需按住"缩放"不松手，同时上下或左右拖动鼠标，鼠标在绘图区内的位置就是缩放的中心点；按住"平移"不松手，可以对当前视图进行移动。

在操作缩放和平移的指令时，系统会自动捕捉和记录操作节点，通过回放的方式显示，点击需要的视图，松开鼠标左键，视图将被定格。

2. 区域放大操作

"区域放大"是将视图中某部分视图区域进行放大，类似于放大镜，点击"区域放大"指令，利用鼠标框选需要放大的图元范围，框选的视图将会放大显示。点击下方的小三角，该指令还提供了其他多种操作工具，可以根据需要进行切换。

3. 自定义操作

点击视图导航栏右下方的小三角，该指令提供了导航栏的位置、透明度等设置。

1.5.4　鼠标＋键盘快捷键的操作

在绘制和创建图元时，还可以使用带滚轮鼠标＋键盘快捷键的方式控制视图显示，常用视图控制快捷方式见表 1-1。

常用视图控制快捷方式　　　　　　　　　　　　　表 1-1

快捷键	操作方式	操作结果
鼠标中键	向上或向下滚动	可以实时放大或缩小当前视图的显示范围
	按住鼠标中键	可以平移视图
"Shift 键"＋鼠标中键	同时按下	可以自由旋转视图的显示方向
"Ctrl 键"＋鼠标中键	同时按下	可以实时放大或缩小当前视图的显示范围
鼠标右键	在绘图区空白处单击	可以弹出快捷菜单,里面有视图控制工具

1.5.5　视图控制栏的操作

视图控制栏位于绘图区左下角,主要是控制视图的显示状态,如图 1-25 所示。视图控制栏主要包括:视图比例、视图详细程度、视觉样式、阴影控制、渲染(仅三维视图)、裁剪视图、临时隐藏/隔离图元、显示隐藏的图元等工具。

图 1-25　视图控制栏

其中,"视觉样式""临时隐藏/隔离""显示隐藏的图元"工具在项目创建时最为常用。

1. 视觉样式

单击"视觉样式"按钮,将弹出快捷菜单,从中可以选择视图的显示样式。视觉样式按显示效果由弱变强分为线框、隐藏线、着色、一致的颜色、真实五种视觉样式。显示效果逐渐增强,但所需要的系统资源也越来越大。一般平面或剖面施工图可设置为线框或隐藏线模式,3D 视图采用着色样式,这样系统消耗资源较小,项目运行较快。

常用的视觉样式显示如图 1-26 所示。

图 1-26　常用视觉样式

2. 临时隐藏/隔离图元

在建模过程中,可以临时隐藏或者凸显需要观察或者编辑的构件,为工作带来方便。选择图元后,单击"临时隐藏/隔离图元"按钮 图标,将弹出选项框,可以分别对所选图元或类别进行隐藏和隔离操作。

其中：

隐藏图元：将隐藏所选图元；

隔离图元：只显示选中的图元，除此之外的其他图元都被临时隐藏；

隐藏类别：与选中图元具有相同属性的图元类别都被临时隐藏；

隔离类别：只显示与选中对象相同类别的图元，其他图元将被临时隐藏。

所谓临时隐藏图元，是指当关闭项目后，重新打开项目时，被隐藏的图元将恢复显示。

视图临时隐藏或隔离图元后，视图周边将显示蓝色边框。此时，再次单击隐藏或隔离图元命令，可以选择"重设临时隐藏/隔离"选项恢复被隐藏的图元，或选择"将隐藏/隔离应用到视图"选项，此时视图周边蓝色边框消失，将永久隐藏不可见图元，即无论任何时候，图元都将不再显示。

3. 显示隐藏的图元

在绘制和创建过程中，由于图元比较多，有时需要将某些图元或类别隐藏。例如，要在当前视图中隐藏屋顶图元，可以将鼠标移至屋顶，此时图元蓝显，单击鼠标右键，在弹出的快捷菜单中选择"在视图中隐藏"。

在视图中可以根据需要临时隐藏任意图元，如图 1-27 所示。

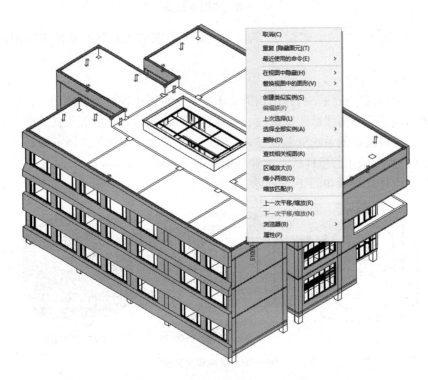

图 1-27　"临时隐藏图元"窗口

要查看或打开被隐藏的图元，可以在视图控制栏上单击"显示隐藏的图元"按钮（小灯泡图标），绘图区域将显示一个红色边框，所有隐藏的图元都以红色显示，而可见图元则显示为灰色调。

要取消图元在当前视图中的隐藏，可以将鼠标移至要选择的图元上，此时图元会蓝显，单击鼠标右键，在弹出的快捷菜单中选择"取消在视图中隐藏""图元"或"类别"，操作完成。

要退出"显示隐藏的图元"模式，只需再次点击视图控制栏上的"小灯泡"按钮。

1.5.6　视图的种类

Revit 视图有很多种形式，每种视图类型都有特殊用途。

常用的视图有平面视图、立面视图、剖面视图、详图索引视图、三维视图、图例视图、明细表视图等。所有视图均根据模型剖切投影生成。

下面介绍一些常用视图。

1. 楼层平面视图

楼层平面视图是沿项目水平方向，按指定的标高偏移位置剖切项目生成的视图。在楼层平面视图中，当不选择任何图元时，"属性"面板将显示当前视图的属性。单击"属性"面板中的"视图范围"的"编辑"按钮，将打开"视图范围"对话框，如图 1-28 所示。在该对话框中，可以定义视图的剖切位置等。

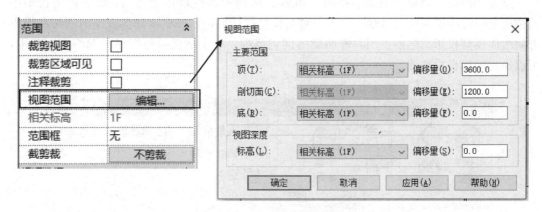

图 1-28　"视图范围"对话框

图 1-28 中，视图"主要范围"是 1 层（1F），底标高为 0.000m，顶标高为 3.600m，剖切面的标高为 1 层地面向上 1.200m 处做的剖切，从剖切面位置向下查看模型形成的投影就是楼层平面图。

"视图深度"是视图范围外的附加平面，可以设置视图深度的标高，以显示位于底标高之下的图元，默认情况下该标高与底部重合。

2. 天花板平面视图

天花板平面视图与楼层平面视图类似，同样是沿项目水平方向指定标高位置对模型进行剖切生成投影。但天花板平面视图与楼层平面视图观察的方向相反：天花板平面视图为从剖切面的位置向上查看模型形成的投影。

3. 立面视图

立面视图是项目模型在立面方向上的投影视图。在 Revit 中，默认每个项目包含东、西、南、北 4 个立面视图，并在楼层平面视图中显示立面视图符号，如图 1-29 所示。双击平面视图中立面视图标记中的黑色小三角，会直接进入立面视图。建模时，要注意图元应绘制在 4 个立面视图符号包围的区域内，那么范围内的图元均可见，如果绘制的图元超出立面视图标记符号外，则超出的图元在相应的立面视图里将不可见。

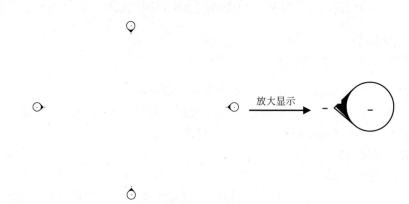

放大显示

图 1-29　立面视图符号

4. 剖面视图

点击"视图"面板"剖面"按钮，如图 1-30 所示。可以在平面、立面或详图视图中通过指定位置绘制剖面符号线，在该位置对模型进行剖切，并根据剖面视图的剖切和投影方向生成模型投影。剖面视图具有明确的剖切范围，单击剖面符号即显示剖切深度范围，可以通过鼠标自由拖拽。

图 1-30　"剖面""详图索引"按钮

5. 详图索引视图

当需要对模型的局部细节进行放大显示时，可以使用详图索引符号。点击"视图"面板"详图索引"按钮，如图 1-30 所示。可以在平面视图、剖面视图、详图视图或立面视图中添加详图索引，这个创建详图索引的视图，被称为"父视图"，详图索引视图显示父视图中某一部分的局部放大图。

如果删除父视图，则也将删除该详图索引视图。

6. 三维视图

使用三维视图，可以直观查看模型的状态。Revit 中三维视图分两种：正交三维视图和透视图。

在正交三维视图中，不管观察距离的远近，所有构件的大小均相同，单击快速访问栏

"默认三维视图"图标  直接进入默认三维视图，可以使用"Shift＋鼠标中键"根据需要灵活调整视图角度。

透视图一般使用"视图"里的"三维视图"下拉列表中的"相机"工具创建，如图 1-31 所示。在透视图中，越远的构件显示得越小，越近的构件显示得越大，这种视图更符合人眼的观察视角。

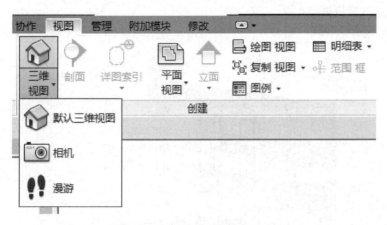

图 1-31　视图中的"相机"工具

任务 1.6　图元基本操作

在创建模型过程中，经常要选择图元进行相关的编辑和修改，本任务学习图元选择、图元编辑。

1.6.1　图元选择

在 Revit 中，要对图元进行修改和编辑，必须选择图元。在 Revit 中可以使用 4 种方式进行图元的选择，分别是单击图元法、框选图元法、选择全部实例法、按过滤器选择法。

1. 单击图元法

单击图元法是将鼠标移动到要选择的图元上，该图元将高亮显示，此时单击鼠标左键就可以选中图元，被选中的图元将会蓝显。

如果要选择多个图元，可以按住键盘上的"Ctrl"，此时光标箭头右上方会出现"＋"，连续单击鼠标左键点选相应的图元，即可一次性选择多个图元。

如果要在选择集中扣除图元，可以按住键盘上的"Shift"，此时光标箭头右上方会出现"－"，单击鼠标左键点选相应的图元，即可将图元从选择集中扣除。

码1-5
Revit图元选
择和图元编辑

2. 框选图元法

框选图元法是在绘图区空白处单击鼠标左键并拖住，从左向右拖拽光标绘制范围框时，将生成实线范围框，只有被实线范围框全部包围的图元才能被选中，这个方法也叫正选法；当从右至左拖拽光标绘制范围框时，将生成虚线范围框，所有被完全包围或与范围框边界相交的图元均可被选中，此法也叫反选法。

3. 选择全部实例法

在编辑图元时，如需选择同一类别的图元，可采用选择全部实例法，如图 1-32 所示。

图 1-32 "选择全部实例"窗口

如果要选择同类别的全部墙图元，只需先任意点选某个墙图元，然后单击鼠标右键，在弹出的快捷菜单中点击"选择全部实例"，即可完成对同一类别墙图元的选取。

"选择全部实例"选项下还有两个子选项："在视图中可见"和"在项目中可见"，可根据实际需要选择。

4. 按过滤器选择法

在建模过程中，有时候需要选择某一类型图元进行编辑，可以按过滤器选择，过滤器可以删除不需要的类别。

先框选，选择全部图元，然后在"修改｜选择多个"下方的"选择"面板中单击"过滤器"（漏斗图标），将弹出"过滤器"对话框，如图 1-33 所示。

对话框显示了当前选择的图元类别及各类别的图元数量，先点击"放弃全部"按钮，再勾选需要选择的图元前的复选框，最后单击"确定"按钮，即可选中全部的拟选图元。

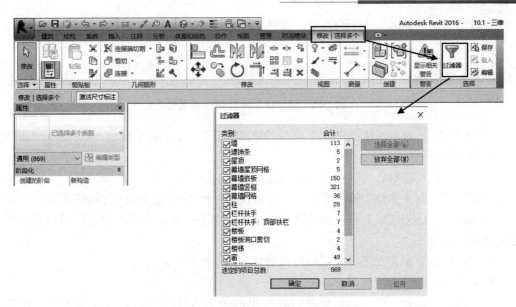

图 1-33　"过滤器"图标和对话框

1.6.2　图元编辑

在 Revit 中，对图元的编辑提供了基本的绘制工具和修改工具。

1. 基本的绘制工具

下面以模型线为例，介绍基本绘制工具的使用。

（1）绘制模式

选择软件自带的"建筑样板"新建项目，在"建筑"选项卡的"模型"面板中单击"模型线"按钮，将展开"修改 | 放置 线"的"绘制"工具面板，如图 1-34 所示。进入自动绘制模式。

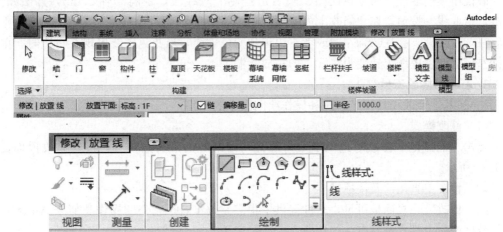

图 1-34　"绘制"工具面板

在使用绘制工具时，一定要注意"修改｜放置 线"选项栏的设置，如图 1-35 所示。

| 修改｜放置 线 | 放置平面:标高:1F ∨ | ☑ 链 偏移量:0.0 | □ 半径:1000.0 |

图 1-35 "修改｜放置 线"选项栏

"放置平面"：显示当前的工作平面为"标高：1F"（即 1 层平面），也可以从列表中选择其他的工作平面。

"链"：勾选复选框，可以在绘图区域连续绘制直线。

"偏移量"：在文本框中输入参数，设定绘制直线与绘制基准线间的偏移距离。

"半径"：勾选复选框，在后面的文本框中输入参数，则在连续绘制直线时自动在转角处创建圆弧连接。

有时图标会显示为灰度，则说明在当前状态下不可用。

（2）绘图工具说明

由"绘制"面板（图 1-34）可见，软件提供了很多绘图工具，各绘图工具的用途如图 1-36 所示。各工具的操作和使用类似于 AutoCAD。

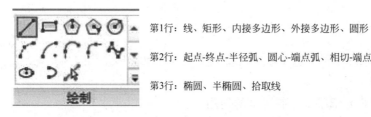

第1行：线、矩形、内接多边形、外接多边形、圆形

第2行：起点-终点-半径弧、圆心-端点弧、相切-端点弧、圆角弧、样条曲线

第3行：椭圆、半椭圆、拾取线

图 1-36 绘图工具的用途

常用创建线段的工具"拾取线"，它是根据现有墙、线或者边来创建线段，如图 1-37 所示，下面介绍它的用法。

假设用"拾取线"命令在视图②轴右边绘制一条线段，距离②轴 2.0m，方法如下：单击"拾取线"按钮，在"修改｜放置 线"选项栏中，设置"偏移量"为 2000mm，把鼠标放在②轴附近，会在②轴左边或者右边出现蓝色虚线，当蓝色虚线出现在右边时，单击鼠标左键，蓝色虚线则转变为实线，即完成绘制。

2. 基本的修改工具

Revit 基本修改工具用来修改和操作绘图区中的图元。

（1）修改模式

点击功能区的"修改"选项卡，将展开"修改"上下文选项卡，进入修改界面，如图 1-38 所示。

（2）修改工具用途及快捷键

由"修改"工具面板可见，软件提供了很多修改工具，它们的操作类似于 AutoCAD，大部分修改命令都提供有默认的快捷命令，见表 1-2。

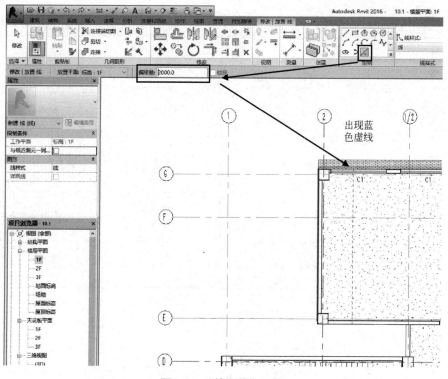

图 1-37　"拾取线"工具

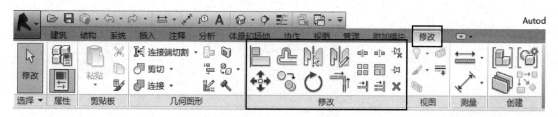

图 1-38　"修改"工具面板

修改工具的用途及快捷键　　　　　　　　　　　　　　　　表 1-2

按钮	修改工具名称(快捷键)	按钮	修改工具名称(快捷键)
	对齐命令(AL)		阵列命令(AR)
	偏移命令(OF)		缩放命令(RE)
	镜像命令-拾取轴(MM)		锁定命令(PN)
	镜像命令-绘制轴(DM)		解锁命令(UP)

按钮	修改工具名称（快捷键）	按钮	修改工具名称（快捷键）
	移动命令（MV）		拆分图元（SL）
	复制命令（CO）		用间隙拆分
	旋转命令（RO）		修剪/延伸单个图元
	修剪/延伸为角命令（TR）		修剪/延伸多个图元
	删除命令（DE）		

▸▸ 项目 2　族基础

【项目目标】

知识目标：

1. 熟悉族的相关概念；
2. 掌握族的载入和创建方法；
3. 熟练掌握族的命令。

能力目标：

1. 具备系统族的载入能力；
2. 具备可载入族的载入和创建能力；
3. 具备内建族的创建能力。

【思维导图】

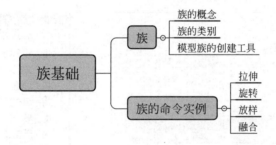

任务2.1　族

2.1.1　族的概念

族是 Revit 模型的基础，各种图元均由相应的族及其类型构成。通过族工具将标准图元和自定义图元添加到建筑模型中，可更方便地管理和修改模型。

族是一个包含通用属性（也可称作参数）集和相关图形表示的图元组，且属于一个族的不同图元的部分或全部参数可能有不同的值，但是参数（其名称与含义）的集合是相同的。在 Revit 中，族中的这些变体称作族类型或类型。此外，族可以是二维族或者三维族，但是并非所有的族都是参数化族。用户可以根据实际需求，事先合理地规划三维族、二维族以及是否参数化。

2.1.2　族的类别

族是一个包含通用属性集和相关图形表示的图元组。同属于一个族的不同图元，可能有不同的参数值，但是属性的设置是相同的。一个族可以拥有多个类型，在 Revit 中的族有三种形式：系统族、可载入族和内建族。

1. 系统族

系统族是在 Revit 中预定义的族，用于创建基本的建筑图元，例如：墙、楼板、楼梯、屋顶等。此外，系统族还包含标高、轴网、图纸和视口等用于设置和管理项目的图元组。

系统族不能单独保存，只能在 Revit 项目样板中预定义。不能创建、复制、修改和删除系统族，但是可以复制和修改系统族中的类型，以便创建需要的新类型，因此系统族中应至少保留一个族类型，其他不需要的可以删除。系统族不能用载入的方法加载到项目文件中，但是可以在项目和样板之间复制、粘贴或者传递。

在"类型属性"和"项目浏览器"对话框中可查看族和族类型，如图 2-1、图 2-2 所示。

图 2-1　"类型属性"对话框

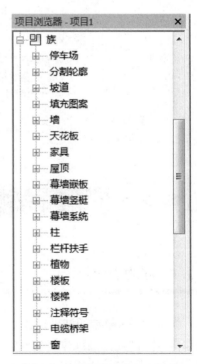

图 2-2　"项目浏览器"对话框

2. 可载入族

可载入族可以自定义并保存为".rfa"格式族文件，包括：构件族、注释族和体量族。

（1）构件族

构件族包括窗、门、橱柜、设备、家具和植物等构件图元族。

（2）注释族

注释族包括尺寸标注、制图符号和图纸、标题栏等注释图元族。

（3）体量族

体量族是特别为建筑概念设计阶段提供的建模工具。

可载入族具有高度可自定义的特征，Revit 提供"族编辑器"创建和修改族。可以复制和修改现有的构件族，也可以选择合适的族样板文件创建新族。可以将它们载入项目，从一个项目传递到另一个项目，如果需要，还可以从项目文件保存到库中。

点击"插入"选项卡中的"载入族"按钮，将打开"载入族"对话框，如图 2-3 所示。

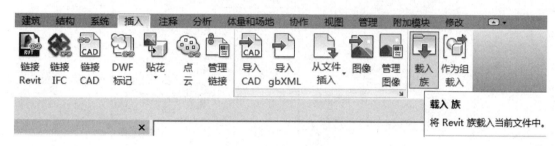

图 2-3　"载入族"工具

3. 内建族

内建族既可以是特定项目中的模型构件，也可以是注释构件。只能在当前项目中创建内建族，因此它们仅适用于创建当前项目中需要且不计划在其他项目中使用的图元。创建内建图元时，Revit 将为该图元创建一个新族，该族只有一个族类型，不能通过复制类型的方式来创建多个族类型。创建内建族时，可以选择类别，且使用的类别将决定构件在项目中的外观和显示控制。点击"建筑"选项卡的"构件"按钮，选择"内建模型"，可以进入"在位编辑器"创建内建模型图元，如图 2-4 所示。

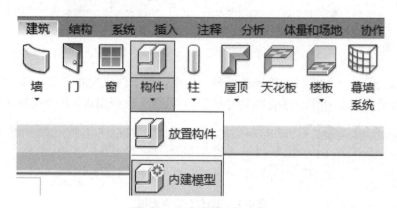

图 2-4　"内建模型"工具

2.1.3　模型族的创建工具

在 Revit 中，通过"可载入族"或"内建族"可以创建各种建筑构件模型，供项目使用。创建模型族的工具包括：拉伸、融合、放样、旋转及放样融合，可以创建实心和空心形状，该工具在"形状"面板上，如图 2-5 所示。

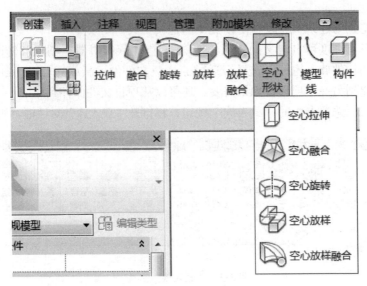

图 2-5　"形状"面板

1. 拉伸

拉伸是通过拉伸二维形状（轮廓）来创建三维实心形状，即在工作平面上绘制形状的二维轮廓，然后垂直拉伸轮廓，从而创建三维形体。"拉伸"命令面板如图 2-6 所示。

图 2-6　"拉伸"命令面板

2. 融合

融合可以将两个不同形状的轮廓进行融合建模，用于创建实心三维形体，该形体将沿其长度发生变化，从起始形状融合到最终状态。"融合"命令面板如图 2-7 所示。

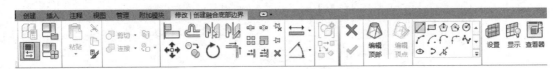

图 2-7　"融合"命令面板

3. 旋转

旋转通过围绕轴旋转某个二维轮廓从而创建三维形体，可创建围绕一根轴旋转而成的几何图形，可以绕轴旋转 360°，也可以只旋转 180°或者任意的角度。"旋转"命令面板如图 2-8 所示。

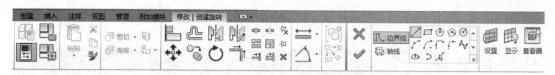

图 2-8　"旋转"命令面板

4. 放样

放样是绘制轮廓和路径，并沿路径拉伸此轮廓来创建族的一种建模方式。通过沿路径放样二维轮廓，可以创建实心三维形体。"放样"命令面板如图 2-9 所示。

图 2-9　"放样"命令面板

5. 放样融合

放样融合可以创建具有两个不同轮廓的融合体，然后沿路径对其进行放样。"放样融合"命令面板如图 2-10 所示。

图 2-10　"放样融合"命令面板

6. 空心形状

空心形状创建负的几何形体（空心），用于切割实心几何形体，其创建方式和实心形体相似，都可以采用空心拉伸、空心融合、空心旋转、空心放样和空心放样融合等基本工具。

常见基本形体与族命令的关系见表 2-1。

常见基本形体与族命令的关系表　　　　　　　　　　表 2-1

族命令	图标	常见的基本形体
拉伸	拉伸	
融合	融合	
旋转	旋转	
放样	放样	

熟练掌握族的命令是创建族三维模型的基础。在创建时需遵循的原则是：任何实体模型和空心模型都必须对齐并锁在参照平面上，通过在参照平面上标注尺寸来驱动实体的形状变化。

下面就通过实际案例，介绍常用形状命令的使用和模型族的创建。

2.2.1 拉伸

【实例 2-1】创建如图 2-11 所示中的螺母模型，螺母孔的直径为 20mm，正六边形长 18mm，各边距孔中心 16mm，螺母高 20mm。图中尺寸单位为 "mm"，下文同此。

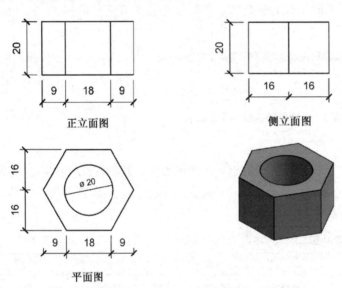

码2-1
拉伸（螺母、
台阶模型）

正立面图   侧立面图

平面图

图 2-11 螺母

【形体分析】

在创建模型前需要进行形体分析，对不同的形体选择不同的命令。螺母形体很明显，由一个六棱柱体减掉一个圆柱体形成，如图 2-12 所示，因此用"拉伸"命令和"空心拉伸"命令即可完成。

【创建步骤】

（1）新建族文件，选择"公制常规模型"，命名为"螺母"，另存到指定位置。

（2）在"项目浏览器"中确定视图为：参照标高，如图 2-13 所示。

（3）点击"创建"选项卡中的"拉伸"按钮，进入"修改｜创建拉伸"界面，选择"外接多边形"按钮，如图 2-14 所示。

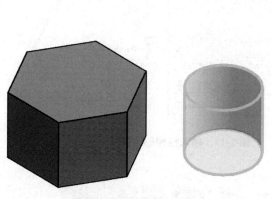

图 2-12　螺母形体分析

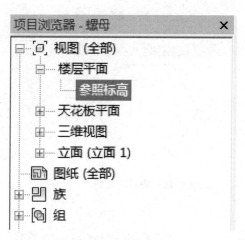

图 2-13　参照标高视图

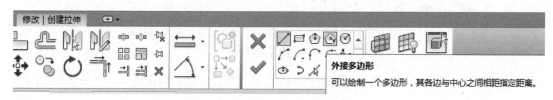

图 2-14　"外接多边形"命令

（4）鼠标选择外接多边形中心：默认参照线交点；键盘输入 16 后回车确认，如图 2-15 所示。

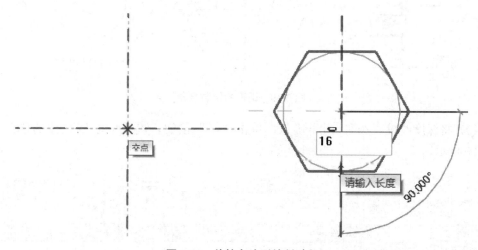

图 2-15　外接多边形绘制过程

（5）完成轮廓线的绘制后，点击"√"按钮确认，如图 2-16 所示。

（6）在状态栏中输入拉伸形体的深度：20，回车确认，如图 2-17 所示。

（7）在"创建"选项板中单击"空心形状"按钮，选择"空心拉伸"命令，单击"圆形"按钮，如图 2-18 所示。

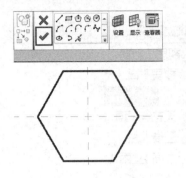

图 2-16　确认轮廓线

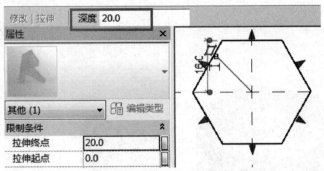

图 2-17　输入拉伸形体深度

图 2-18　选择圆形命令

（8）鼠标选择圆心：默认参照线交点，键盘输入半径：10，回车确认，如图 2-19 所示。

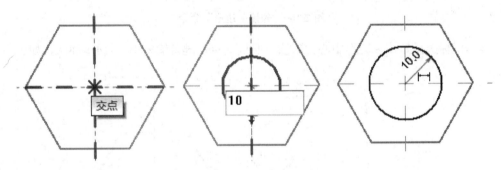

图 2-19　圆形的绘制步骤

（9）将深度改成"20"，回车确认，单击"√"按钮，确认空心圆柱体的创建，如图 2-20 所示。

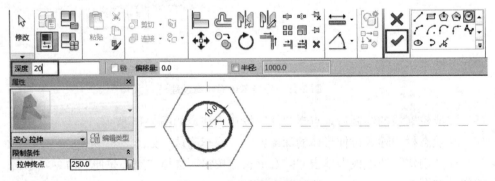

图 2-20　空心圆柱体的创建

（10）单击标题栏"默认三维视图"按钮，调整显示比例 1 ：1，选择"视觉样式：带边框的真实感"，查看建模情况并检查模型，如图 2-21 所示。完成螺母三维模型的创建。

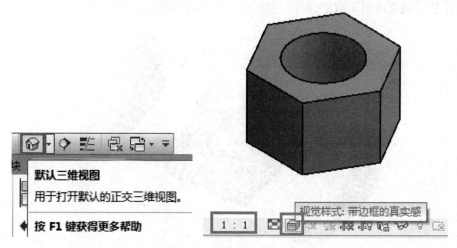

图 2-21 三维视图检查模型

【实例 2-2】请根据图 2-22 给定尺寸生成台阶实体模型。扫描码 2-1 可观看建模视频。

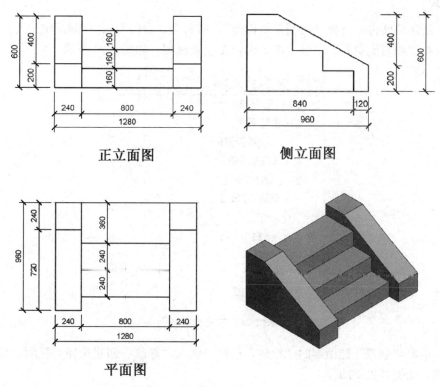

图 2-22 台阶

【形体分析】

台阶可分为三个部分：左、右两侧挡土墙和三级踏步，如图 2-23 所示。两侧挡土墙是同尺寸形体，可以用"镜像"命令生成；中间部分的三级踏步和挡土墙都可以用"拉伸"命令完成，截面二维轮廓图形需要在左、右侧立面视图绘制（建议在左立面视图绘制，与任务"侧立面图"数据保持一致更容易绘制轮廓线）。

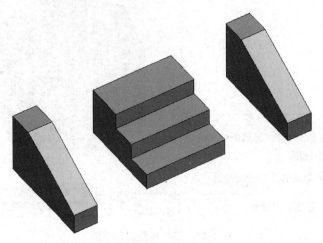

图 2-23　台阶的形体分析

【创建过程】

（1）新建族文件，选择"公制常规模型"，命名为"台阶"，另存到指定位置。

（2）在"项目浏览器"中确定视图为：左立面视图，如图 2-24 所示。

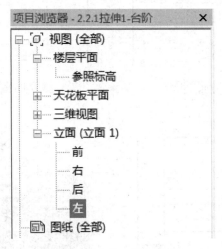

图 2-24　左立面视图

（3）单击"创建"选项卡的"拉伸"按钮，进入"修改｜创建拉伸"界面，单击"直线"按钮，如图 2-25 所示。

（4）挡土墙的建模：根据图形尺寸，将封闭的轮廓线用直线命令完成，单击"√"按钮确认，如图 2-26（a）所示。

踏步的建模：同上方法，在拉伸命令中绘制踏步的轮廓线，单击"√"按钮确认，如图 2-26（b）所示。

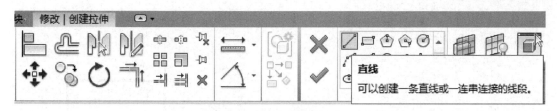

图 2-25　选择直线命令

（5）在"项目浏览器"中将视图切换到前立面视图，如图 2-27 所示。

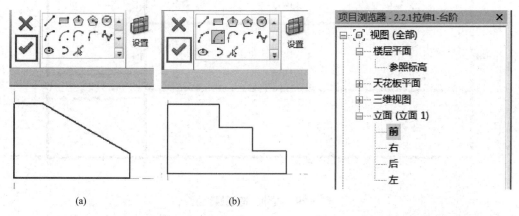

(a)	(b)

图 2-26　完成两个部分的轮廓线　　　　　　**图 2-27　切换至前立面视图**

（6）单击"创建"选项卡的"参照平面"按钮，进入"修改｜放置 参照平面"界面，选择"拾取线"按钮，根据尺寸分别修改偏移量，再依次用鼠标点选已有的参照线，生成所需要的参照平面，如图 2-28 所示。

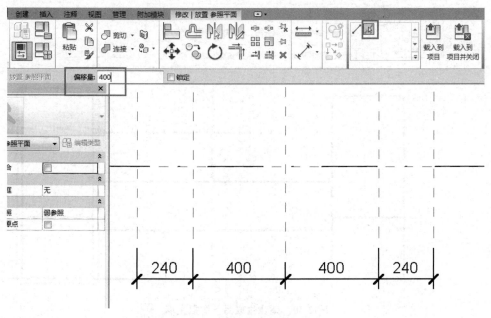

图 2-28　参照平面的完成

（7）根据参照平面的定位，通过"拉伸：造型操纵柄"箭头，将形体调整到合适尺寸位置，如图 2-29 所示。

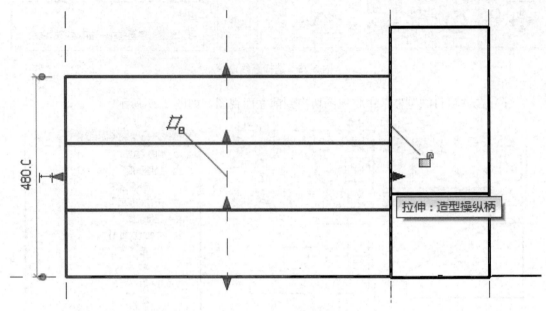

图 2-29　拉伸：造型操纵柄

（8）选择创建完成的一侧挡土墙，在"修改 | 拉伸"选项卡中单击"镜像"按钮，鼠标拾取对称轴，可直接生成另一侧挡土墙，如图 2-30 所示。

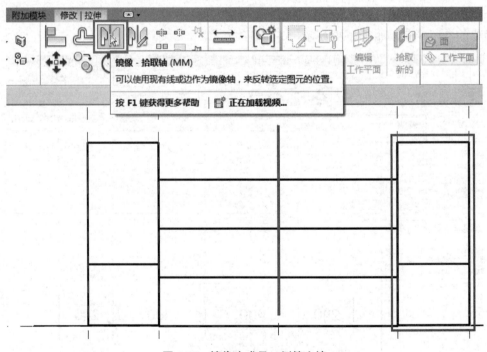

图 2-30　镜像生成另一侧挡土墙

（9）单击标题栏"默认三维视图"按钮，调整显示比例 1:1，选择"视觉样式：带边框的真实感"，查看建模情况并检查模型，如图 2-31 所示。完成台阶三维模型的创建。

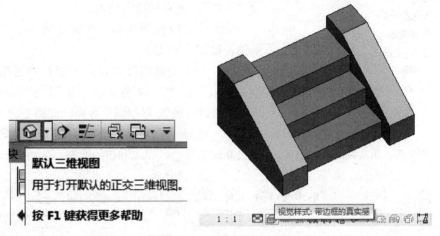

图 2-31 三维视图检查模型

2.2.2 旋转

【实例 2-3】请根据图 2-32 中的尺寸完成花瓶的形体创建，并设置花瓶的材质为"玻璃"，颜色为"红色"。

码2-2
旋转(花瓶、圆桌模型)

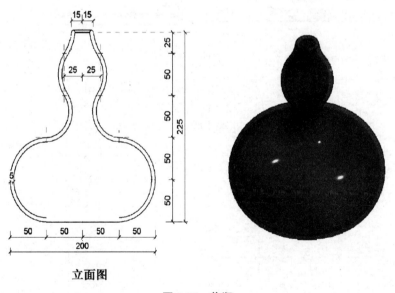

立面图

图 2-32 花瓶

【形体分析】

花瓶是一个很明显的旋转体，在立面视图中绘制一边的轮廓线后，绕着中间轴转 360°即可。

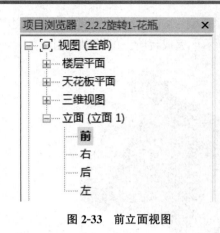

图 2-33　前立面视图

【创建过程】

（1）新建族文件，选择"公制常规模型"，命名为"花瓶"，另存到指定位置。

（2）在"项目浏览器"中确定视图为：前立面视图，如图 2-33 所示。

（3）为了绘制轮廓线，需要通过参考轴线来定位。点击"创建"选项卡的"参照线"命令按钮，进入"修改 | 放置 参照线"界面，如图 2-34 所示。

（4）选择"拾取线"按钮，根据轴线间距尺寸依次修改偏移量，完成轴线的绘制，如图 2-35 所示。

图 2-34　参照线命令

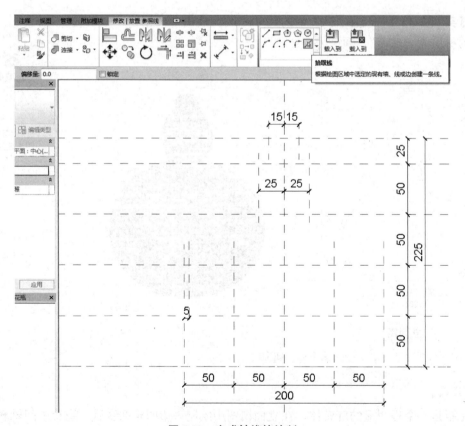

图 2-35　完成轴线的绘制

（5）单击"创建"选项卡的"旋转"按钮，进入"修改｜创建旋转"界面，单击"相切-端点弧"按钮，在轴线的关键点上依次完成花瓶单边轮廓线的绘制。再单击"偏移"按钮，输入偏移尺寸：5，继续完成闭合轮廓线。接着单击"轴线"按钮，绘制旋转轴：中心轴线。单击"√"按钮确认，即可生成花瓶模型，如图 2-36 所示。

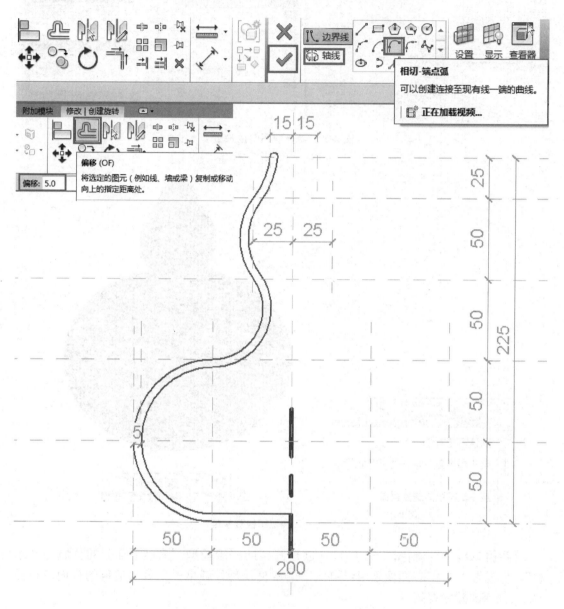

图 2-36 完成花瓶轮廓线的绘制

（6）选择花瓶模型，在"属性"中选择"材质"，打开材质浏览器，新建材质命名为"玻璃"，设置玻璃外观材质和颜色，如图 2-37 所示。

（7）单击标题栏"默认三维视图"按钮，调整显示比例1∶1，选择"视觉样式：带边框的真实感"，查看建模情况并检查模型，如图 2-38 所示。完成花瓶三维模型的创建。

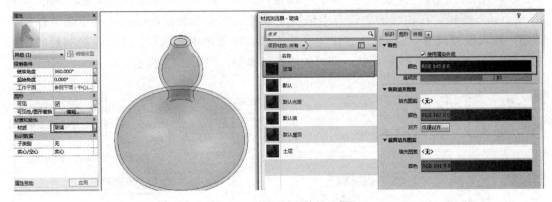

图 2-37　花瓶材质等的设置

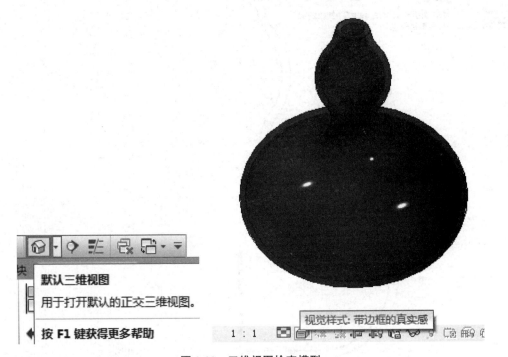

图 2-38　三维视图检查模型

【实例 2-4】请根据图 2-39 的尺寸创建圆桌的三维模型。圆桌下部分的材质为"木材"，外观为"红木"，图像采用浮雕图案的木材纹理，圆桌上部分为玻璃的台面。扫描码 2-2 可观看建模视频。

【形体分析】

圆桌由两个旋转体组成，如图 2-40 所示。分别在前立面视图中绘制二维轮廓线，绕中心轴旋转 360°即可生成圆桌。

【创建过程】

（1）新建族文件，选择"公制常规模型"，命名为"圆桌"，另存到指定位置。

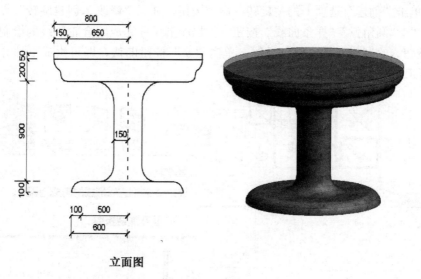

立面图

图 2-39 圆桌

图 2-40 圆桌分析

（2）在"项目浏览器"中确定视图为：前立面视图，如图 2-41 所示。

图 2-41 前立面视图

（3）单击"创建"选项卡的"旋转"命令按钮，进入"修改｜创建旋转"界面，陆续单击"直线""圆角弧""样条曲线"按钮，根据图形尺寸完成闭合轮廓线的绘制。再单击"轴线"按钮，绘制旋转轴：中心轴线。单击"√"按钮确认，即可生成下部分模型，如图 2-42 所示。

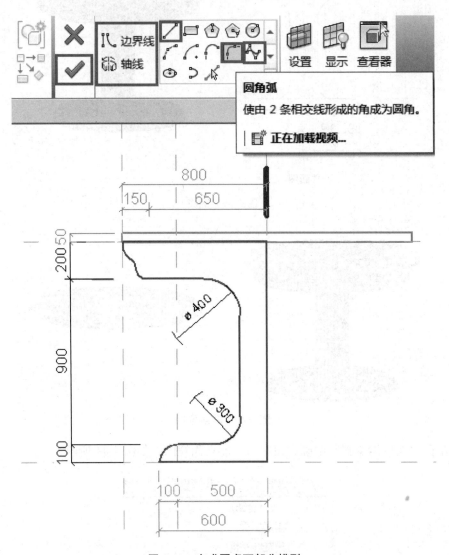

图 2-42　完成圆桌下部分模型

（4）单击"创建"选项卡的"旋转"命令按钮，进入"修改｜创建旋转"界面，单击"直线"按钮，根据图形尺寸完成闭合轮廓线。再单击"轴线"按钮绘制旋转轴。单击"√"按钮确认，即可生成上部分模型，如图 2-43 所示。

（5）选择圆桌下部分模型，在"属性"中选择"材质"，打开材质浏览器，新建材质命名为"木材"，设置外观材质和颜色，如图 2-44 所示。

（6）选择圆桌上部分模型，在"属性"中选择"材质"，打开材质浏览器，新建材质命名为"玻璃"，设置外观材质和颜色，如图 2-45 所示。

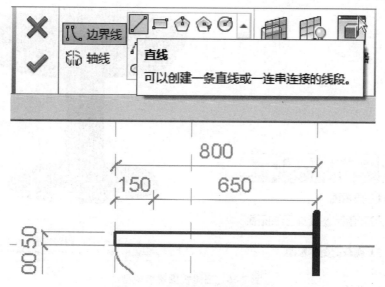

图 2-43　完成圆桌上部分模型

图 2-44　圆桌下部分材质的设置

图 2-45　圆桌上部分材质的设置

（7）单击标题栏"默认三维视图"按钮，调整显示比例 1：1，选择"视觉样式：带边框的真实感"，查看建模情况并检查模型，如图 2-46 所示。完成圆桌三维模型的创建。

图 2-46　三维视图检查模型

2.2.3　放样

【**实例 2-5**】根据图 2-47 中给定的轮廓与路径创建柱顶饰条模型。材质为"石膏"，外观以"石料"图像显示。

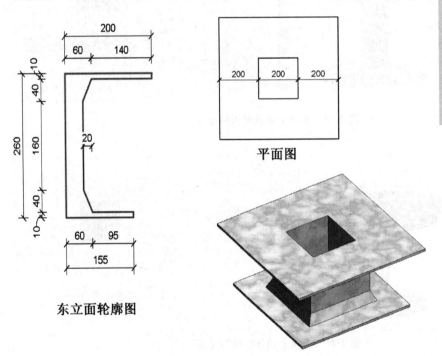

平面图

东立面轮廓图

图 2-47　柱顶饰条

码2-3
放样(柱顶
饰条、直角
支吊架模型)

【形体分析】

柱顶饰条使用"放样"命令创建，在前立面视图中绘制闭合轮廓线，沿着 600×600 的正方形放样，即可生成柱顶饰条模型。注意：要先绘制放样路径，再绘制轮廓图，操作会更简单顺畅。

【创建过程】

（1）新建项目文件，选择"建筑样板"，在"建筑"选项卡中单击"构件"按钮，选择"内建模型"，如图 2-48 所示。

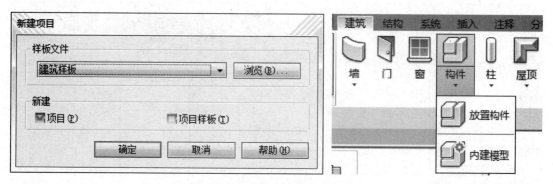

图 2-48　新建建筑样板项目文件

（2）在"族类别和族参数"对话框中，选择"柱"类别，单击确定。在"名称"对话框中命名"柱顶饰条"，如图 2-49 所示。

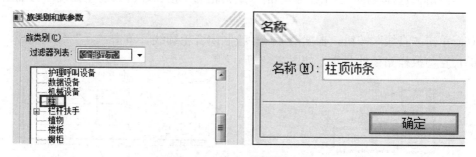

图 2-49　命名"柱顶饰条"

（3）在"项目浏览器"中确定视图为：标高 2 视图，如图 2-50 所示。

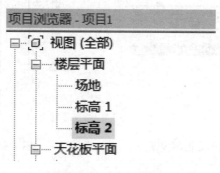

图 2-50　参照标高视图

（4）在"创建"选项卡中选择"放样"命令按钮，进入"修改｜放样"界面，选择"绘制路径"按钮，陆续使用"拾取线""修剪/延伸为角"按钮，根据图形尺寸绘制闭合的路径线，单击"√"按钮确认，如图 2-51 所示。

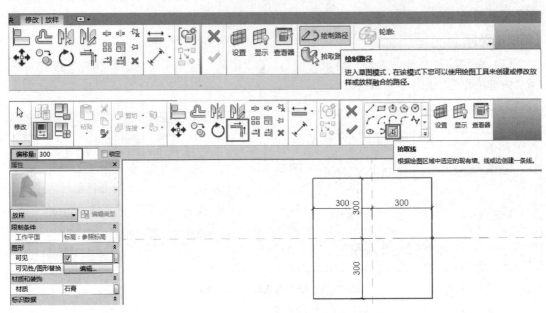

图 2-51　绘制放样路径

（5）单击"选择轮廓"按钮，再单击"编辑轮廓"按钮，转到前立面视图，如图 2-52 所示。

（6）单击"直线"按钮，根据图形尺寸绘制闭合轮廓线，单击"√"确认完成。注意起点的位置与放样路径的关系，如图 2-53 所示。

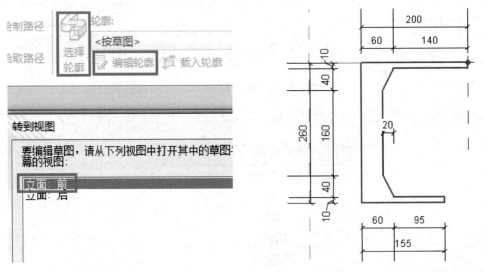

图 2-52　编辑轮廓转到前立面图视图　　　　　　**图 2-53　绘制闭合轮廓线**

（7）选择柱顶饰条模型，在"属性"中选择"材质"，打开材质浏览器，新建材质命名为"石膏"，设置石膏外观材质和颜色，如图 2-54 所示。

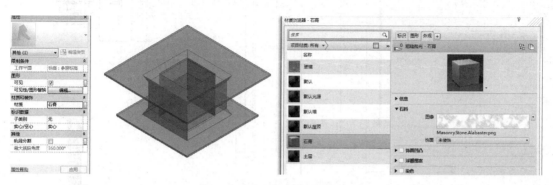

图 2-54　柱顶饰条材质的设置

（8）单击标题栏"默认三维视图"按钮，调整显示比例 1∶1，选择"视觉样式：带边框的真实感"，查看建模情况并检查模型，如图 2-55 所示。完成柱顶饰条三维模型的创建。

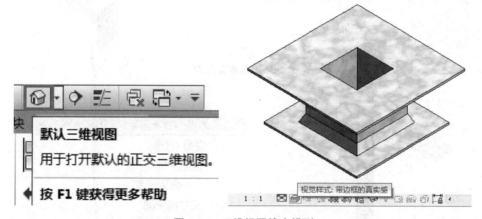

图 2-55　三维视图检查模型

【实例 2-6】根据图 2-56 给定数值创建直角支吊架。材质为"铝合金"。扫描码 2-3 可观看建模视频。

【形体分析】

直角支吊架由三个部分组成，可分解成一个直角支架和两个连接片，如图 2-57 所示。两个连接片用"拉伸"命令完成，直角支架用"放样"命令完成即可。

【创建过程】

（1）新建族文件，选择"公制常规模型"，命名为"直角支吊架"，另存到指定位置。

（2）在"项目浏览器"中确定视图为：前立面视图，如图 2-58 所示。

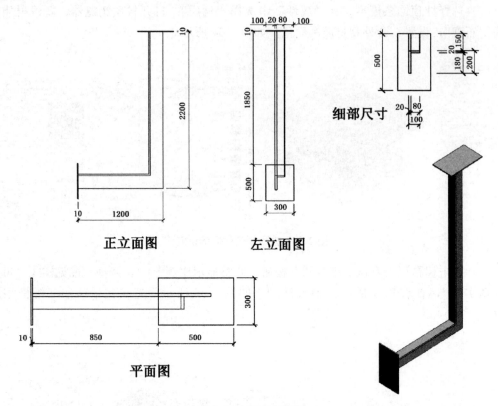

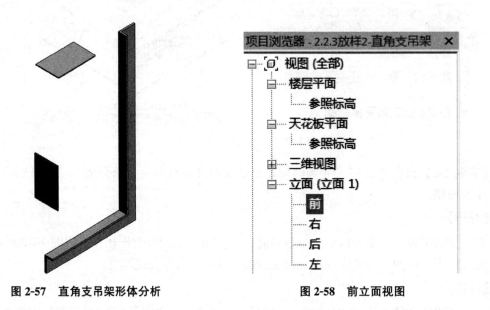

图 2-56　直角支吊架

图 2-57　直角支吊架形体分析　　　　图 2-58　前立面视图

（3）单击"创建"选项卡的"放样"命令按钮，进入"修改 | 放样"界面，选择"绘制路径"按钮，再单击"直线"按钮，根据尺寸绘制路径线，单击"√"确认，如图 2-59 所示。

（4）单击"选择轮廓"按钮，选择"编辑轮廓"按钮，转到左立面视图，如图 2-60 所示。

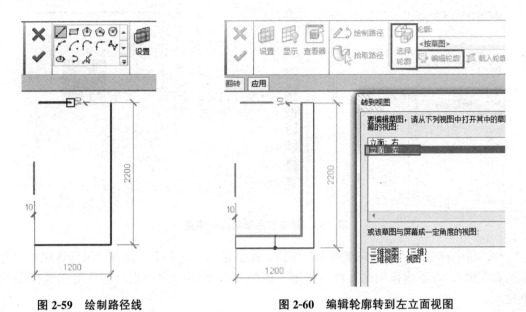

图 2-59　绘制路径线　　　　　　　　　　图 2-60　编辑轮廓转到左立面视图

（5）选择"直线"工具，根据图形尺寸绘制闭合轮廓线，单击"√"确认完成。注意起点的位置与放样路径的关系，如图 2-61 所示。

（6）分别在左立面视图和参照标高视图中完成两个连接片模型的创建。点击"创建"选项卡的"拉伸"命令按钮，进入"修改 | 创建拉伸"界面，选择"直线"按钮，根据图形尺寸绘制闭合轮廓线，设置拉伸深度为 10，单击"√"确认完成模型的创建，如图 2-62 所示。

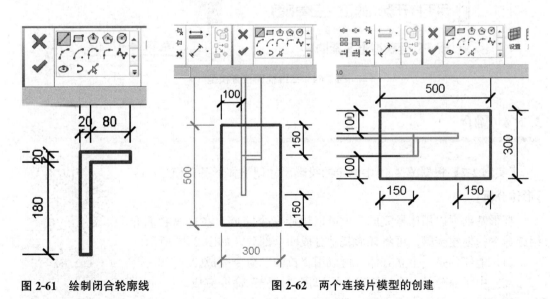

图 2-61　绘制闭合轮廓线　　　　　　　图 2-62　两个连接片模型的创建

（7）选择3个构件模型，在"属性"中选择"材质"，打开材质浏览器，新建材质命名为"铝合金"，设置铝合金外观材质和颜色，如图2-63所示。

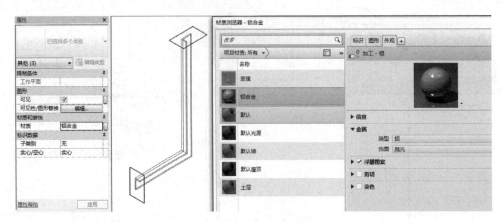

图2-63　直角支吊架材质的设置

（8）单击标题栏"默认三维视图"按钮，调整显示比例1∶1，选择"视觉样式：带边框的真实感"，查看建模情况并检查模型，如图2-64所示。完成直角支吊架三维模型的创建。

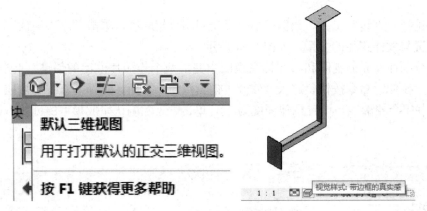

图2-64　三维视图检查模型

2.2.4　融合

【实例2-7】根据图2-65中给定的投影尺寸创建杯形基础模型。

【形体分析】

杯形基础可以用体量完成，也可以用族命令完成，在这里我们介绍族命令的创建步骤。可将杯形基础分成四个部分，如图2-66所示。

（1）上部分是一个立方体，可以用"拉伸"命令完成。

（2）中间部分是一个四棱台，可以用"放样"命令完成。

（3）下部分是一个立方体，可以用"拉伸"命令完成。

码2-4
融合（杯形
基础、纪念
碑模型）

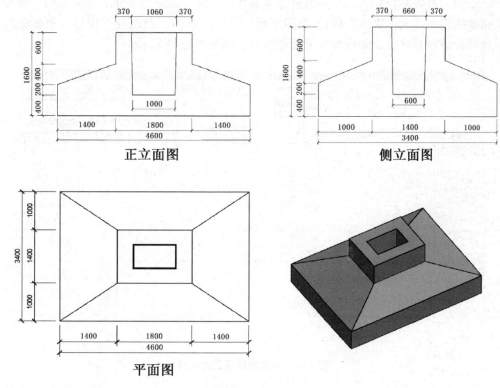

正立面图

侧立面图

平面图

图 2-65　杯形基础

（4）中间部分是一个空心的四棱台，用"空心放样"命令完成。

【创建过程】

（1）新建族文件，选择"公制常规模型"，命名为"杯形基础"，另存到指定位置。

（2）在"项目浏览器"中确定视图为：前立面视图，如图 2-67 所示。

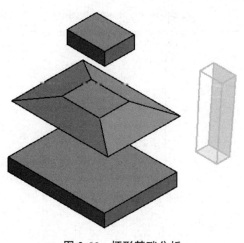

图 2-66　杯形基础分析

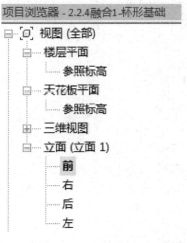

图 2-67　前立面视图

（3）因为组成部分复杂，需要通过参考轴线来定位。点击"创建"选项卡的"参照平面"命令按钮，进入"修改｜放置 参照平面"界面。点击"拾取线"按钮，根据轴线间距尺寸依次修改偏移量，完成参照平面的绘制，如图 2-68 所示。

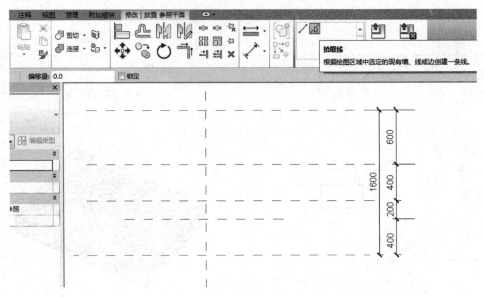

图 2-68　完成参照平面的绘制

（4）调整视图为"参照标高"视图，单击"创建"选项卡的"拉伸"命令按钮，进入"修改｜创建拉伸"界面。陆续点击"拾取线"和"修剪/延伸为角"按钮，根据图形尺寸依次修改偏移量，完成上、下两个拉伸形体的创建，如图 2-69 所示。

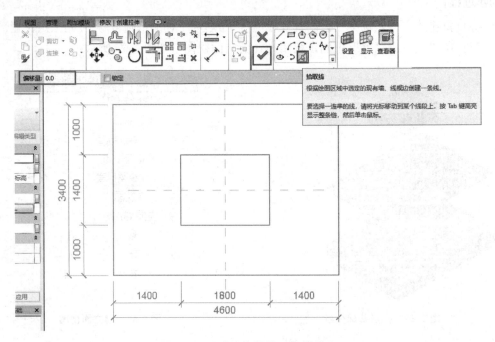

图 2-69　完成两个拉伸形体的创建

（5）调整到前立面图视图，选择模型，利用"拉伸造型操纵柄箭头"将两个拉伸形体的深度调整到相应的参照平面上，如图 2-70 所示。

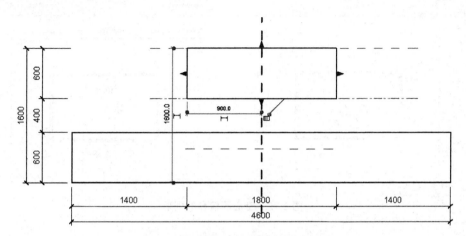

图 2-70　调整两个拉伸形体的位置

（6）调整到参照标高视图，点击"创建"选项卡的"融合"命令按钮，进入"修改｜创建 融合"界面。首先单击"矩形"按钮，绘制底部边界，单击"√"确认；再选择"编辑顶部"按钮，继续使用矩形命令绘制顶部边界。单击"√"确认，完成四棱台的创建，如图 2-71 所示。

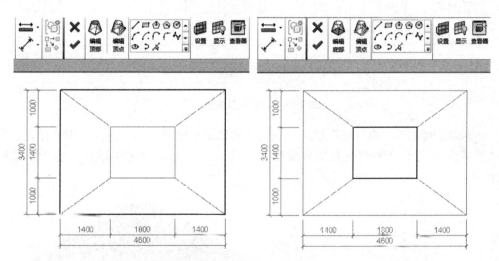

图 2-71　四棱台的创建

（7）返回参照标高视图，点击"创建"选项卡的"空心融合"命令按钮，进入"修改｜创建 空心融合"界面。陆续单击"拾取线"和"修剪/延伸为角"按钮，绘制底部边界，单击"√"确认；再点击"编辑顶部"按钮，继续使用"拾取线"和"修剪/延伸为角"命令绘制顶部边界。单击"√"确认，完成空心四棱台的创建，如图 2-72 所示。

（8）返回前立面图视图，使用"拉伸造型操纵柄箭头"工具，将四棱台和空心四棱台形体的深度调整到相应的参照平面上，如图 2-73 所示。

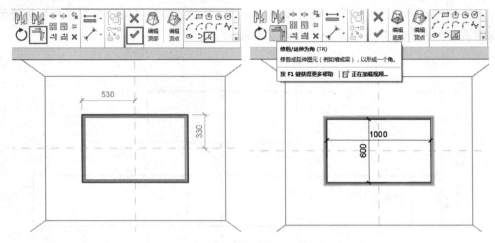

图 2-72　空心四棱台的创建

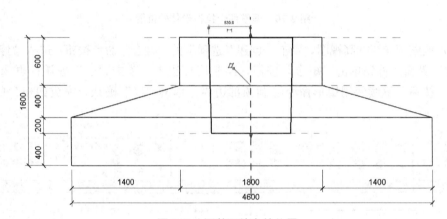

图 2-73　调整四棱台的位置

（9）单击标题栏"默认三维视图"按钮，调整显示比例 1∶1，选择"视觉样式：带边框的真实感"，查看建模情况并检查模型，如图 2-74 所示，即完成杯形基础三维模型的创建。

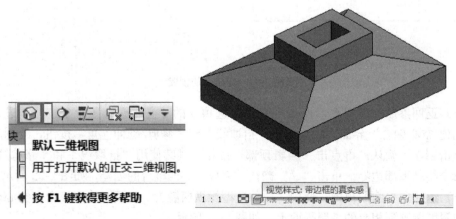

图 2-74　三维视图检查模型

【**实例 2-8**】根据图 2-75 给定的投影图及尺寸创建纪念碑模型。平台和台阶的材质均为大理石，纪念碑承台、碑身、碑顶的材质为花岗石。扫描码 2-4 可观看建模视频。

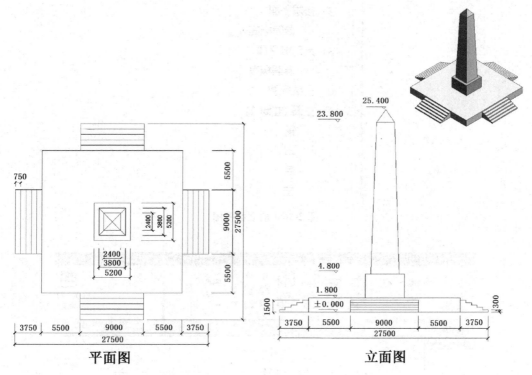

平面图　　　　　　　　　　　　　　立面图

图 2-75　纪念碑

【**形体分析**】

纪念碑是一个组合模型，可以分为以下几个部分：

（1）四个方向的同尺寸台阶，可以用"拉伸"命令完成一个台阶，再用"阵列"或者"镜像和旋转"命令生成另外三个。

（2）底部平台是一个立方体，可以用"拉伸"命令创建。

（3）纪念碑承台是一个立方体，可以用"拉伸"命令创建。

（4）纪念碑身是一个四棱台，可以用"融合"命令创建。

（5）纪念碑顶是一个四棱锥，可以用"放样"命令直接创建，也可以用切割法创建：先用"拉伸"命令完成立方体，之后再用"空心拉伸"命令拉伸出 4 个三棱柱，切割立方体生成四棱锥的碑顶。本例采用"放样"命令来创建。

【**创建过程**】

（1）新建族文件，选择"公制常规模型"，命名为"纪念碑"，另存到指定位置。

（2）在"项目浏览器"中确定视图为：前立面视图，如图 2-76 所示。

（3）因为组成复杂，需要通过参考轴线来定位。单击"创建"选项卡的"参照平面"命令按钮，进入"修改 | 放置 参照平面"界面。单击"拾取线"按钮，根据轴线间距尺寸依次修改偏移量。单击"√"确认，完成参照平面的绘制，如图 2-77 所示。

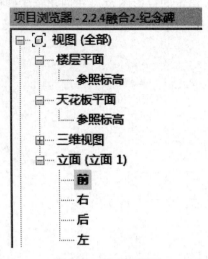

图 2-76　前立面视图

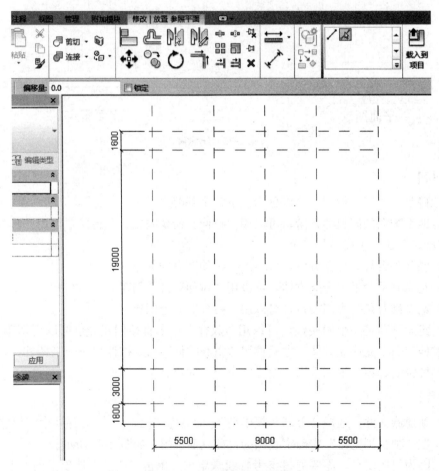

图 2-77　完成参照平面的绘制

（4）单击"创建"选项卡的"拉伸"命令按钮，进入"修改｜创建 拉伸"界面。单击"拾取线"按钮，根据图形尺寸将偏移量改为 10000，拾取偏移四条直线，再单击"修剪/延伸为角"生成四个直角。单击"√"确认，完成底部平台的创建，如图 2-78 所示。

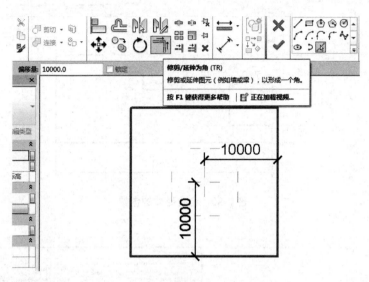

图 2-78　完成底部平台的创建

（5）调整到前立面视图，调整底部平台的高度为 1800，设置平台的材质，新建"大理石"，设置外观类型，如图 2-79 所示。

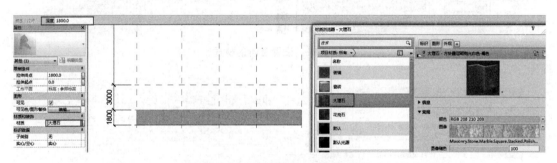

图 2-79　设置底部平台的材质类型

（6）在前立面视图中，单击"创建"选项卡的"拉伸"命令按钮，进入"修改｜创建 拉伸"界面。单击"直线"按钮，根据图形尺寸绘制闭合轮廓线。单击"√"确认，完成台阶形体的创建，如图 2-80 所示。

（7）调整到参照标高视图，选择台阶，设置台阶的材质，如图 2-81 所示。

（8）用"镜像"和"旋转"命令，生成其他三个台阶，如图 2-82 所示。

（9）在参照标高视图中，单击"创建"选项卡的"拉伸"命令按钮，进入"修改｜创建 拉伸"界面。陆续单击"拾取线"和"修剪/延伸为角"按钮，根据图形尺寸绘制闭合轮廓线。单击"√"确认，完成纪念碑承台模型的创建，如图 2-83 所示。

（10）调整到前立面视图，使用"拉伸造型操纵柄箭头"工具，调整纪念碑承台的高度为 3000，再设置纪念碑承台的材质，新建"花岗石"，设置外观类型，如图 2-84 所示。

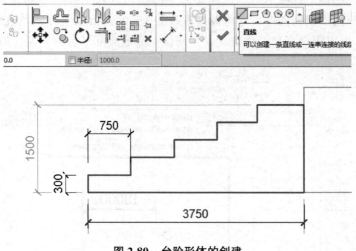

图 2-80　台阶形体的创建

图 2-81　设置台阶的材质

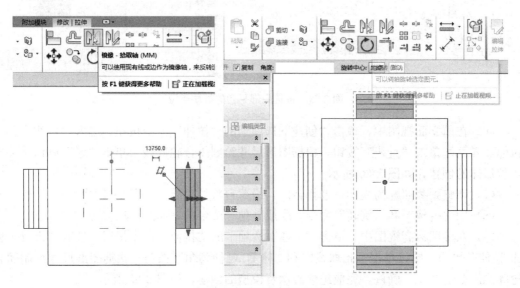

图 2-82　完成台阶的创建

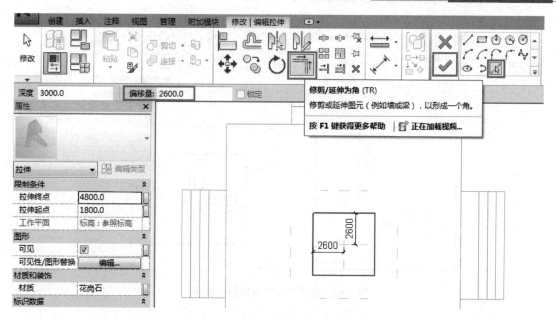

图 2-83　完成纪念碑承台模型的创建

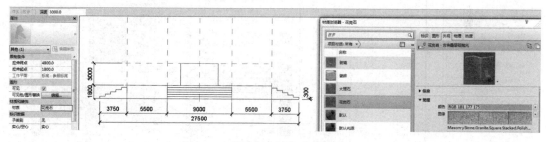

图 2-84　设置纪念碑承台模型的材质

（11）调整到参照标高视图，单击"创建"选项卡的"融合"命令按钮，进入"修改｜创建 融合"界面。首先单击"矩形"按钮，绘制底部边界，单击"√"确认；再单击"编辑顶部"按钮，继续使用"矩形"命令，设置偏移 700，使用底部边界对角点绘制顶部边界。单击"√"确认，完成纪念碑身模型的创建，如图 2-85 所示。

（12）调整到前立面视图，使用"拉伸造型操纵柄箭头"工具，调整纪念碑身的高度，再设置纪念碑身的材质，选择"花岗石"，如图 2-86 所示。

（13）单击"创建"选项卡的"放样"命令按钮，进入"修改｜放样"界面，单击"绘制路径"按钮，再单击"矩形"按钮，根据图形尺寸绘制闭合的路径线，单击"√"确认。单击"编辑轮廓"按钮，选择左立面视图，根据图形尺寸绘制闭合轮廓线，单击"√"按钮确认放样轮廓完成。再次单击"√"确认，完成纪念碑顶模型的创建，如图 2-87 所示。最后选择纪念碑顶模型，设置其材质为"花岗石"。

（14）单击标题栏"默认三维视图"按钮，调整显示比例 1∶1，选择"视觉样式：带边框的真实感"，查看建模情况并检查模型，如图 2-88 所示。完成纪念碑三维模型的创建。

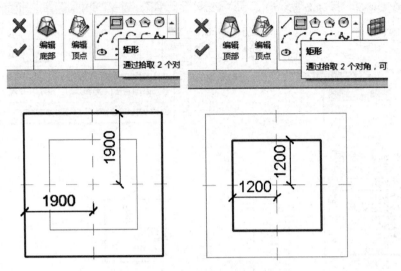

图 2-85　完成纪念碑身模型的创建

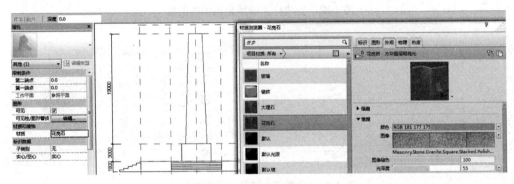

图 2-86　设置纪念碑身的材质

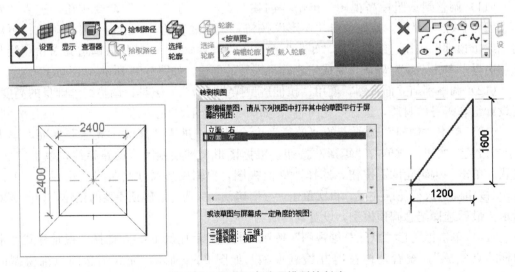

图 2-87　完成纪念碑顶模型的创建

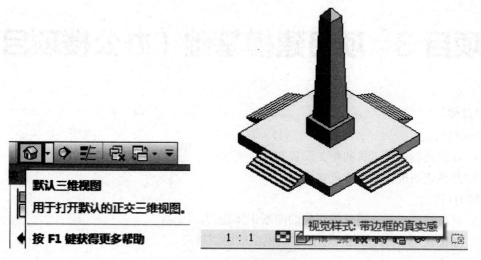

图 2-88 三维视图检查模型

▶▶ 项目 3 项目建模基础（办公楼项目）

【项目目标】

知识目标：

1. 理解模型创建工具的相关设置和注意事项；

2. 熟悉建筑模型的基本创建流程。

能力目标：

1. 具备建筑工程建模员等岗位的图纸识读能力；

2. 熟练使用 Revit 软件，掌握建筑模型的绘制技巧。

【思维导图】

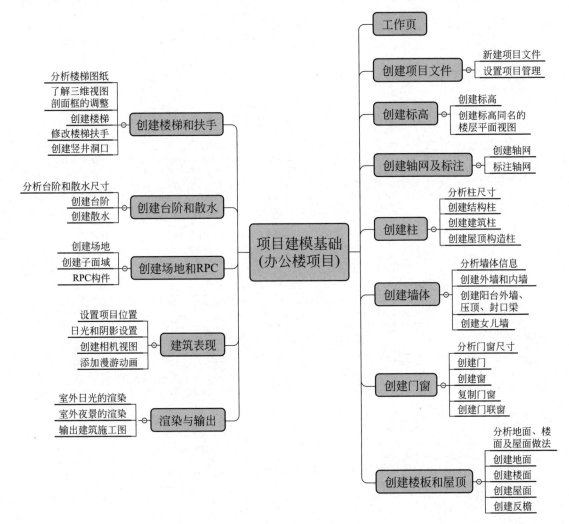

任务 3.1 工作页

本任务以办公楼项目为例，通过在 Revit 中进行操作，演示建筑模型的创建流程。

【任务情境】

根据任务要求及项目图纸创建办公楼三维模型。

【任务要求】

1. 新建项目文件并按要求保存。
2. 设置建模环境，创建标高及轴网并进行标注。
3. 创建柱、墙体、门窗、楼板、屋顶、楼梯、台阶、散水等基本建筑构件。
4. 创建模型中所需内建族类型参数、属性，添加族实例属性等。
5. 创建场地与 RPC 等构件，完成建筑表现设置。
6. 创建模型的渲染与输出，打印施工图。

【任务图纸】

主要图纸如下：

1. 建施 01　说明、柱表、首层平面图，如图 3-1 所示。
2. 建施 02　二层平面图、屋顶平面图，如图 3-2 所示。
3. 建施 03　南立面图、北立面图，如图 3-3 所示。
4. 建施 04　剖面图、楼梯大样图，如图 3-4 所示。

任务 3.2～任务 3.13 将按步骤，从零开始逐一实施任务，完成建模。

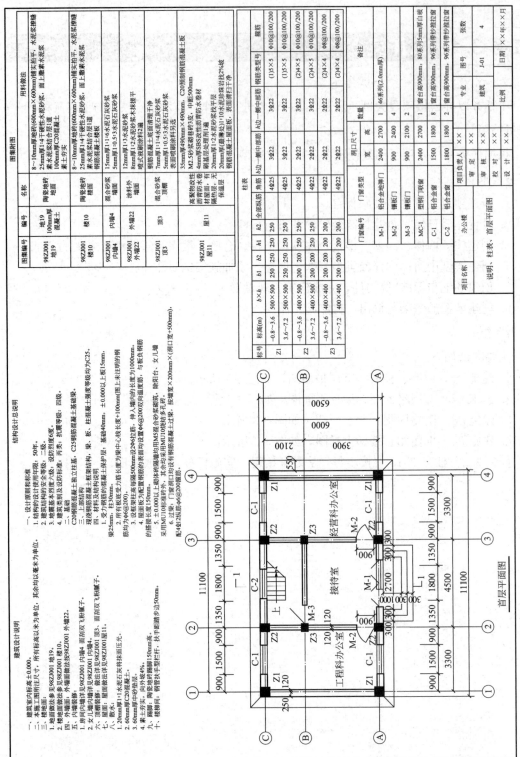

图3-1 建施01 说明、柱表、首层平面图

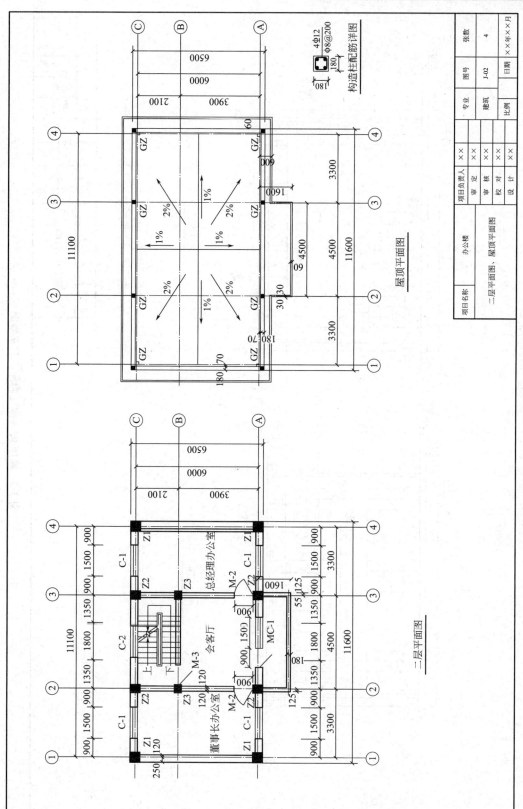

图 3-2 建施 02 二层平面图、屋顶平面图

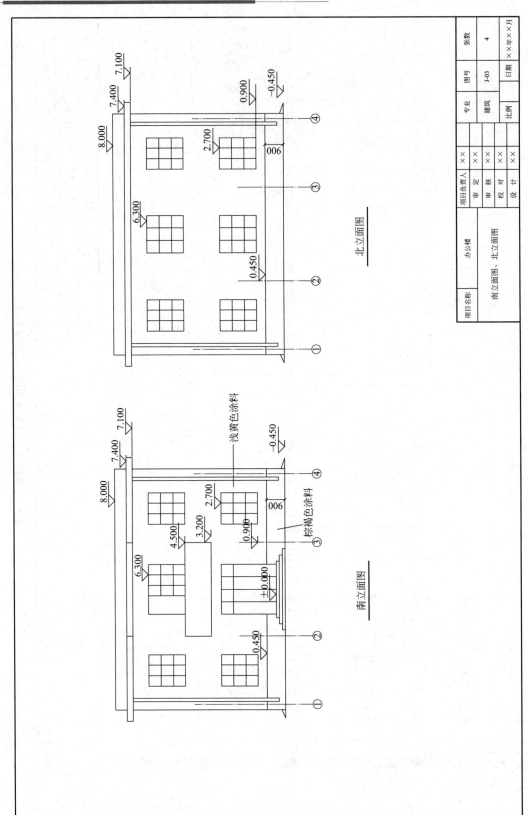

图 3-3 建施 03 南立面图、北立面图

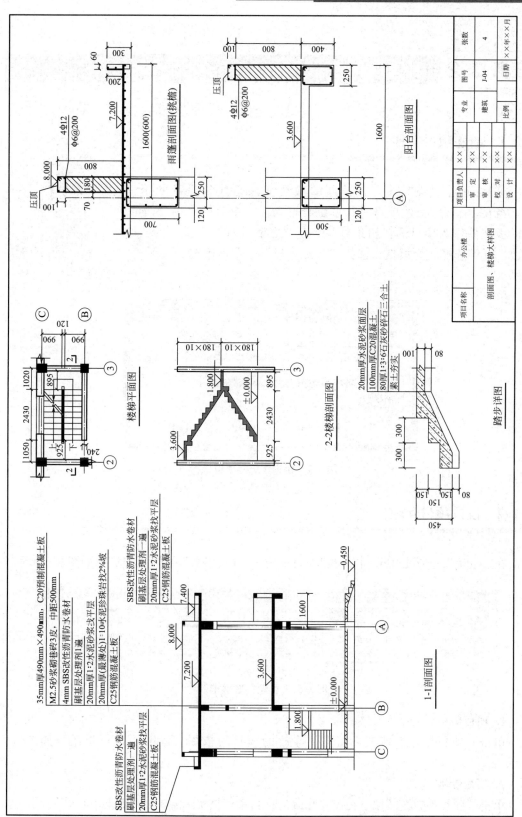

图 3-4 建施 04 剖面图、楼梯大样图

码3-1
创建项目文件、
标高、轴网及
标注

任务 3.2　创建项目文件

3.2.1　新建项目文件

在 Revit 建筑设计中，创建新的项目文件是建筑设计的第一步。当在 Revit 中新建项目时，系统会自动以一个后缀名为".rte"的样板文件作为项目的初始条件，其定义了新建项目中默认的初始参数，可供选择作为模板。选择"建筑样板"后单击确定，如图 3-5 所示。

图 3-5　新建建筑样板项目

3.2.2　设置项目管理

在"管理"选项卡中分别设置"项目单位""项目参数""项目信息"，如图 3-6 所示。

图 3-6　"管理"选项卡

1. 项目单位

单击"项目单位"按钮，在需要修改的项目中依据实际需要进行更改，如图 3-7 所示。

2. 项目参数

单击"项目参数"按钮，在需要修改的项目中依据实际需要进行更改，如图 3-8 所示。

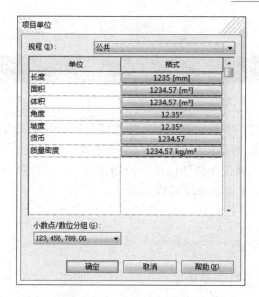

图 3-7　"项目单位"对话框

图 3-8　"项目参数"对话框

3. 项目信息

单击"项目信息"按钮，将相应的内容填入文本框，如图 3-9 所示。

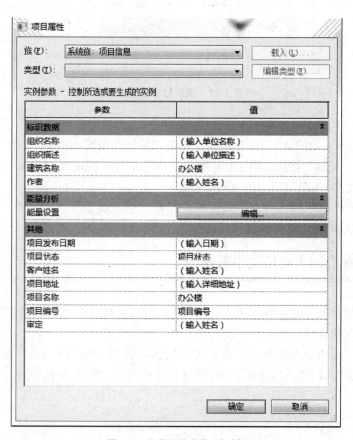

图 3-9　"项目信息"对话框

任务 3.3　创建标高

标高和轴网是建筑图中重要的定位标识信息。一般而言，标高用来定义楼层的层高和生成相应的平面视图，反映建筑构件在高度方向的定位情况；轴网用于平面构件的定位，多数情况是定位墙体或柱的位置。实际操作中，建议先创建标高，再创建轴网，这样就可以正确显示出各楼层平面图的轴网。扫描码 3-1 可观看建模视频。

3.3.1　创建标高

（1）调整到南立面视图，可看到建筑样板文件里默认的两个标高线，间距 4000，如图 3-10 所示。

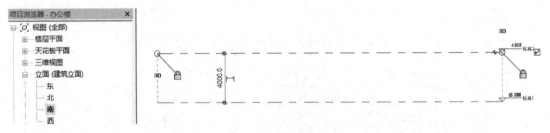

图 3-10　建筑样板默认标高

（2）用鼠标单击标高名称处，可改成 F1 和 F2。再单击标高尺寸数字处，可在输入框中修改标高为 3.6，如图 3-11（a）所示。单击"复制"按钮，将 F2 复制生成 F3，间距输入 3600。单击"复制"按钮，将 F1 复制生成室外地坪，间距处输入 450，并将标高名称改成"室外地坪"，如图 3-11（b）所示。

（3）单击室外地坪标高线，在属性栏中选择"编辑类型"进入"类型属性"对话框，设置类型为"下标头"，符号选择"标高标头＿下"，如图 3-12 所示。

3.3.2　创建标高同名的楼层平面视图

在项目浏览器中可以看到，默认的标高 F1、F2 会自动生成同名的楼层平面视图，还需要将其他标高的楼层平面视图创建出来。

在"视图"选项卡中单击"平面视图"按钮，选择"楼层平面"，选择 F3 和室外地坪，单击"确定"，创建 F3 和室外地坪的楼层平面视图，如图 3-13 所示。

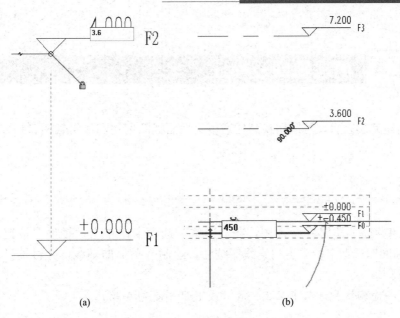

(a)　　　　　　　　　　　　　　(b)

图 3-11　标高的创建

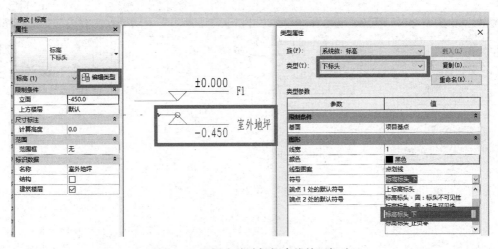

图 3-12　设置室外地坪标高线的下标头

图 3-13　创建同名的楼层平面视图

创建轴网及标注

标高创建完成以后，可以切换到任意楼层平面视图创建和编辑轴网。扫描码 3-1 可观看建模视频。

3.4.1 创建轴网

（1）调整到 F1 楼层平面视图，在"建筑"选项卡中单击"轴网"按钮，进入"修改｜放置 轴网"选项卡，单击"直线"按钮，绘制一条横向轴线，并将轴号改成 A，如图 3-14 所示。

注意：横向轴线应该从下往上完成（最下面一条是 A 轴）。

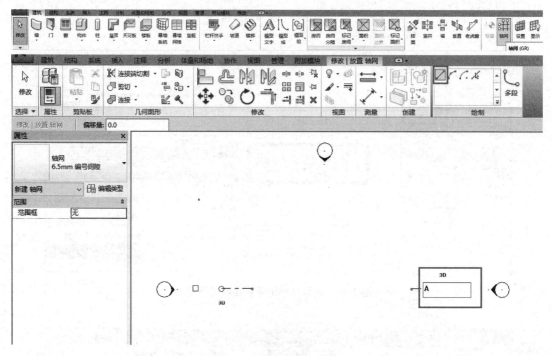

图 3-14 绘制横向 A 号轴线

（2）在属性栏中单击"编辑类型"按钮，打开"类型属性"对话框，根据常见轴网类型进行设置，如图 3-15 所示。

（3）完成横线轴网：单击"复制"按钮，输入间距，从下至上分别为 3900mm、2100mm，依次完成横向轴网的绘制，如图 3-16 所示。

（4）完成纵向轴网：同上的操作步骤，完成纵向轴网的创建，如图 3-17 所示。注意：纵向轴网应该从左到右排序，间距分别为 3300mm、4500mm、3300mm。

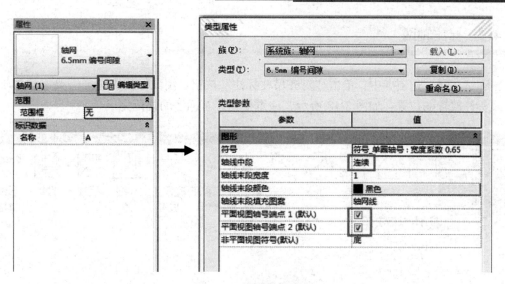

图 3-15 设置轴网类型

图 3-16 完成横向轴网

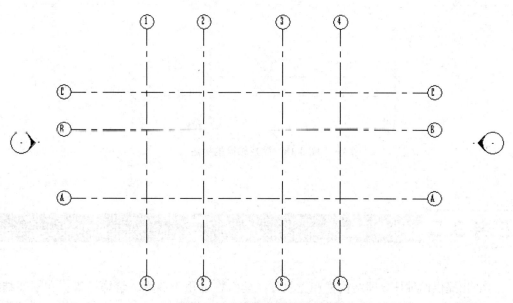

图 3-17 完成纵向轴网的创建

3.4.2 标注轴网

在"注释"选项卡中，单击"对齐尺寸标注"按钮，用鼠标依次选择需要标注的轴线以及标注放置的位置，如图 3-18 所示。注意根据建筑标注的规范完成。

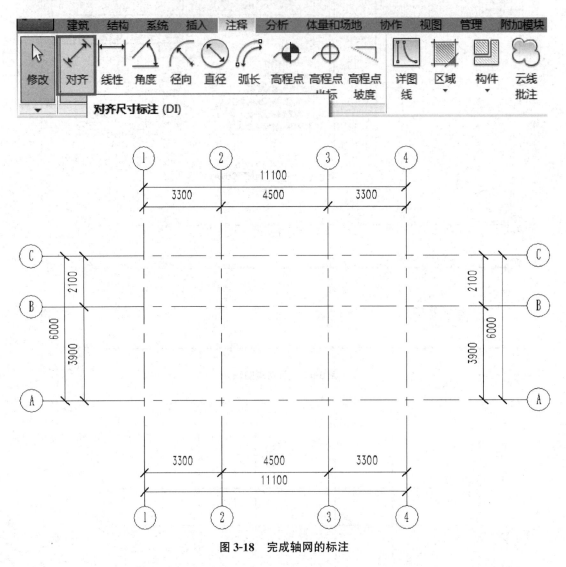

图 3-18　完成轴网的标注

任务 3.5　创建柱

Revit 提供两种柱，即结构柱和建筑柱。建筑柱适用于墙垛、装饰柱等。在框架结构设计中，结构柱是用来支撑上部结构并将荷载传至基础的竖向构件。本任务将介绍结构柱和建筑柱创建的方法，可任选一种方法完成。

3.5.1　分析柱尺寸

码3-2
创建柱、墙

　　在图 3-1 中找到柱表和柱截面图，如图 3-19 所示。可知该项目柱子分为两段：第一段从基础层 -0.8m 标高处到二层 3.6m 标高处，第二段从二层楼板 3.6m 标高处到屋顶 7.2m 标高处。一层到二层共有三种柱子，名称分别为：Z1、Z2、Z3，尺寸及放置位置可在楼层平面图中识读。

$$柱　表$$

标号	标高(m)	$b \times h$	b1	b2	h1	h2	全部纵筋	角筋	b边一侧中部筋	h边一侧中部筋	箍筋类型号	箍筋
Z1	-0.8~3.6	500×500	250	250	250	250		4Φ25	3Φ22	3Φ22	（1）5×5	Φ10@100/200
	3.6~7.2	500×500	250	250	250	250		4Φ25	3Φ22	3Φ22	（1）5×5	Φ10@100/200
Z2	-0.8~3.6	400×500	200	200	250	250		4Φ25	2Φ22	3Φ22	（2）4×5	Φ10@100/200
	3.6~7.2	400×500	200	200	250	250		4Φ22	2Φ22	3Φ22	（2）4×5	Φ10@100/200
Z3	-0.8~3.6	400×400	200	200	200	200		4Φ22	2Φ22	2Φ22	（2）4×4	Φ8@100/200
	3.6~7.2	400×400	200	200	200	200		4Φ22	2Φ22	2Φ22	（2）4×4	Φ8@100/200

图 3-19　柱表及柱截面图

3.5.2　创建结构柱

　　（1）新建结构柱：在"建筑"选项卡中单击"柱"下拉列表中的"结构柱"，属性栏会出现结构柱的属性设置提示，单击"编辑类型"按钮，可进入"类型属性"对话框，如图 3-20 所示。

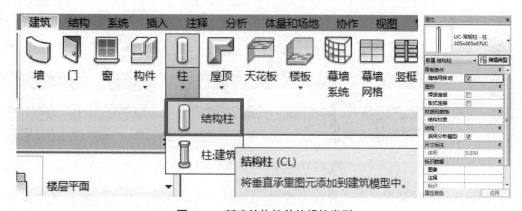

图 3-20　新建结构柱并编辑柱类型

（2）载入结构柱类型：在"类型属性"对话框中单击"载入"按钮，通过族库的路径：RVT2016＼Libraries＼China＼结构＼柱＼混凝土，找到本项目的结构柱类型"混凝土-矩形-柱"，如图3-21所示。

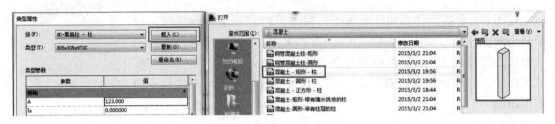

图3-21 加载所需族类型

（3）命名结构柱：在"类型属性"对话框中单击"复制"按钮，命名结构柱的名称Z1，如图3-22所示。

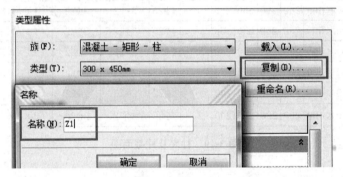

图3-22 结构柱的命名

（4）设置结构柱截面尺寸：根据3个柱子的尺寸分别设置参数值，如图3-23所示。

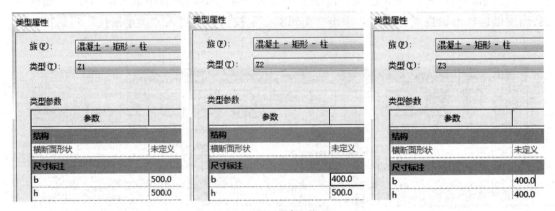

图3-23 设置结构柱截面尺寸

（5）设置结构柱高度：在"修改｜放置 结构柱"选项卡中，使用"垂直柱"方式，单击"在放置时进行标记"按钮，设置高度达到F2，如图3-24所示。

图 3-24　设置结构柱高度

（6）放置结构柱：在属性栏下拉列表中，分别选择 Z1～Z3，再分别将 3 种结构柱放置到相应的轴线交点处，如图 3-25 所示。

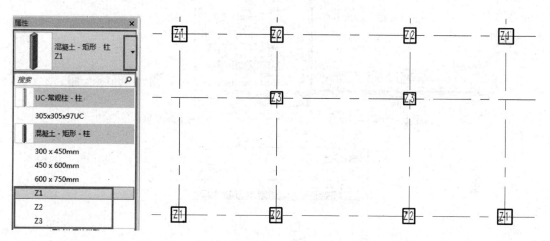

图 3-25　放置结构柱

（7）复制结构柱到 F2 楼层：选择所有的柱子，单击"过滤器"按钮，在弹出的"过滤器"对话框中，将"结构柱标记"的"√"去除，如图 3-26（a）所示。单击选项卡面板的"复制"按钮后，单击"粘贴"的下拉列表箭头，选择"与选定标高对齐"，如图 3-26（b）所示。在"选择标高"对话框中，选择将全部柱子复制到 F2 楼层，如图 3-26（c）所示。

（8）调整 F1 楼层的结构柱高度：再次通过过滤器选择所有 F1 楼层的柱子，在属性栏中将 F1 楼层的柱子底部标高向下偏移－800mm，可到三维视图检查，如图 3-27 所示。

3.5.3　创建建筑柱

（1）新建建筑柱：在"建筑"选项卡中单击"柱"下拉列表中的"建筑柱"，然后单击"编辑类型"按钮进入"类型属性"对话框，设置柱子的参数值，如图 3-28 所示。

（2）设置建筑柱属性：在"类型属性"对话框中，单击"复制"按钮，命名为 Z1，设置深度和宽度均为 500mm，材质设置为"混凝土-现场浇筑混凝土"，如图 3-29 所示。

（3）放置建筑柱：其他两个 Z2、Z3 的设置同上一步骤，然后将建筑柱布置到相应的位置，如图 3-30 所示。

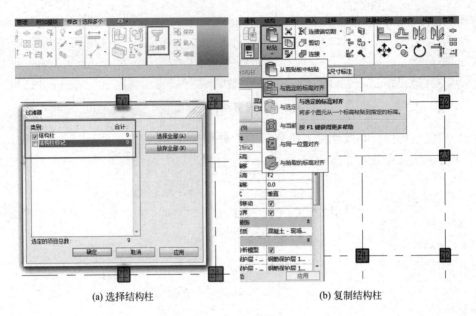

(a) 选择结构柱　　　　　　　　(b) 复制结构柱

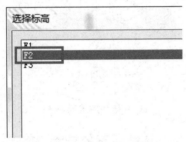

(c) 选择F2楼层

图 3-26　将所有柱子复制到 F2 楼层

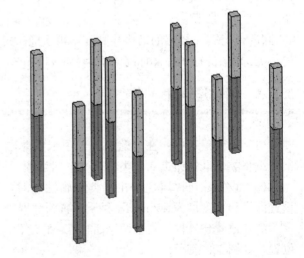

图 3-27　调整柱子高度

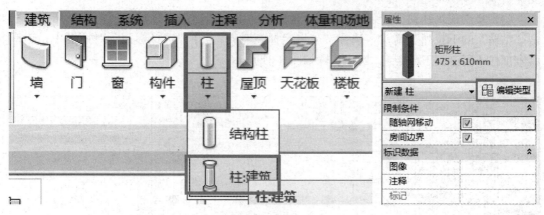

图 3-28　创建建筑柱

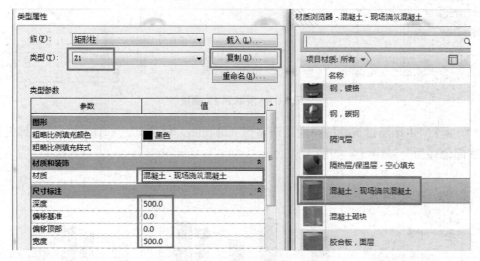

图 3-29　设置建筑柱类型属性

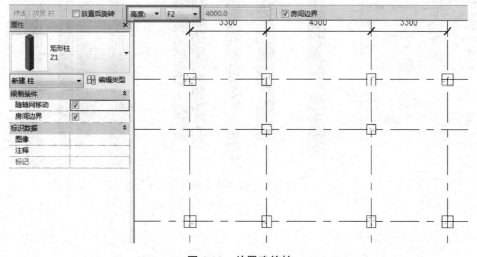

图 3-30　放置建筑柱

（4）复制建筑柱到F2楼层：选择所有柱子，单击选项卡面板的"复制"按钮后，单击"粘贴"的下拉列表箭头，选择"与选定标高对齐"。在"选择标高"对话框中，选择将全部柱子复制到F2楼层，操作步骤如图3-31所示。

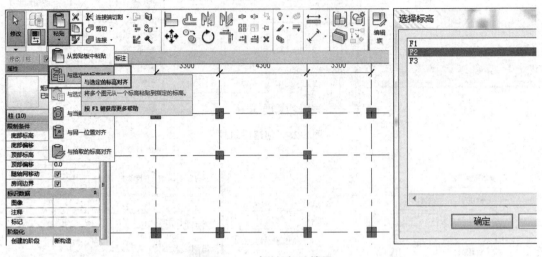

图 3-31　复制到 F2 楼层

（5）调整F1楼层建筑柱的高度：调整到三维视图，框选F1所有的柱子，在属性栏中修改底部偏移为−800mm，如图3-32所示。

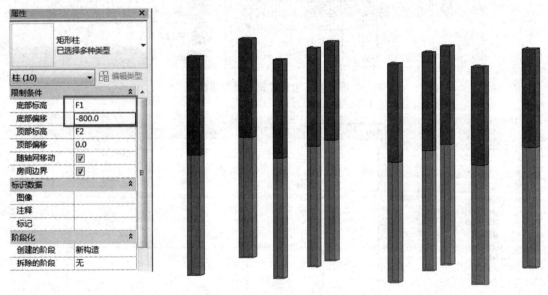

图 3-32　调整柱子高度

3.5.4　创建屋顶构造柱

（1）新建构造柱：单击"柱"图标中的结构柱，选择"编辑类型"，复制并命名"GZ"，定义构造柱 $b \times h$ 为 $180\text{mm} \times 180\text{mm}$，如图 3-33 所示。

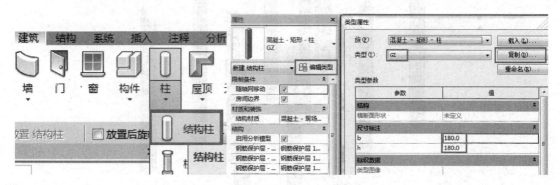

图 3-33　完成构造柱 GZ 的设置

（2）放置构造柱：设置构造柱高度 800mm，依次将 GZ 放置到相应轴线交点后，再用"对齐"命令使 8 个构造柱与对应位置的框架柱外边线平齐，如图 3-34 所示。

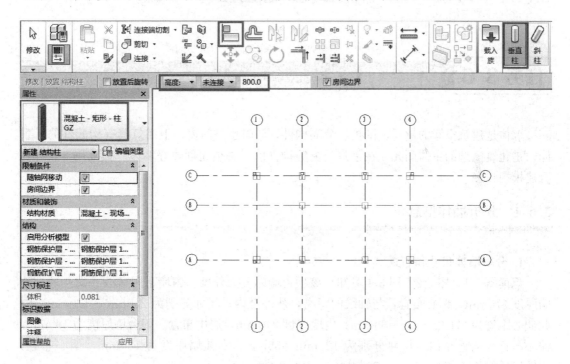

图 3-34　完成构造柱 GZ 的放置

完成所有构造柱的创建，如图 3-35 所示。

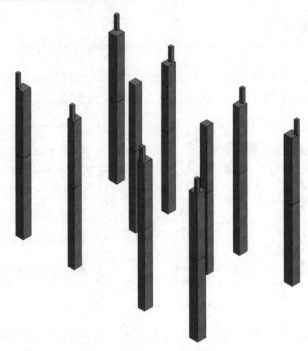

图 3-35　完成构造柱的创建

任务 3.6　创建墙体

墙体是建筑空间的承重、围护、分隔构件，同时也是门窗、卫浴灯具等构配件的承载体，是建筑模型的主体图元。在创建门窗等构件前，必须先创建好墙体。扫描码 3-2 可观看建模视频。

3.6.1　分析墙体信息

1. 分析墙体尺寸和布置

识读图 3-1、图 3-2、图 3-4 可知：该项目墙体分为外墙、内墙、阳台墙、女儿墙。外墙厚度 370mm，偏心布置，与轴线的距离，从外至内，尺寸分别为 250mm、120mm，因此偏心距离为 370/2－120＝65mm；内墙厚度 240mm，居中布置。阳台墙厚度为 180mm，偏心布置，从外至内，尺寸分别为 125mm、55mm；女儿墙厚度为 180mm，偏心布置，与轴线的偏心距离为 180/2＋70＝160mm。

另外，阳台墙的上方有压顶，阳台墙的下方有阳台封口梁，从图 3-4 中可知它们的信息：压顶的宽度同墙厚，尺寸为 180mm，高度为 100mm，混凝土材质；阳台封口梁的尺寸为宽 250mm，高 400mm，也是混凝土材质。

女儿墙上方有压顶，尺寸为宽 180mm，高 100mm，混凝土材质。

2. 分析墙体材料

识读图 3-1 中的结构设计总说明可知：±0.000 以上砌体砖隔墙均用 M5 混合砂浆砌筑，除阳台、女儿墙采用 MU10 标准砖外，其余均采用 MU10 烧结多孔砖。

3. 分析装修材质

在图 3-1 的建筑设计总说明中，明确列出了外墙和内墙的装修做法为：

外墙 22：12mm 厚 1：3 水泥砂浆，8mm 厚 1：2 水泥砂浆木抹搓平。喷或滚刷涂料 2 遍，从图 3-3 可知，主要为浅黄色涂料。

内墙 4：15mm 厚 1：1：6 水泥石灰砂浆，5mm 厚 1：0.5：3 水泥石灰砂浆。面刮双飞粉腻子。

3.6.2　创建外墙和内墙

（1）打开墙命令：在"建筑"选项卡中单击"墙"下拉列表，选择"墙：建筑"，如图 3-36 所示。

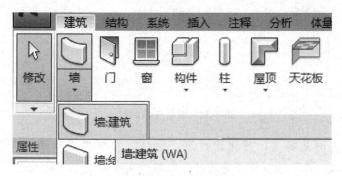

图 3-36　创建建筑墙

（2）新建外墙：在属性栏中单击"编辑类型"按钮，打开"类型属性"对话框，单击"复制"按钮，命名"外墙"，再单击"编辑"按钮设置外墙，如图 3-37 所示。

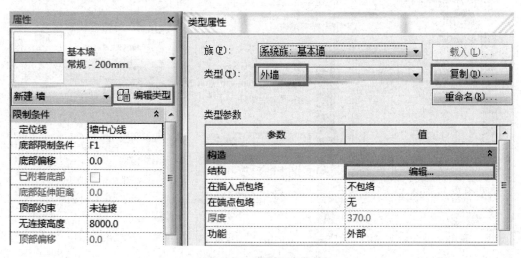

图 3-37　设置外墙类型

（3）设置外墙参数：在"编辑部件"对话框中，根据外墙做法设置结构参数。面层 1 材质：外墙面（黄色涂料）20mm 厚度；结构 1 材质：多孔砖 330mm 厚度；面层 2 材质：内墙面（白色腻子）20mm 厚度，如图 3-38 所示。

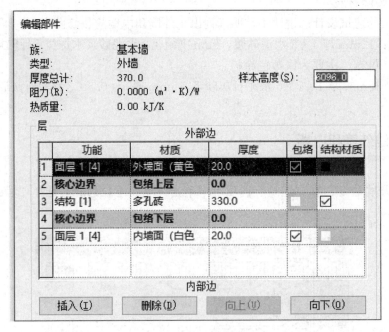

图 3-38　设置外墙参数一

注意：在材质浏览器中，将默认材质"涂料"复制后重命名为"外墙面（黄色涂料）"并设置参数；将默认材质"普通砖"复制后重命名为"多孔砖"并设置参数；新创建材质重命名为"内墙面（白色腻子）"并设置参数，如图 3-39 所示。

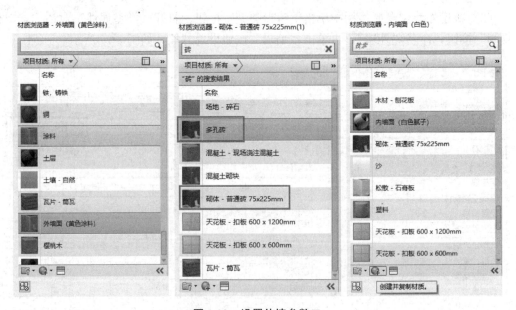

图 3-39　设置外墙参数二

（4）新建内墙并设置参数：同样方法完成内墙的参数设置，如图 3-40 所示。

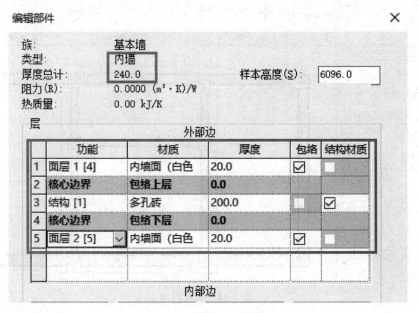

图 3-40　设置内墙参数

（5）绘制外墙：选择外墙，单击"矩形"按钮命令，设置墙体高度到 F2，定位线在墙中心线偏移 65 处，用鼠标选择矩形对角点完成外墙的创建，如图 3-41 所示。

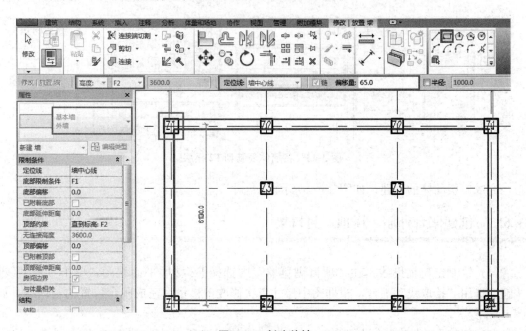

图 3-41　创建外墙

（6）绘制内墙：选择内墙，单击"直线"按钮，设置墙体高度到 F2，定位线在墙中心线无偏移，用鼠标依次选择轴线交点，完成内墙的创建，如图 3-42 所示。

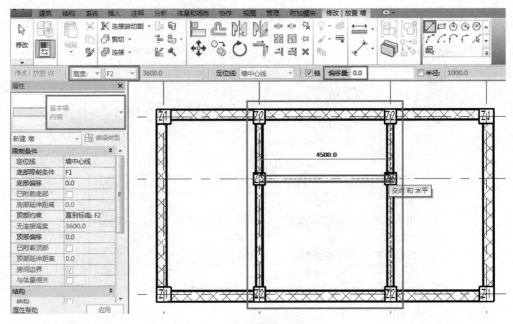

图 3-42　创建内墙

（7）复制墙体到 F2 楼层：选择所有墙体，通过过滤器将柱子去除，单击"复制"按钮后，再单击"粘贴"下拉列表，选择"与选定的标高对齐"，将墙体复制到 F2 楼层，如图 3-43 所示。

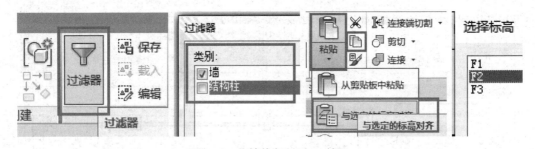

图 3-43　将墙体复制到 F2 楼层

完成二层墙体的创建，如图 3-44 所示。

3.6.3　创建阳台外墙、压顶、封口梁

（1）绘制定位辅助线：在"项目浏览器"中选择 F2 楼层平面视图，单击"模型线"按钮，选用"拾取线"工具，根据图中尺寸依次修改偏移量，完成阳台位置的辅助线，如图 3-45 所示。

（2）新建阳台外墙并设置参数：单击"建筑"选项卡中"墙"的下拉列表，选择"墙：建筑"，打开"修改｜放置 墙"界面。分析阳台外墙的信息可知：墙厚 180mm，面层 1 材质为外墙面（黄色涂料）20mm 厚，结构 1 材质为标准砖 140mm 厚，面层 2 材质为内墙面（白色腻子）20mm 厚。单击"编辑类型"设置阳台外墙参数信息，如图 3-46 所示。

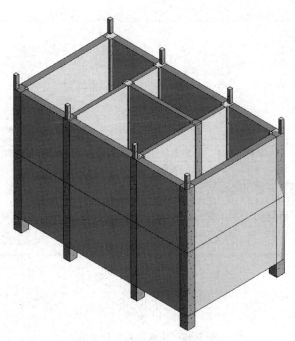

图 3-44　完成二层墙体

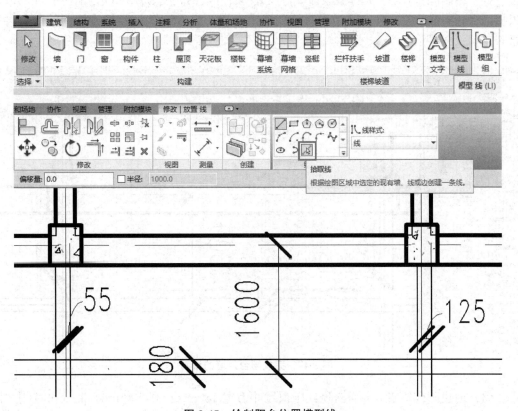

图 3-45　绘制阳台位置模型线

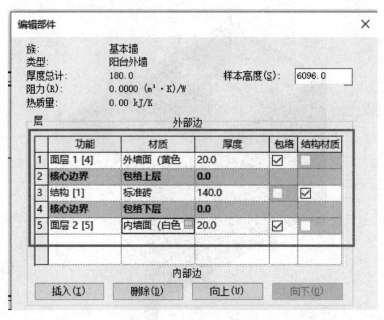

图 3-46　设置阳台外墙参数

（3）绘制阳台外墙：选择直线命令，设置阳台外墙的高度为 800mm，偏移量为 35mm，根据阳台轮廓线从右边起点开始顺时针完成，如图 3-47 所示。注意检查绘制的阳台尺寸是否正确。

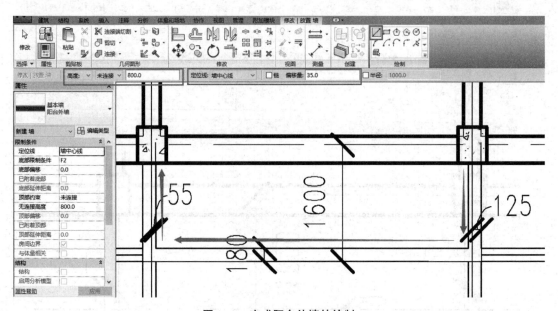

图 3-47　完成阳台外墙的绘制

（4）创建阳台外墙上方的压顶：压顶尺寸为宽 180mm，高 100mm。此处可选用"内建模型"完成。单击"构件"按钮下拉列表的"内建模型"，设置"族类别"为墙，命名为"阳台压顶"，如图 3-48 所示。

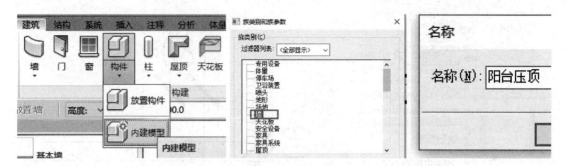

图 3-48　内建模型设置

（5）绘制压顶路径：单击"放样"按钮，选择"绘制路径"，使用直线命令绘制路径线，单击"√"按钮确认，如图 3-49 所示。

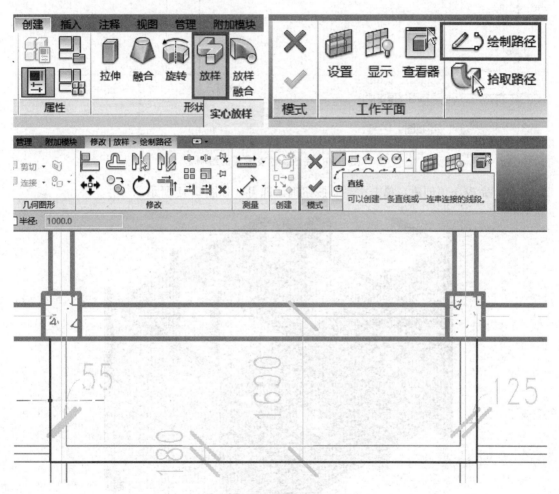

图 3-49　完成路径的绘制

（6）绘制压顶轮廓线：单击"编辑轮廓"按钮，选择南立面视图，根据压顶的尺寸，使用直线命令绘制压顶轮廓线，单击"√"按钮确认，如图 3-50 所示。

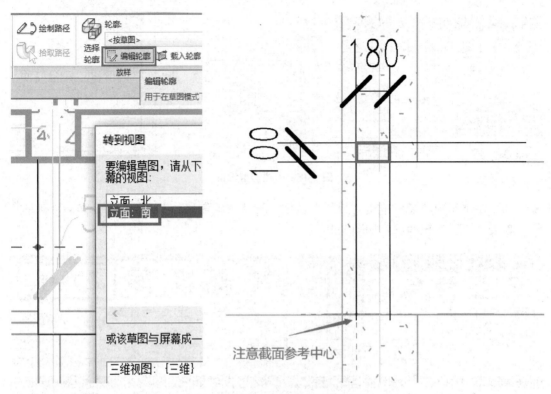

图 3-50　完成压顶轮廓线的绘制

（7）完成压顶创建：单击"√"按钮确认即可，如图 3-51 所示。

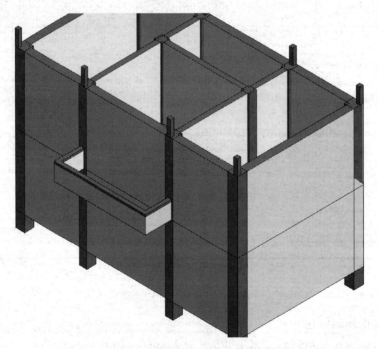

图 3-51　完成阳台外墙及外墙上方压顶的创建

（8）创建阳台墙下方的阳台封口梁：封口梁尺寸为宽 250mm，高 400mm，它的外面是浅黄色涂料。此处也选用"内建模型"完成。单击"构件"按钮下拉列表的"内建模型"，设置"族类别"为墙，命名为"阳台封口梁"，如图 3-52 所示。

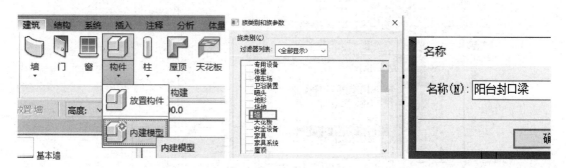

图 3-52　内建模型设置

（9）绘制封口梁路径：单击"放样"按钮，选择"绘制路径"，使用"直线"命令绘制路径线，单击"√"按钮确认，如图 3-53 所示。

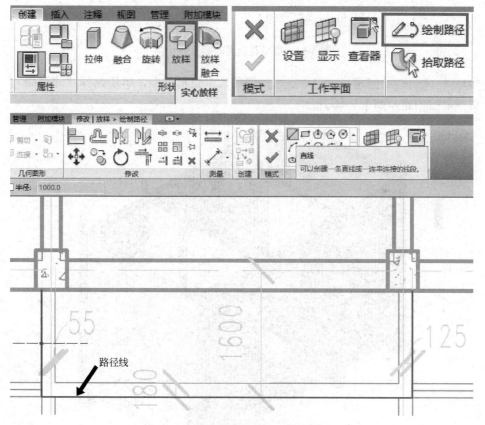

图 3-53　完成路径的绘制

（10）绘制封口梁轮廓线：单击"编辑轮廓"按钮，选择南立面视图，使用直线命令绘制封口梁轮廓线，单击"√"按钮确认，如图 3-54 所示。

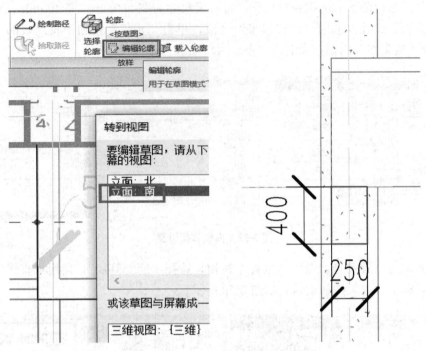

图 3-54　完成封口梁轮廓线的绘制

（11）完成封口梁创建：单击"√"按钮确认，编辑类型，材质选择"外墙面"，完成阳台封口梁的创建，如图 3-55 所示。

图 3-55　完成阳台封口梁的创建

3.6.4　创建女儿墙

（1）新建女儿墙并设置参数：在项目浏览器中，将视图调整到 F3 楼层平面视图。单击"建筑"选项卡中"墙"的下拉列表，选择"墙：建筑"，打开"修改 | 放置 墙"界面。分析女儿墙的信息可知：墙厚 180mm，面层 1 材质为外墙面（黄色涂料）20mm 厚度，结构 1 材质为标准砖 140mm 厚度，面层 2 材质为混合砂浆 20mm 厚度。单击"编辑类型"设置女儿墙参数信息，如图 3-56 所示。

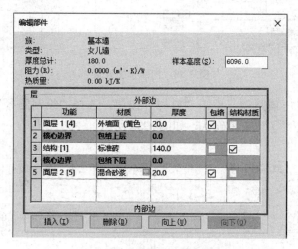

图 3-56　设置女儿墙参数

（2）绘制女儿墙：选择矩形命令，设置女儿墙的高度为 700mm，偏移量为 −90mm，用鼠标单击矩形对角点，完成女儿墙的创建，如图 3-57 所示。

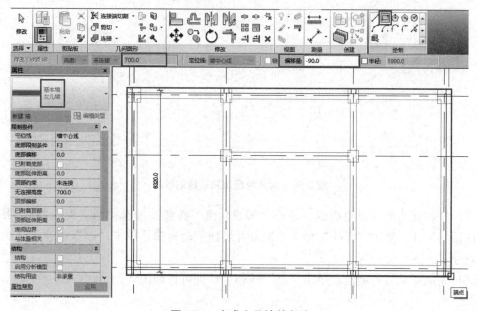

图 3-57　完成女儿墙的创建

（3）新建女儿墙压顶：女儿墙顶部有高100mm的压顶，需要用"内建模型"创建。单击"构件"按钮下拉列表的"内建模型"，设置"族类别"为墙，命名为"女儿墙压顶"，如图3-58所示。

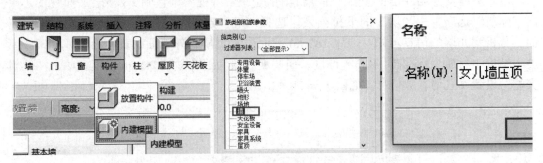

图3-58　内建模型设置

（4）绘制女儿墙压顶路径：单击"放样"按钮，选择"绘制路径"，使用"矩形"命令绘制路径线，单击"√"按钮确认，如图3-59所示。

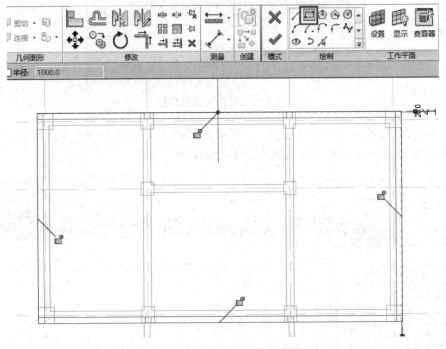

图3-59　女儿墙压顶路径线的绘制

（5）绘制女儿墙压顶轮廓线：单击"编辑轮廓"按钮，选择"西立面视图"，根据女儿墙压顶的尺寸，使用"直线"命令绘制女儿墙压顶轮廓线，单击"√"按钮确认，如图3-60所示。

（6）完成女儿墙的创建：单击"√"按钮确认即可，如图3-61所示。

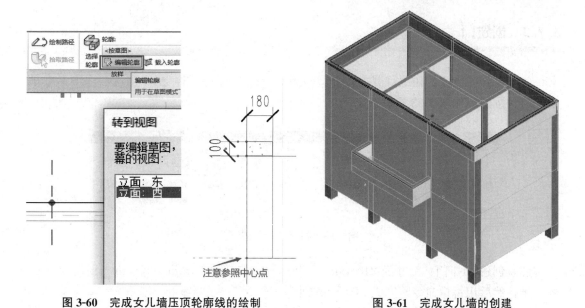

图 3-60　完成女儿墙压顶轮廓线的绘制　　　　　图 3-61　完成女儿墙的创建

任务 3.7　创建门窗

门窗是建筑设计中最常用的构件。Revit 中，门窗必须放置于墙、屋顶等主体图元中，这种依赖于主体图元而存在的构件称为"基于主体的构件"。另外，门窗属于可载入族，需要载入到项目中。

码3-3
创建门窗、
楼板和屋顶

3.7.1　分析门窗尺寸

项目的门窗信息在图 3-1 图纸中的门窗表中一目了然，如图 3-62 所示。

门窗编号	门窗类型	洞口尺寸		数量	备注
		宽	高		
M-1	铝合金地弹门	2400	2700	1	46系列（2.0mm厚）
M-2	镶板门	900	2400	4	
M-3	镶板门	900	2100	2	
MC-1	塑钢门联窗	2400	2700	1	窗台高900mm，80系列5mm厚白玻
C-1	铝合金窗	1500	1800	8	窗台高900mm，96系列带纱推拉窗
C-2	铝合金窗	1800	1800	2	窗台高900mm，96系列带纱推拉窗

图 3-62　门窗表

3.7.2 创建门

（1）打开门命令：在项目浏览器中调整到 F1 楼层平面视图，在"建筑"选项卡中单击"门"按钮，如图 3-63 所示。

图 3-63 打开"门"按钮

（2）创建 M-1 门：尺寸为 2400mm×2700mm，先按 1200mm×2700mm 创建 M-1 门的一半，然后用镜像命令，完成 M-1 门的创建。

在"类型属性"对话框中单击"载入"按钮，通过族库的路径：RVT2016 \ Libraries \ China \ 建筑 \ 门 \ 普通门 \ 地弹门，找到与本项目 M-1 门类型"铝合金地弹门"相似的"双扇地弹玻璃门 1-带亮窗"，复制后重命名为"铝合金地弹门"并选择载入族。在"类型属性"对话框中复制类型，重命名为"M-1"，设置参数：配件材质铝合金（用复制、重命名设置铝合金材质），把手材质为铝合金，框架材质为铝合金，玻璃材质为玻璃，粗略宽度 1200mm，粗略高度 2700mm。然后根据平面图的尺寸将 M-1 门放置到指定位置，如图 3-64 所示。

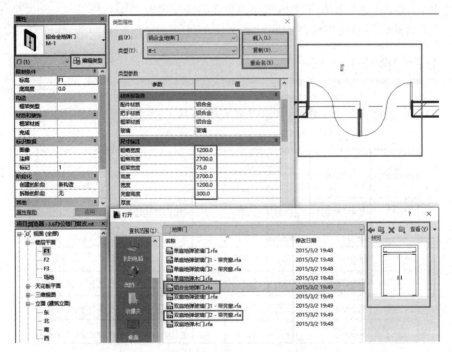

图 3-64 设置 M-1 门属性参数值

（3）完成 M-1 门：用"镜像"命令生成另一部分，再根据尺寸调整两个门的位置，如图 3-65 所示。

（4）创建 M-2 门：在"类型属性"对话框中单击"载入"按钮，通过族库的路径：RVT2016 ＼ Libraries ＼ China ＼ 建筑 ＼ 门 ＼ 普通门 ＼ 平开门 ＼ 单扇，找到与本项目 M-2 门类型"镶板门"相似的"单嵌板木门 1"，并选择载入族。在"类型属性"对话框中复制类型，重命名为"M-2"，设置参数：贴面材质为镶板（用复制、重命名设置镶板），把手材质为铝合金，框架材质为镶板，门嵌板材质为镶板，粗略宽度 900mm，粗略高度 2400mm。然后根据平面图的尺寸将 M-2 门放置到指定位置，如图 3-66 所示。

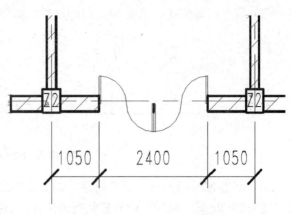

图 3-65　完成 M-1 门的放置

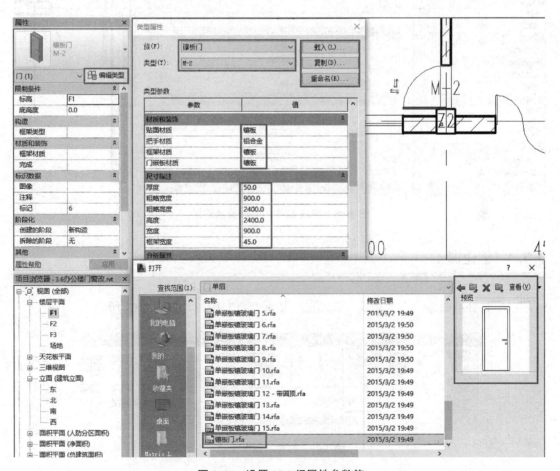

图 3-66　设置 M-2 门属性参数值

（5）调整门的位置，完成 M-2 门的放置，如图 3-67 所示。

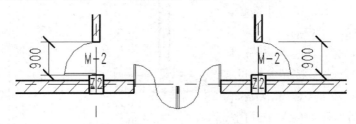

图 3-67 完成 M-2 门的放置

（6）创建 M-3 门：在"类型属性"对话框中复制并重命名为"M-3"，修改门的参数值高度为 2100mm，然后将门放置到指定位置，如图 3-68 所示。

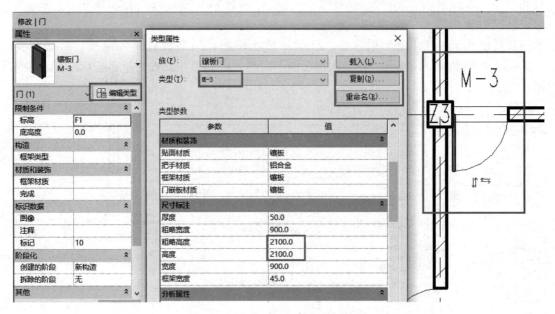

图 3-68 完成 M-3 门的设置及放置

3.7.3 创建窗

（1）打开窗命令：在"建筑"选项卡中单击"窗"按钮，如图 3-69 所示。

图 3-69 打开"窗"按钮

（2）创建 C-1 窗：在"类型属性"对话框中单击"载入"按钮，通过族库的路径：

RVT2016 \ Libraries \ China \ 建筑 \ 窗 \ 普通窗 \ 推拉窗，找到本项目的 C-1 门类型
"推拉窗 6"，复制并新建命名为"C-1"类型，设置窗的其他参数值，如图 3-70 所示。注
意：窗台的高度要设置为 900。

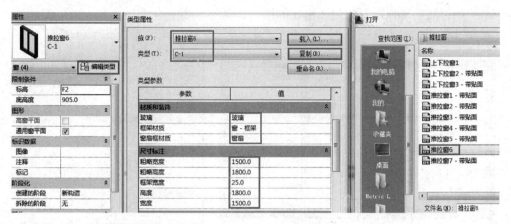

图 3-70　完成 C-1 窗的设置

（3）将 C-1 窗放置到外墙上，如图 3-71 所示。

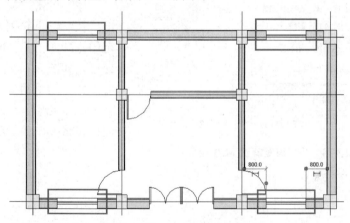

图 3-71　完成 C-1 窗的放置

（4）创建 C-2 窗：复制 C-1 窗并重命名为"C-2"，设置窗的其他参数值后，将窗放置
到外墙上，如图 3-72 所示。

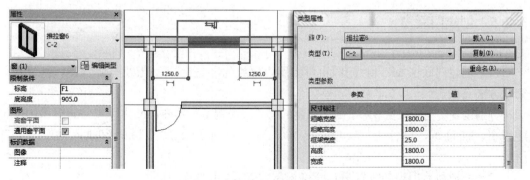

图 3-72　完成 C-2 窗的设置及放置

3.7.4 复制门窗

（1）用过滤器选择所有的门和窗，如图 3-73 所示。

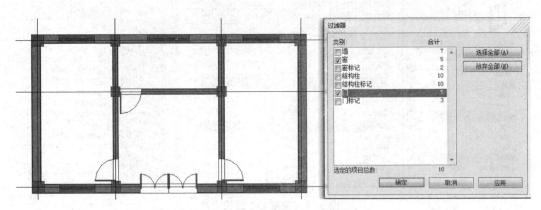

图 3-73 过滤器选择所有的门和窗

图 3-74 将门窗复制到 F2 楼层

（2）单击"复制"按钮，再单击"粘贴"下拉列表，选择"与选定的标高对齐"，将门窗复制到 F2 楼层，如图 3-74 所示。

（3）调整到 F2 楼层平面视图，将 M-1 门删除，如图 3-75 所示。此位置将按图放置门联窗 MC-1。

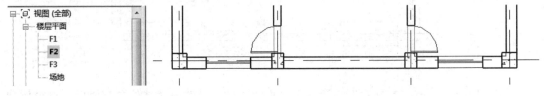

图 3-75 将多余的 F2 楼层 M-1 门删除

3.7.5 创建门联窗

（1）创建门联窗 MC-1：门联窗可采用内建族的办法完成，此处不做赘述，本流程用简化方法完成。

分别设置塑钢门联窗 MC-1 的门和窗的尺寸：塑钢门，单开，尺寸为 900mm×2700mm；塑钢窗，推拉窗，尺寸为 1500mm×1800mm，按照图中尺寸将门窗放入，如图 3-76 所示。

（2）完成所有门窗的放置后，三维视图检查，如图 3-77 所示。

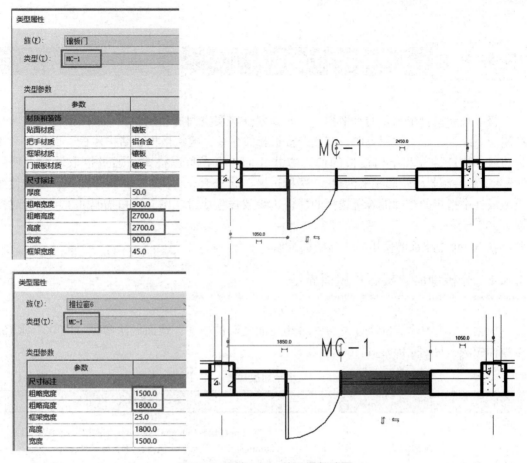

图 3-76 完成 MC-1 的设置及放置

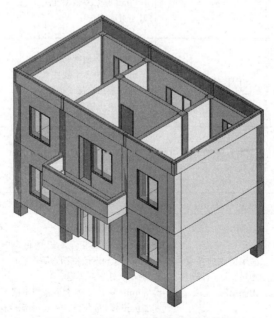

图 3-77 完成所有门窗的设置及放置

创建楼板和屋顶

楼板是建筑物中重要的水平构件，起到划分楼层空间的作用。在 Revit 中楼板与墙一样属于系统族，定义过程类似，有 4 个楼板相关命令：建筑楼板、结构楼板、面楼板和楼板边缘。建筑楼板和结构楼板的使用方式相同，可在草图模式下通过拾取墙或者使用"线"工具绘制封闭轮廓线来创建。"楼板边缘"属于 Revit 中的主体放样构件，通过使用类型属性中指定的轮廓沿着所选择的楼板边缘放样生成带状图元。扫描码 3-3 可观看建模视频。

在 Revit 中屋顶的使用方式与楼板类似。

3.8.1 分析地面、楼面及屋面做法

根据图 3-1 中建筑设计总说明中对楼地面做法的描述：地面做法参见 98ZJ001 地 19，楼地面做法参见 98Z1001 楼 10，见表 3-1。

楼地面做法表　　　　　　　　　　　　　　表 3-1

图集编号	编号	名称	用料做法
98ZJ001 地 19	地 19 100mm 厚 混凝土	陶瓷地砖地面	8～10mm 厚地砖（600mm×600mm）铺实拍平，水泥浆擦缝 25mm 厚 1∶4 干硬性水泥砂浆，面上撒素水泥浆 素水泥浆结合层 1 道 100mm 厚 C20 混凝土 素土夯实
98ZJ001 楼 10	楼 10	陶瓷地砖楼面	8～10mm 厚地砖（600mm×600mm）铺实拍平，水泥浆擦缝 25mm 厚 1∶4 干硬性水泥砂浆，面上撒素水泥浆 素水泥浆结合层 1 道 钢筋混凝土楼板

屋面的做法参见 98ZJ001 屋 11，见表 3-2。

屋面做法表　　　　　　　　　　　　　　表 3-2

图集编号	编号	名称	用料做法
98ZJ001 屋 11	屋 11	高聚物改性沥青防水卷材屋面，有隔热层，无保温层	35mm 厚 490mm×490mm，C20 预制钢筋混凝土板 M2.5 砂浆砌巷砖 3 皮，中距 500mm 4mm 厚 SBS 改性沥青防水卷材 刷基层处理剂 1 遍 20mm 厚 1∶2 水泥砂浆找平层 20mm 厚（最薄处）1∶10 水泥珍珠岩找 2% 坡 钢筋混凝土屋面板，表面清扫干净

另外，结合图 3-4 的雨篷剖面图，可知屋面是带反檐的屋面，反檐的尺寸为宽度 60mm，高度 200mm。

3.8.2 创建地面

（1）打开楼板命令：在项目浏览器中调整到 F1 楼层平面视图，单击"楼板"按钮中"楼板：建筑"命令，进入"修改｜创建楼层边界"界面，在"属性"面板中单击"编辑类型"，如图 3-78 所示。

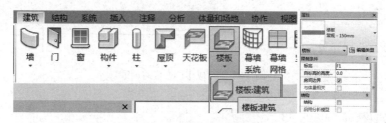

图 3-78 打开楼板编辑类型

（2）新建地面：单击"复制"按钮，命名为"地面"，选择材质，如图 3-79 所示。

图 3-79 复制重命名并选择材质

（3）编辑地面参数：单击"编辑"按钮，在"编辑部件"中设置参数：面层 1［4］为10mm 厚度的厚地砖 600×600，衬底［2］为 25mm 厚度的水泥砂浆，结构［1］为100mm 厚度的 C20 混凝土，衬底［2］为 450mm 厚度的垫土层，如图 3-80 所示。

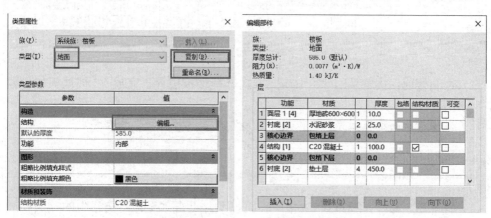

图 3-80 完成"地面"类型属性的设置

（4）绘制地面：采用"拾取墙"方式选择楼板边界，完成地面的创建，如图 3-81 所示。

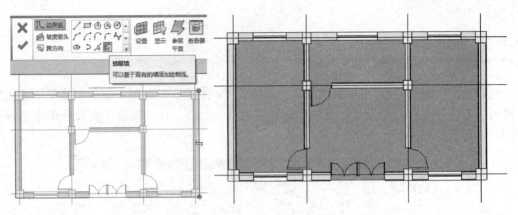

图 3-81　完成 F1 地面的创建

3.8.3　创建楼面

（1）新建楼面：调整到 F2 楼层平面视图，选择上述设置的"地面"类型，复制重命名为：楼面。单击"编辑"按钮，在"编辑部件"中设置参数：面层 1 为 10mm 厚度的厚地砖 600×600，衬底［2］为 25mm 厚度的水泥砂浆，结构［1］为 100mm 厚度的 C25 钢筋混凝土，如图 3-82 所示。

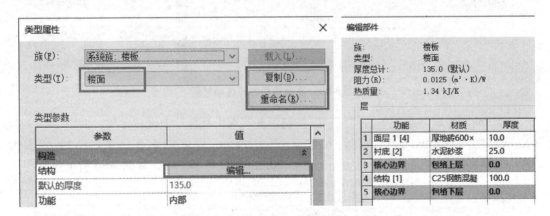

图 3-82　完成"楼面"类型属性的设置

（2）绘制楼面：接着采用"拾取墙"方式选择楼板边界，完成 F2 楼地板的创建，如图 3-83 所示。

注意：阳台地面边界位置，可以用"直线"结合"拾取墙"命令完成。

3.8.4　创建屋面

（1）打开屋顶命令：调整到 F3 楼层平面视图，点击"屋顶"按钮中的"迹线屋顶"，定义坡度处取消"√"，单击"编辑类型"，如图 3-84 所示。

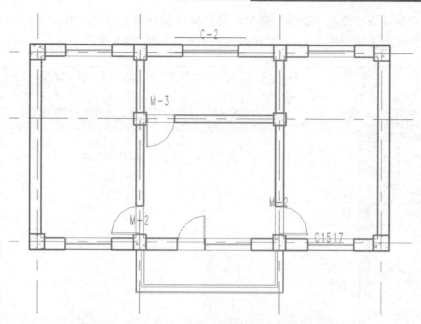

图 3-83 完成 F2 楼面的创建

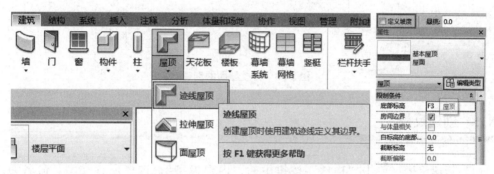

图 3-84 打开"迹线屋顶"设置

（2）设置屋面参数：保温层为 35mm 厚度的 490mm×490mm 隔热层，衬底［2］为 4mm 厚度的 SBS 改性沥青防水卷材，衬底［2］为 20mm 厚度的水泥砂浆，结构［1］为 100mm 厚度的 C25 钢筋混凝土，如图 3-85 所示。

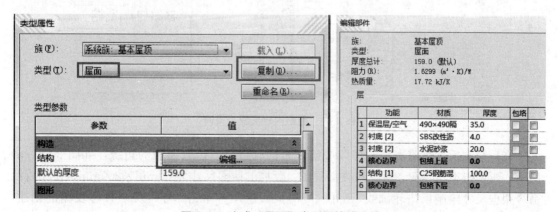

图 3-85 完成"屋面"类型属性的设置

111

（3）绘制屋面：使用"直线"命令，设置偏移量分别为 600、30、1600，绘制屋顶边界线（用鼠标点选轴线的交点），完成屋面的创建，如图 3-86 所示。

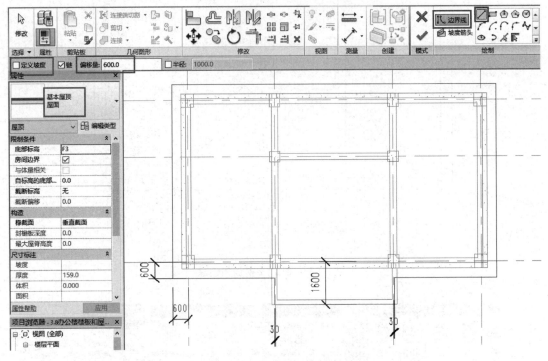

图 3-86　完成屋面的创建

3.8.5　创建反檐

（1）新建反檐：单击"构件"按钮中的"内建模型"，选择屋顶类型，命名为"反檐"，如图 3-87 所示。

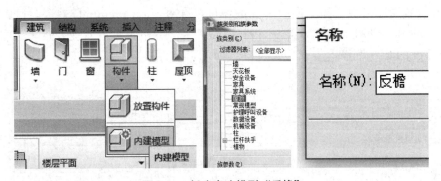

图 3-87　新建内建模型"反檐"

（2）绘制反檐：单击"放样"按钮，先拾取路径，拾取屋顶的边缘，如图 3-88（a）所示。再单击编辑轮廓，选择东立面视图，反檐的截面尺寸为 60mm×200mm，使用直线命令根据尺寸绘制反檐轮廓线，如图 3-88（b）所示。单击"√"完成模型反檐的创建，检查三维视图，如图 3-88（c）所示。

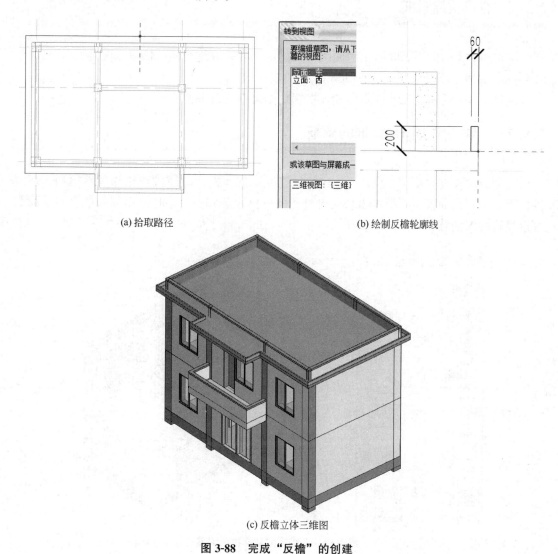

(a) 拾取路径   (b) 绘制反檐轮廓线

(c) 反檐立体三维图

图 3-88   完成"反檐"的创建

任务 3.9   创建楼梯和扶手

　　楼梯是建筑物中作为楼层间垂直交通用的构件，用于楼层之间和高差较大时的交通联系。在 Revit 中，楼梯由楼梯和扶手两部分构成，在绘制楼梯时，Revit 会沿着楼梯自动放置指定类型的扶手。与其他构件类似，需要通过楼梯的类型属性对话框定义楼梯的参数，从而生成指定的楼梯模型。

码3-4
创建楼梯和
扶手、台阶
和散水

3.9.1 分析楼梯图纸

阅读图 3-4 的楼梯平面图和剖面图可知，楼梯为一双跑楼梯，梯段宽度为 990－120＝870mm，梯段水平投影长度为 2430mm。

阅读图 3-1 的建筑设计说明可知，楼梯扶手为钢管扶手型栏杆。

3.9.2 了解三维视图剖面框的调整

在创建楼梯前，要学会使用 Revit 的三维视图剖面框，方便检查楼梯构件模型。在属性栏中勾选"剖面框"后即可出现模型外侧的蓝色线条方框，此时操作剖面框上的小箭头可以进行视图的调整，如图 3-89 所示。

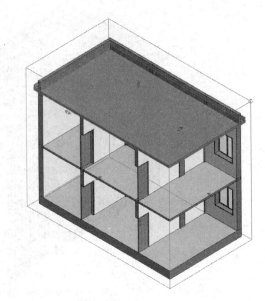

图 3-89 三维视图剖面框的调整

3.9.3 创建楼梯

（1）打开"楼梯"命令：在项目浏览器中调整到 F1 楼层平面视图，单击"楼梯"按钮中的"楼梯（按构件）"，如图 3-90 所示。

（2）设置楼梯参数：单击"编辑类型"按钮，进入"类型属性"对话框，选择"系统族：现场浇筑楼梯"，复制命名"楼梯"，根据尺寸要求设置楼梯基本参数数值，设置定位线为"梯段：左"，实际梯段宽度输入"870"，如图 3-91 所示。

（3）完成楼梯创建：根据图纸的尺寸位置放置楼梯，可在标注数字处输入正确的尺寸进行位置的调整，保证梯段宽度为 870mm，梯段长度为 2430mm，距离左侧轴线 1050mm，距离右侧轴线 1020mm，如图 3-92 所示。

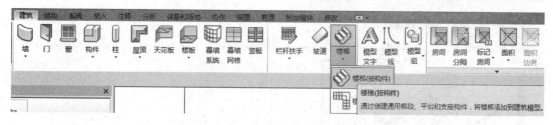

图 3-90　打开"楼梯（按构件）"界面

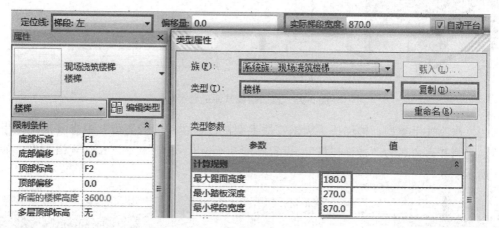

图 3-91　设置楼梯参数

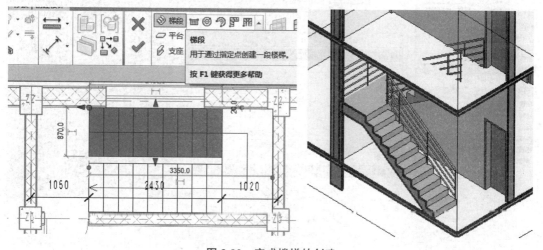

图 3-92　完成楼梯的创建

3.9.4　修改楼梯扶手

（1）修改扶手路径：选择楼梯两侧靠墙的扶手，删除。选择中间的扶手，单击"编辑路径"图标，在项目浏览器中调整到 F1 楼层平面视图，根据图中夹点位置编辑扶手的路径，上方左侧的扶手直线距离左侧内墙壁 850mm，如图 3-93 所示。

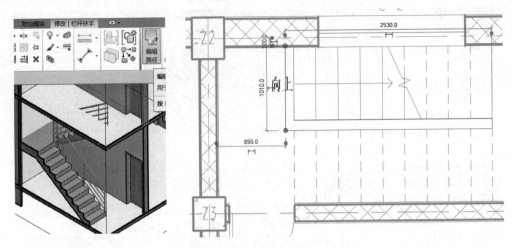

图 3-93　修改楼梯扶手的路径

（2）修改扶手类型：楼梯扶手为钢管扶手型栏杆，在"编辑类型"中修改楼梯扶手的类型，复制并重命名为"楼梯栏杆"，设置高度 900mm，矩形-50×50mm 规格类型，如图 3-94 所示。

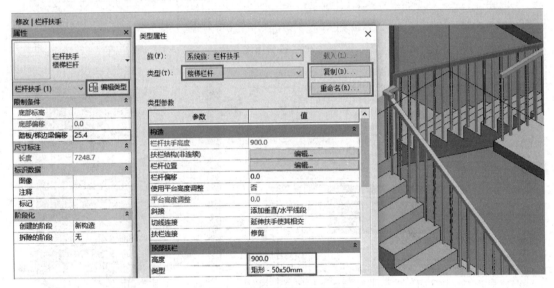

图 3-94　修改楼梯扶手类型

3.9.5　创建竖井洞口

由于在绘制楼板时并未预留楼梯间的洞口，接下来采用"竖井洞口"的方式为楼梯间的楼板添加洞口。

（1）绘制竖井：单击"竖井"按钮，进入"修改｜创建竖井洞口草图"界面，设置竖井洞口的限制条件，选择"矩形"命令，用鼠标捕捉楼梯的 4 个角点，确定竖井的位置，如图 3-95 所示。

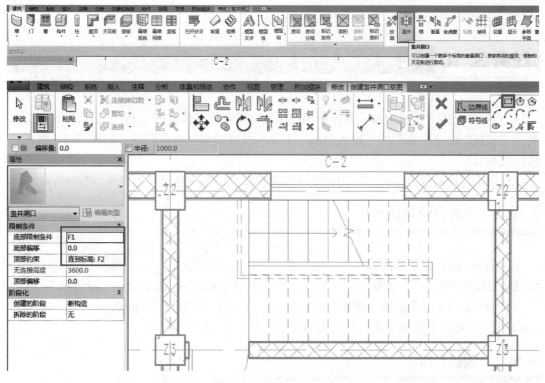

图 3-95　确定竖井的位置

（2）完成楼梯的创建，如图 3-96 所示。

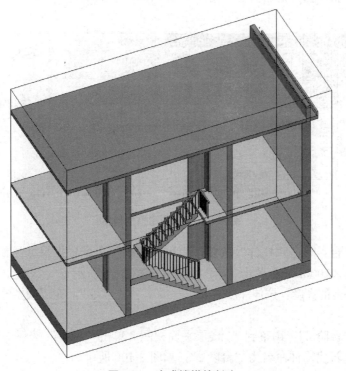

图 3-96　完成楼梯的创建

任务 3.10 创建台阶和散水

Revit 中提供了楼板边缘、屋顶檐沟、屋顶封檐带等主体放样工具，选择合适的轮廓，利用"楼板"命令中提供的"楼板边缘"工具，可以创建室外台阶等。扫描码 3-4 可观看建模视频。

也可以使用构件内建模型来创建室外台阶和散水。本节介绍"内建模型"的方法。

3.10.1 分析台阶和散水尺寸

从图 3-1 的首层平面图和图 3-4 的踏步详图中，可知台阶为 3 级，高度为 450mm，每级踏步宽度为 300mm，每级高度为 150mm，台阶平台的尺寸 2700mm×1000mm。

从图 3-1 的首层平面图和建筑设计说明中，可知散水的宽度为 550mm，向外的坡度是 4%，因此，散水从外墙边起向外的高差为 550×4%＝22mm。

3.10.2 创建台阶

（1）新建"台阶 1"：调整到 F1 楼层平面视图，单击"构件"按钮中的"内建模型"，选择楼板类别，新建构件命名为"台阶 1"，如图 3-97 所示。

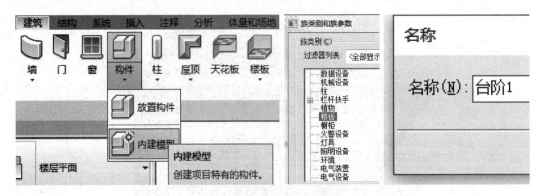

图 3-97 新建内建模型构件

（2）绘制平台：单击"拉伸"按钮，使用"直线"命令根据尺寸绘制拉伸平台矩形，尺寸为 2700mm×1000mm，单击"√"确认，如图 3-98 所示。

（3）调整平台的高度：拉伸深度输入：－450，点击"√"，完成模型的创建，如图 3-99 所示。

（4）新建"台阶 2"：调整到 F1 楼层平面视图，单击"构件"按钮中的"内建模型"，选择楼板类别，新建构件命名为"台阶 2"，如图 3-100 所示。

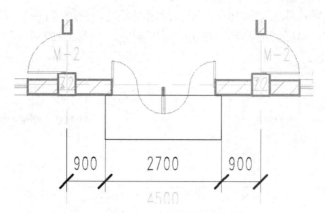

图 3-98　绘制拉伸平台矩形

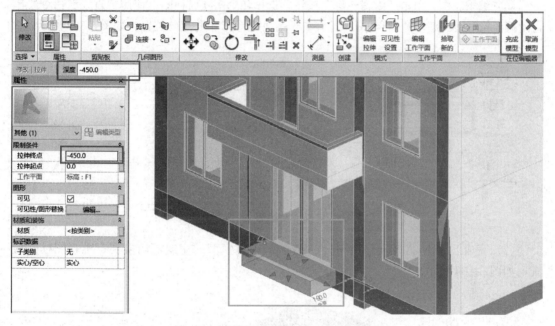

图 3-99　完成"台阶 1"内建模型的创建

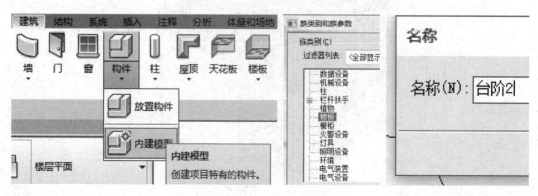

图 3-100　新建内建模型构件

（5）绘制路径线：单击"放样"按钮，绘制路径线，使用"直线"命令捕捉"台阶1"外侧轮廓角点，完成路径线的绘制，单击"√"确定，如图3-101所示。

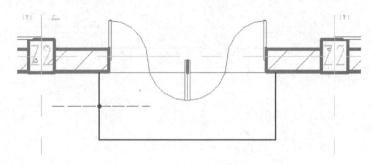

图 3-101　绘制路径线

（6）编辑轮廓：单击"编辑轮廓"按钮，选择转到南立面视图，使用"直线"命令绘制台阶截面轮廓线，踏步宽300mm，高150mm，注意参考中心点的位置，如图3-102所示。

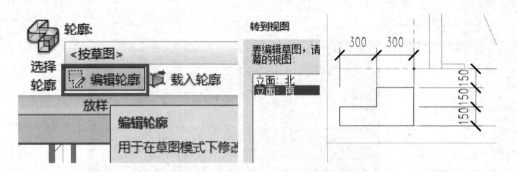

图 3-102　完成"台阶 2"轮廓线的绘制

（7）完成"台阶2"创建：单击"√"确认内建模型的完成，切换到三维视图模式检查，如图3-103所示。

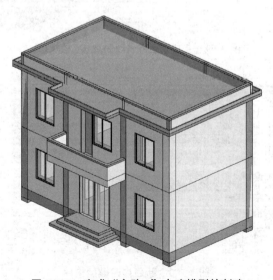

图 3-103　完成"台阶 2"内建模型的创建

3.10.3　创建散水

（1）新建散水：在项目浏览器中调整到 F1 楼层平面视图，单击"构件"按钮中的"内建模型"，选择楼板类别，新建构件命名为"散水"，如图 3-104 所示。

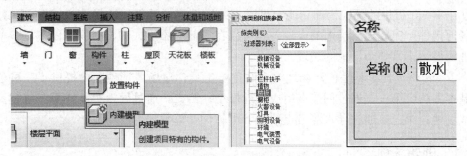

图 3-104　新建内建模型"散水"构件

（2）绘制散水：单击"放样"按钮，选择绘制路径线，使用直线命令捕捉外墙角点，沿着外墙外边线绘制路径线（注意：路径线是不闭合的，在台阶处断开），单击"√"确认。再单击"编辑轮廓"按钮，选择转到西立面视图，根据尺寸（向外坡 4%）绘制散水的轮廓线（底边长 550mm，高 22mm 的直角三角形），单击"√"确认，完成散水的创建，如图 3-105 所示。

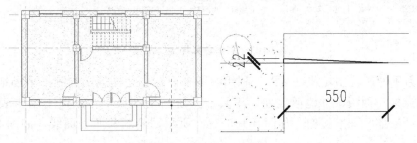

图 3-105　完成散水的创建

（3）调整到三维视图，检查建模完成情况，如图 3-106 所示。

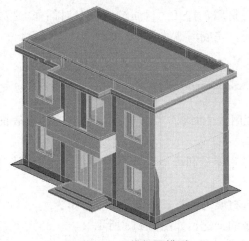

图 3-106　三维视图模型

任务 3.11 创建场地和 RPC

使用 Revit 提供的场地构件功能，可以为项目创建场地红线、场地三维模型、建筑地坪等场地构件，完成现场场地的设计。还可以在场地中添加人物、植物、停车场、篮球场等场地构件，丰富整个场地的表现。

在 Revit 中场地工具是创建场地模型的重要工具，在场地选项卡中提供了三种创建场地的基本方法：第一，通过创建点生成场地模型；第二，通过导入等高线等三维模型数据来生成场地；第三，通过导入测量点数据，由软件计算数据生成场地。

3.11.1 创建场地

（1）在菜单栏中选择"体量和场地"工具栏，如图 3-107 所示。

图 3-107 "体量和场地"工具栏

（2）为了便于绘制场地，可以先利用参考平面在办公楼周围绘制一个场地形状，单击"场地建模"面板中"地形表面"工具，系统自动切换到"修改｜编辑表面"选项卡，单击"参照平面"按钮，如图 3-108（a）所示，绘制参照平面线，如图 3-108（b）所示。

（3）单击"放置点"，分别设置绝对高程：2000、-450、-1000，在绘制的参照平面线上，指定相应的放置点，设置地形，如图 3-109 所示。

（4）选择场地，设置材质，打开"材质浏览器"对话框，搜索"场地草"，将"场地草"材质指定给场地图元，完成场地的创建，如图 3-110 所示。

3.11.2 创建子面域

在 Revit 中，可以利用"子面域"功能对于已创建的地形表面进行划分。该操作可以用于创建场地的道路等。

（1）在菜单栏中选择"体量和场地"工具栏中的"子面域"按钮，绘制道路边界线，如图 3-111 所示。

（2）选择道路，设置材质为沥青，如图 3-112 所示。

（3）完成道路子面域的创建，如图 3-113 所示。

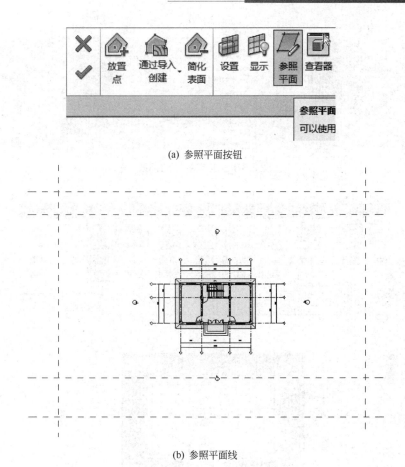

(a) 参照平面按钮

(b) 参照平面线

图 3-108 绘制参照平面线

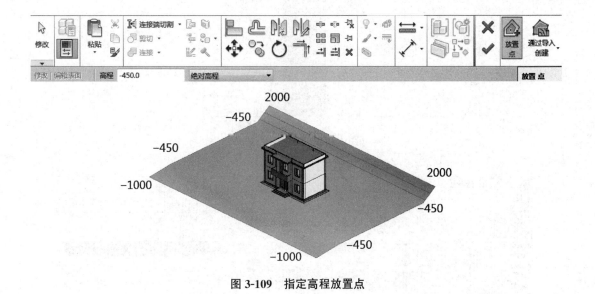

图 3-109 指定高程放置点

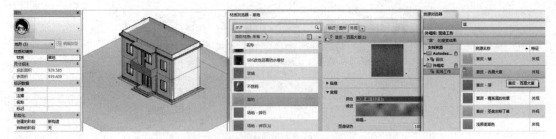

图 3-110　完成场地的创建

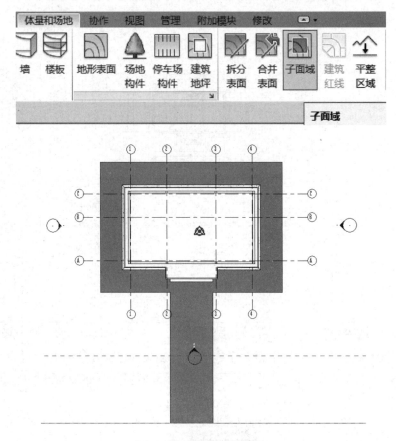

图 3-111　"子面域"按钮

图 3-112　设置道路材质

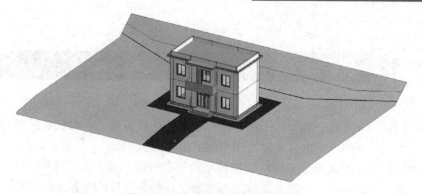

图 3-113　完成道路子面域的创建

3.11.3　RPC 构件

为了获得逼真的渲染效果，在 Revit 模型中，需要向其模型中添加相应的人物、植物、汽车等室内或者室外的场景构件，这种构件就是通常所说的 RPC 族构件。在 Revit 中的 RPC 族构件中，可以从多个角度显示真实人物和对象的特殊材质。

（1）在菜单栏中选择"体量和场地"工具栏中的"场地构件"工具，进入"修改｜场地构件"工具栏，如图 3-114 所示。

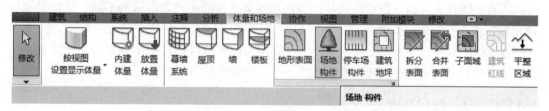

图 3-114　"体量和场地"工具栏

（2）在"属性"面板中选择相应树种和灌木，放置到场地，如图 3-115 所示。

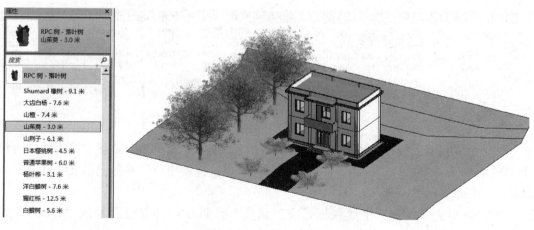

图 3-115　放置场地构件

125

任务 3.12　建筑表现

　　Revit 是基于 BIM 的三维设计工具，可以利用其的表现功能，对创建的模型进行展示与表现，并在三维视图下输出基于真实模型的渲染图片。

　　对于建筑而言，外部光环境对整个建筑室内外的环境影响具有重要的意义。在 Revit 中可以对建筑日光进行相应分析，让建筑师准确把握整个项目的光影环境情况，从而对项目做出最优的和最理性的判断。Revit 提供了模拟自然环境日照的阴影和日光设置功能，用于在视图中真实反映外部自然光和阴影对室内外空间和场地的影响，同时这种真实日光显示还可动态输出。

　　在 Revit 中要确定项目的位置和朝向必须理解两个概念：项目北和正北。

　　（1）当打开 Revit 软件时，将楼层平面视图的顶部默认定义为项目北；反之，视图的底部就是项目南。项目北与建筑物的实际地理方位没有关系，只是在绘图时候的一个视图方位。

　　（2）正北是指项目的真实地理方位朝向。如果项目的方向正好是正南正北方向，那么项目北方向和项目实际的方向就是一致的，即项目北和正北的方向相同；如果项目的地理方向不是正南正北方向，那么项目北的方向和项目本身的正北方向就会不同，也就是说项目北和正北存在一个方位角。

　　在 Revit 中进行日光分析时，是以项目的真实地理位置的数据作为基础，所以通常情况下，需要对 Revit 中的建筑物指定地理方位，指定项目的"正北"。

3.12.1　设置项目位置

　　（1）在菜单栏中选择"管理"工具栏，单击"面板"按钮，如图 3-116 所示。

图 3-116　"管理"工具栏

　　（2）在"位置、气候和场地"对话框的"位置"选项卡里的项目地址中输入"广西壮族自治区"，单击"搜索"按钮，在地图中还可以通过拖动项目位置标记精准的定位，如图 3-117 所示。

　　（3）调整到"场地"平面视图，在"属性"面板中，将方向设置成"正北"，如图 3-118 所示。

　　注意：本项目的项目北与正北方向相同，所以不用再进行旋转正北的调整。

图 3-117　设置"位置"选项卡

图 3-118　设置"正北"方向

3.12.2　日光和阴影设置

完成项目地点和朝向设定后，接着在 Revit 中设置太阳的位置和时刻，并开启项目阴影，显示当前时刻下的项目阴影状态。

（1）调整到"三维视图"显示，单击最下方视图控制栏的"日光设置"按钮，在"日光设置"对话框中设置"日光研究"的方式为"静止"，修改"日期"为"2020 年 12 月 31 日"，"时间"为"16：00"，勾选"地平面的标高"，设置为"F1"，单击"确定"按钮，如图 3-119 所示。

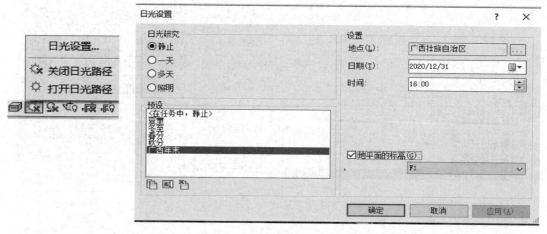

图 3-119　完成静态日光设置

（2）在控制栏中单击"打开阴影"按钮，将在当前视图中显示日光对项目产生的阴影，此为静态效果，如图 3-120 所示。

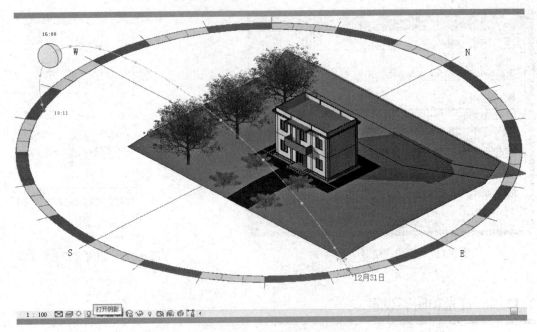

图 3-120　"打开阴影"设置

（3）在"日光设置"对话框中设置"日光研究"的方式为"一天"，修改"日期"为2021 年 3 月 21 日，勾选"日出到日落"再勾选"地平面的标高"，设置为"F1"，单击"应用"和"确定"，如图 3-121 所示。

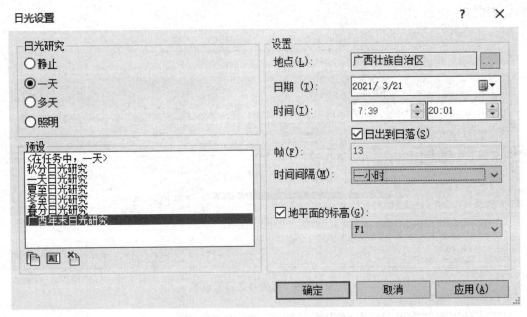

图 3-121　完成动态日光设置

（4）在控制栏中单击"日光设置"按钮，选择"日光研究预览"选项，进入日光阴影预览模式。单击左上角的"播放"按钮，将生成一天的动态阴影变化效果，如图 3-122 所示。

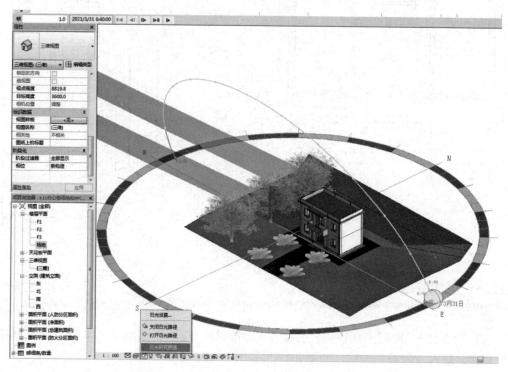

图 3-122　动态阴影预览

3.12.3　创建相机视图

（1）调整到 F1 楼层平面视图，在菜单栏中选择"视图"选项卡，单击"三维视图"下拉列表，选择"相机"选项，如图 3-123 所示。

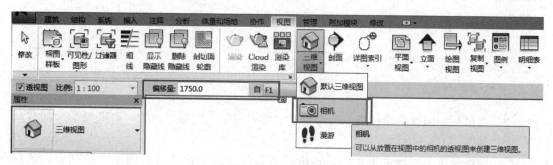

图 3-123　打开"相机"设置

（2）用鼠标指定相机的位置以及相机的目标位置后，Revit 将生成三维相机视图，并自动切换预览视图，可以通过四个边界调整范围，如图 3-124 所示。

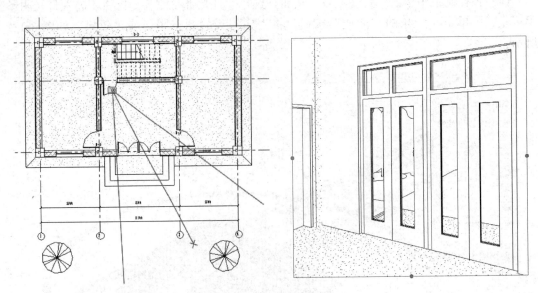

图 3-124　三维相机视图

3.12.4　添加漫游动画

（1）调整到 F1 楼层平面视图，在菜单栏中选择"视图"选项卡，单击"三维视图"下拉列表，选择"漫游"选项，如图 3-125 所示。

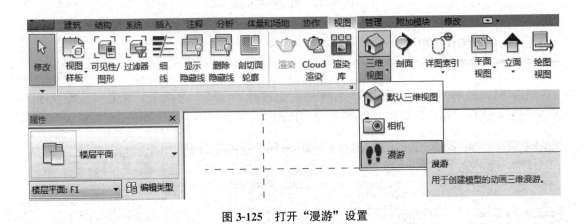

图 3-125　打开"漫游"设置

（2）用鼠标绘制漫游路径线，然后单击"编辑漫游"图标，可以"打开漫游"播放预览效果，如图 3-126 所示。

（3）完成动画关键帧设置之后，导出动画。单击左上角标题栏图标下拉列表，选择"导出"→"图像和动画"，在列表中选择"漫游"，设置动画"长度/格式"参数后，即可以导出文件，如图 3-127 所示。

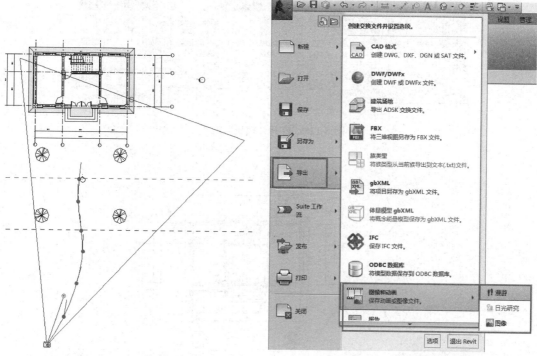

图 3-126　绘制漫游路径线　　　　　　　　　图 3-127　导出漫游动画

任务 3.13　渲染与输出

在实际项目中，往往需要为项目创建更为逼真的三维可视化图片。在 Revit 中，由于模型是按照真实的尺寸所创建，所以创建的三维可视化图片跟真实的项目之间，几乎没有区别。

3.13.1　室外日光的渲染

（1）调整到 F1 楼层平面视图，在菜单栏中选择"视图"选项卡，单击"三维视图"下拉列表，选择"相机"选项，设置相机的标高为 3000，如图 3-128 所示。

（2）用鼠标指定相机的位置以及相机的目标位置，注意控制好相机的朝向，参看图中蓝色线条，Revit 将生成三维相机视图，如图 3-129 所示。

（3）完成视图范围调节后，单击"视图"选项卡"图形"面板中的"渲染"工具，如图 3-130 所示。

（4）在"渲染"选项卡面板中设置相关参数，创建渲染图片。质量设置为"高"，输出设置"打印机 150DPI"，照明方案选择"室外：仅日光"，日光设置为"广西年末"，背

图 3-128 打开"相机"设置

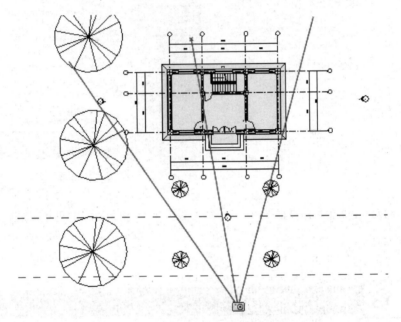

图 3-129 指定相机及其目标位置

图 3-130 打开渲染工具

景选"天空：少云"，如图 3-131 所示。

（5）渲染的速度与 CPU 的数量、频率有关，同时也与渲染设置中的渲染质量、输出分辨率的大小有关。质量越高、分辨率越大，渲染需要的时间也越长，需要耐心等待，如图 3-132 所示。

（6）不同的视图渲染参数，得到的效果图不同，本项目按"高质量""室外：仅日光""天空：少云"进行渲染，最后保存到项目中，命名为"室外日光"，如图 3-133 所示。

（7）室内日光的渲染操作类似，此处不再赘述。

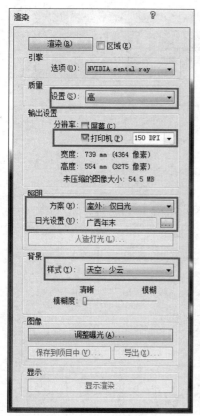

图 3-131   打开渲染工具

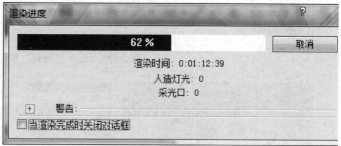

图 3-132   等待渲染进度条

图 3-133   完成室外日光的渲染

3.13.2   室外夜景的渲染

（1）在"插入"选项卡中单击"载入族"按钮，如图 3-134 所示。

（2）在族库路径中选择：China→机电→照明→室外灯→路灯-标准，如图 3-135 所示。

（3）调整到"场地"楼层平面视图，单击"构件"按钮下拉列表的"放置构件"，将 4 个路灯放在指定位置上，如图 3-136 所示。

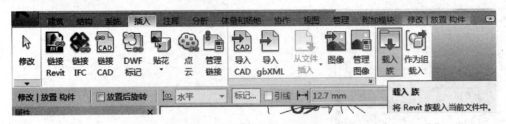

图 3-134　打开"载入族"

图 3-135　载入"路灯"族

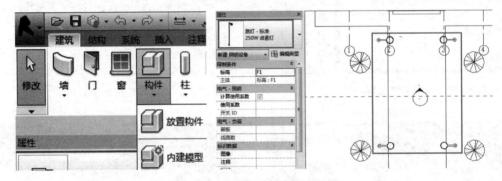

图 3-136　将路灯放置在指定位置

（4）安置相机，调整合适的视图范围，设置渲染参数：质量"高"，打印机"150 DPI"，照明方案"室外：仅人造光"，创建渲染图片，如图 3-137 所示。

图 3-137　完成"渲染"设置

（5）完成室外夜景的渲染并导出保存，如图 3-138 所示。

图 3-138　完成室外夜景的渲染

（6）室内夜景的渲染操作类似，此处不再赘述。

3.13.3　输出建筑施工图

（1）单击"视图"选项卡中的"图纸"按钮，如图 3-139 所示。

图 3-139　打开图纸工具

（2）选择"A2 公制"新建图纸，自动切换到图纸界面，此时可以编辑标题栏中的文字，如图 3-140 所示。

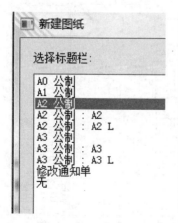
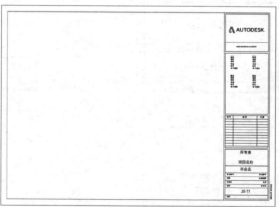

图 3-140　新建图纸

（3）单击"视图"选项卡中的"视图"按钮，如图 3-141 所示。

图 3-141　打开视图工具

（4）选择"楼层平面：F1"，调整比例为 1∶100，如图 3-142 所示。

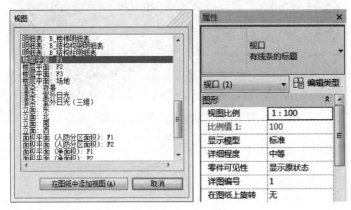

图 3-142　添加视图

（5）单击"激活视图"按钮，如图 3-143 所示。

图 3-143　激活视图

（6）在"属性"面板中设置数据参数，如图 3-144 所示。

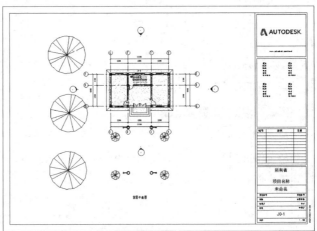

图 3-144　设置"视图"属性

（7）在文件下拉列表中，选择"打印"，可将项目图纸打印为 PDF 文件并保存，也可通过打印机打印出图，如图 3-145 所示。

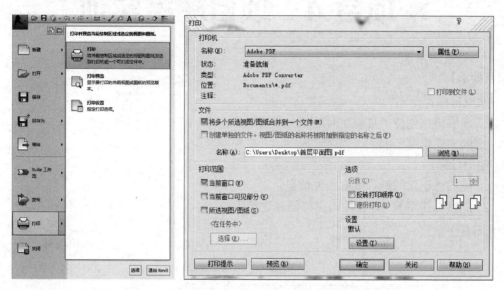

图 3-145　打印出图

（8）另有其他出图方式，此处不再赘述。

▸▸ 项目4 项目建模实训

【项目要求】

知识目标：

1. 理解模型创建工具使用时的相关设置和注意事项；

2. 熟悉建筑模型的基本创建流程。

能力目标：

1. 能熟练识读图纸，读取相关信息；

2. 能熟练使用 Revit 软件，完整创建建筑模型。

【思维导图】

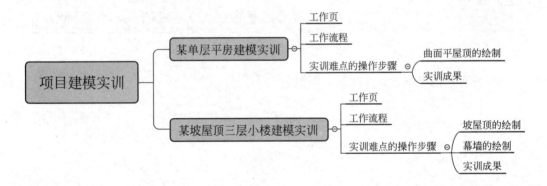

任务 4.1 某单层平房建模实训

4.1.1 工作页

【任务情境】

根据任务要求及项目图纸创建某单层平房三维模型。

【任务要求】

根据以下要求和给出的图纸，创建模型并将结果输出。在桌面新建名为"某单层平房"的文件夹，并将结果文件保存在该文件夹内。

1. 建立房屋模型

2. BIM 参数化建模

按照给出的平、立面图要求，绘制轴网及标高，并标注尺寸。

（1）按照轴线创建墙体模型，其中内墙厚度均为 200mm，外墙厚度均为 300mm。

（2）按照图纸尺寸在墙体中插入门和窗，其中门的型号为 M8020、M0618，尺寸分别为 800mm×2000mm、600mm×1800mm；

窗的型号为 C0912、C1515，尺寸分别为 900mm×1200mm、1500mm×1500mm。

3. 创建图纸

（1）分别创建门和窗的统计表，门明细表包含类型、宽度、高度及合计字段，窗明细表包含类型、底高度（900mm）、宽度、高度及合计字段，明细表按照类型进行分组和统计。

（2）建立 A2 尺寸图纸，将模型的东立面图、西立面图、南立面图、北立面图及门窗明细表分别插入图纸中，并根据图纸内容将图纸视图命名，图纸编号任意。

（3）将模型文件以"房子.rvt"为文件名保存至桌面。

【任务图纸】

某平房平面图、三维图见图 4-1，立面图见图 4-2。

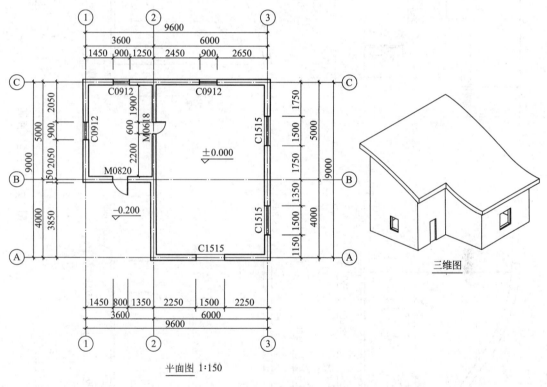

图 4-1　某平房平面图　三维图

【任务目标】

1. 熟练掌握系统设置、新建 Revit 文件及 Revit 建模环境设置操作。

2. 熟练掌握 Revit 参数化建模的方法。

3. 熟练掌握族的创建与属性的添加。

4. 熟练掌握 Revit 属性定义与编辑的操作。

5. 了解创建图纸与模型文件管理。

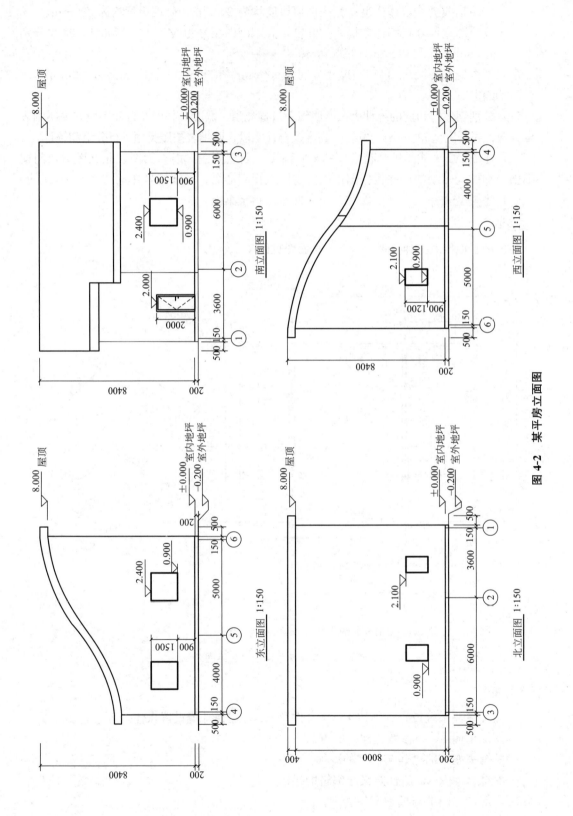

图 4-2　某平房立面图

4.1.2　工作流程

项目 3 介绍了一个小项目建模的完整过程，现在开始独立进行项目建模的实训，根据图纸和任务要求，推荐建模流程如图 4-3 所示，请认真分析图纸信息，参考图 4-3 的建模流程，完成任务。

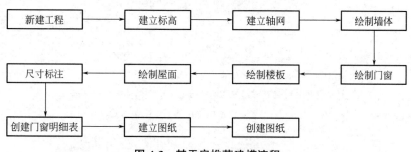

图 4-3　某平房推荐建模流程

4.1.3　实训难点的操作步骤

本项目实训的难点主要是屋顶，屋顶为曲面屋顶，下面对曲面屋顶的操作步骤进行说明。同时展示实训成果，方便与实训作品进行对照检查。

1. 曲面平屋顶的绘制

在 Revit 中，可以直接使用建筑楼板来创建简单的平屋顶。对于复杂形式的坡屋顶，Revit 还提供了专门的屋顶工具，用于创建各种形式的复杂屋顶。在 Revit 中，提供了迹线屋顶、拉伸屋顶和面屋顶三种创建屋顶的方式。本任务主要应用拉伸屋顶的方式来创建该单层平房的曲面屋顶，具体操作步骤如下：

码4-1
单层平房曲面
平屋顶的绘制

（1）选择"拉伸屋顶"命令

在"建筑"选项卡中选择"屋顶"并点击"拉伸屋顶"按钮，如图 4-4 所示。

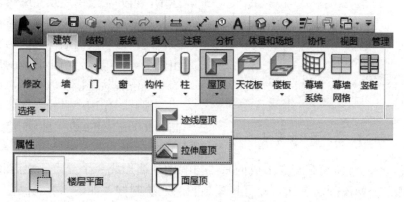

图 4-4　选中"拉伸屋顶"

（2）选择恰当的工作平面

点击"工作平面"面板，选中"拾取一个工作平面"，点击确定，如图 4-5 所示。

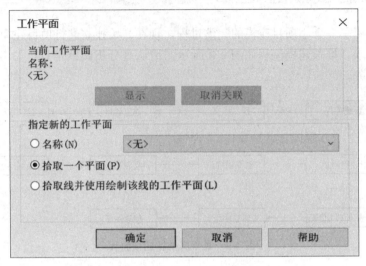

图 4-5 "工作平面"面板

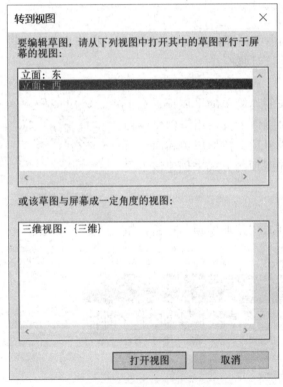

图 4-6 选择西立面视图

单击 1 轴轴线，选中需要参照绘制的"西立面"，点击"打开视图"，如图 4-6 所示。

（3）编辑屋顶属性

对屋顶进行属性编辑，由于系统内置屋顶默认厚度为 400mm，符合图纸要求的屋顶设置厚度，故不需要对屋顶进行复制新建，直接应用即可，如图 4-7 所示。

（4）绘制屋顶轮廓线

进入编辑拉伸屋顶界面后，首先需对屋顶绘制其正确的轮廓线后再进行拉伸，"修改｜创建拉伸屋顶轮廓"面板如图 4-8 所示，可开始绘制屋顶轮廓线。

观察西立面图可知，该项目为弧形屋顶，屋顶形状凸出墙体两边为直段，中间由两个圆弧组成，凸出墙体的尺寸上下均为 500mm，如图 4-9 所示。

因此，先用"直线"命令，分别在标高 8.000m 处 的 © 轴外墙边和标高 4.000m 处的Ⓐ轴外墙边向外绘制 500mm 长的轮廓线，然后连接两个端点形成的直线与Ⓑ轴外墙形成一个交点，之后利用"起点-终点-半径弧"分两段画出圆弧，即可将屋顶轮廓线绘制好，如图 4-10 所示。点击"√"确定，即可生成 400mm 厚的弧形屋面板。

图 4-7　屋顶属性编辑

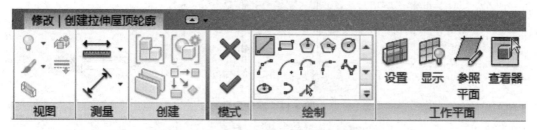

图 4-8　"修改│创建拉伸屋顶轮廓"面板

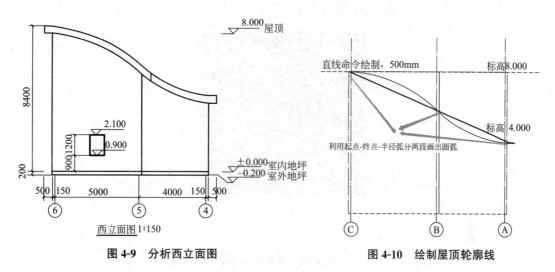

图 4-9　分析西立面图　　　　　图 4-10　绘制屋顶轮廓线

（5）调整屋顶位置

绘制好屋顶后，因屋顶板底标高不够，可选中绘制的屋面，点击"移动"按钮，将屋顶板的底点从原来的位置向上移动 400mm，使屋顶板底标高至 8.000 处，如图 4-11 所示。

返回"屋顶标高"平面视图，①和③轴处，屋面还没有凸出外墙 500mm，因此选中绘制好的屋顶，在①和③轴外墙外边线处分别向外拉伸 500mm 拖动至正确的位置，如图 4-12 所示。

确定无误后点击"三维视图"进行观察，如图 4-13 所示。

（6）调整墙体高度

在"三维视图"中发现墙体位置不正确，此时可选中所有墙体，点击"附着顶部/底部"按钮，再点击"屋顶"，这样墙体就能根据所画屋面生成正确的高度，如图 4-14 所示。

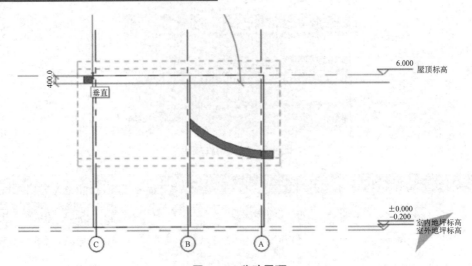

图 4-11　移动屋顶

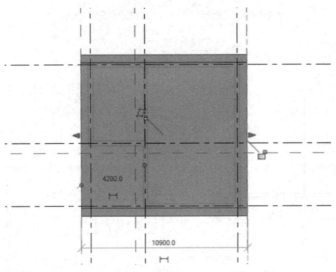

图 4-12　调整屋顶位置

图 4-13　屋顶三维视图

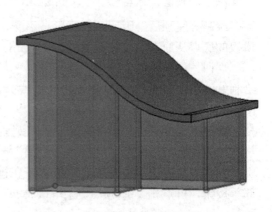

图 4-14　墙体附着屋顶

（7）绘制竖井

返回"屋顶标高"楼层平面视图，在"建筑"选项栏中点击"竖井"按钮，用"矩形"命令在需要去除的屋顶位置绘制矩形，如图 4-15 所示。

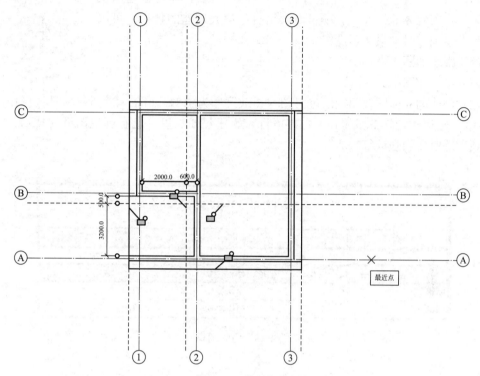

图 4-15 绘制竖井

点击"✓"确认绘制好后，转换至"三维视图"，在"三维视图"中找到绘制好的竖井，直接拉伸至合适的位置即可，如图 4-16 所示。

至此，单层平房全部绘制完成，三维模型如图 4-17 所示。

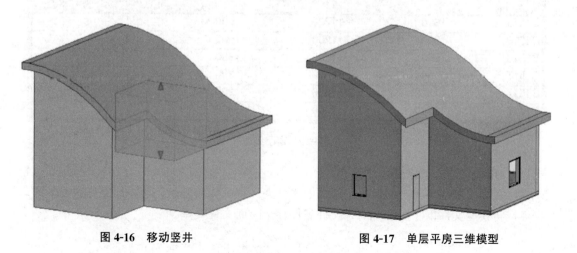

图 4-16 移动竖井   图 4-17 单层平房三维模型

2. 实训成果

本阶段实训以项目建模为主，初步了解门窗表创建和图纸创建。

（1）门窗表创建。在"视图"选项卡中选择"明细表"，点击"明细表/数量"，在"类别"中选择"门"或者"窗"，即可创建门窗明细表。在项目 8 的任务 8.5 项目专项里有门窗表创建的技巧，可以在项目专项训练时加强技巧训练。

码4-2
单层平房实训
成果演示

门明细表如图 4-18 所示。

窗明细表如图 4-19 所示。

（2）创建的立面图及门窗表施工图（图纸尺寸为 A2）如图 4-20 所示。具体操作可参考 3.13.3 输出建筑施工图的方法，在项目 8 的任务 8.5 里，也有创建图纸的技巧，在项目专项训练时要加强训练。

＜门明细表＞

A	B	C	D
类型	宽度	高度	合计
M0820	800	2000	1
M0618	600	1800	1

图 4-18　门明细表

＜窗明细表＞

A	B	C	D	E
类型标记	宽度	高度	底高度	合计
C1516	900	1200	900	1
C1516	900	1200	900	1
C1516	900	1200	900	1
C1517	1500	1500	900	1
C1517	1500	1500	900	1
C1517	1500	1500	900	1

图 4-19　窗明细表

（3）最后记得检查文件管理工作。

1）在桌面新建名为"某单层平房"的文件夹。在工作一开始，应立即做好这项工作。

2）将模型文件以"房子.rvt"文件名保存至桌面文件夹里。

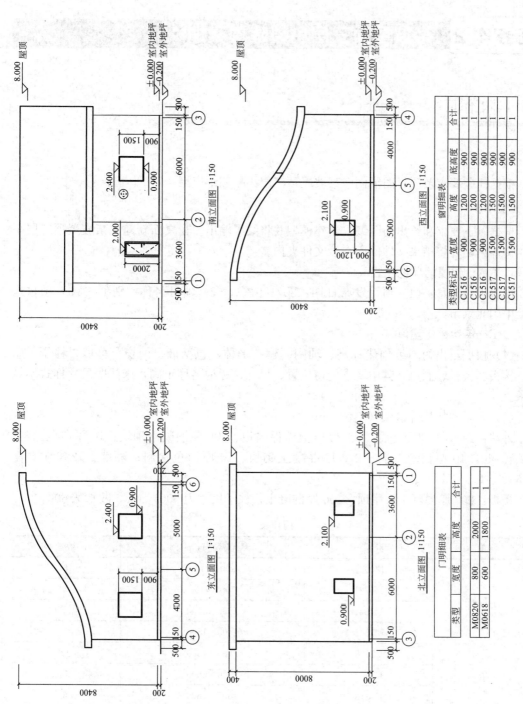

图 4-20 立面图及门窗表施工图

任务 4.2　某坡屋顶三层小楼建模实训

4.2.1　工作页

【任务情境】

根据任务要求及项目图纸创建某坡屋顶三层小楼三维模型。

【任务要求】

根据以下要求和给出的图纸，创建模型并将结果输出。在桌面新建"某坡屋顶三层小楼"文件夹，并将结果文件保存在该文件夹内。

1. Revit 建模的环境设置

设置项目信息：（1）项目发布日期：2021-4-30；（2）项目名称：别墅；（3）项目地址：中国北京市。

2. Revit 参数化建模

（1）根据给出的图纸创建标高、轴网、建筑形体，包括墙、门窗、幕墙、柱子、屋顶、楼板、楼梯、洞口，其中要求门窗位置、尺寸、标记名称正确，未注明尺寸样式不做要求。

（2）主要建筑构件参数（单位：mm）

外墙：240，10 厚灰色涂料、20 厚泡沫保温板、200 厚混凝土砌块、10 厚白色涂料；内墙：240，10 厚白色涂料、220 厚混凝土砌块、10 厚白色涂料；隔墙：120，120 砖砌体；

楼板：200 厚混凝土；屋顶：200 厚混凝土；柱子尺寸为 300×300，散水宽 600。

门窗表

类型	设计编号	洞口尺寸(mm)	数量
普通门	M0921	900×2100	6
	M0721	700×2100	3
	M1521	1500×2100	2
	M1518	1500×1800	1
普通窗	C1518	1500×1800	12
	C3030	3000×3000	2
	C1818	1800×1800	6
	C2118	2100×1800	2
	C1218	1200×1800	1
	C1815	1815×1500	1

3. 创建图纸

（1）创建门窗明细表，要求包含类型标记、宽度、高度、底高度、合计，并计算总和。

（2）创建 A3 尺寸图纸，绘制 1-1 剖面图。

4. 模型渲染

对房屋三维模型进行渲染，质量设置为"中"，设置背景为"天空，少云"，照明方案为"室外：日光和人照光"，其他未标明选项不做要求，结果以"某坡屋顶三层小楼 .jpg"为文件名保存到本任务文件夹中。

5. 模型文件管理

（1）以"某坡屋顶三层小楼"为项目名称保存项目。

（2）将创建的"1-1 剖面图"导出 AutoCAD.dwg 文件，命名为"1-1 剖面图"。

【任务图纸】

主要图纸如下：

（1）首层平面图，如图 4-21 所示；

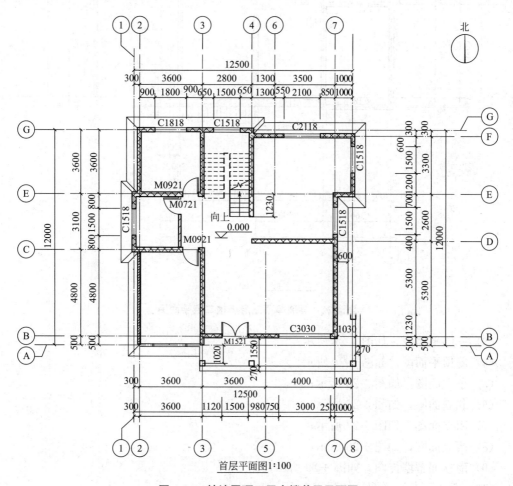

首层平面图1:100

图 4-21 某坡屋顶三层小楼首层平面图

（2）二层平面图，如图 4-22 所示；

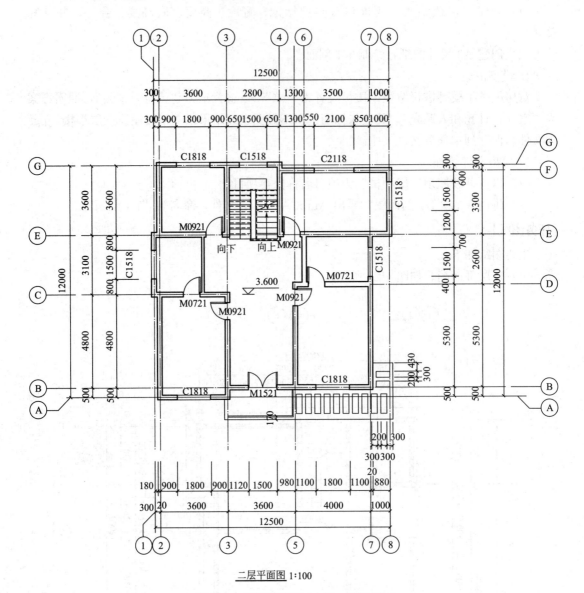

二层平面图 1:100

图 4-22 某坡屋顶三层小楼二层平面图

（3）三层平面图，如图 4-23 所示；

（4）屋顶平面图，如图 4-24 所示；

（5）东立面图，如图 4-25 所示；

（6）北立面图，如图 4-26 所示；

（7）南立面图，如图 4-27 所示；

（8）西立面图，如图 4-28 所示；

（9）南立面幕墙详图，如图 4-29 所示；

（10）西立面幕墙详图，如图 4-30 所示；

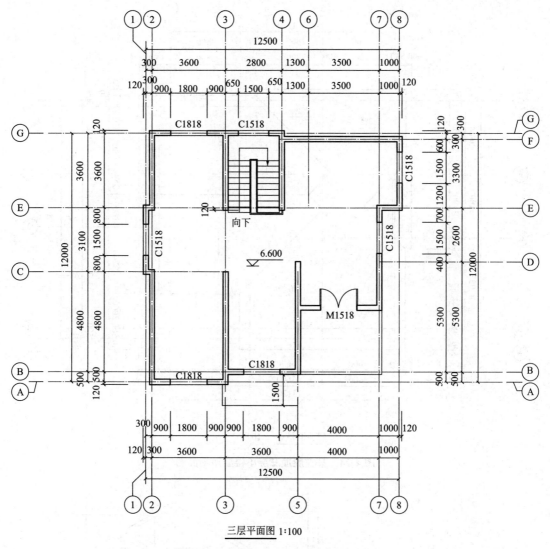

三层平面图 1:100

图 4-23　某坡屋顶三层小楼三层平面图

（11）楼梯平面图，如图 4-31 所示；

（12）楼梯剖面图，如图 4-32 所示。

【任务目标】

1. 熟练掌握系统设置、新建 Revit 文件及 Revit 建模环境设置操作。

2. 熟练掌握 Revit 参数化建模的方法。

3. 熟练掌握族的创建与属性的添加。

4. 熟练掌握 Revit 属性定义与编辑的操作。

5. 了解创建图纸与模型文件管理。

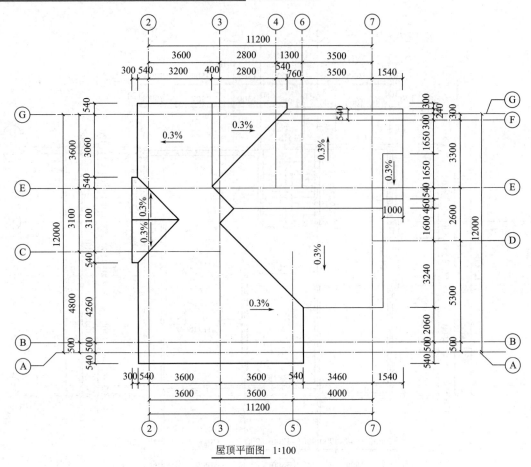

屋顶平面图 1:100

图 4-24 某坡屋顶三层小楼屋顶平面图

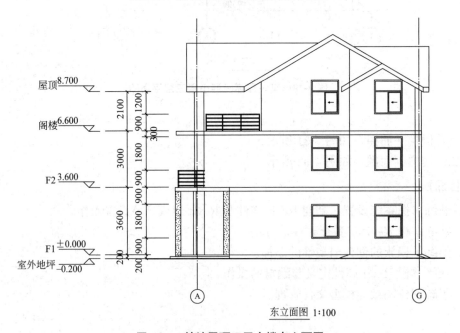

东立面图 1:100

图 4-25 某坡屋顶三层小楼东立面图

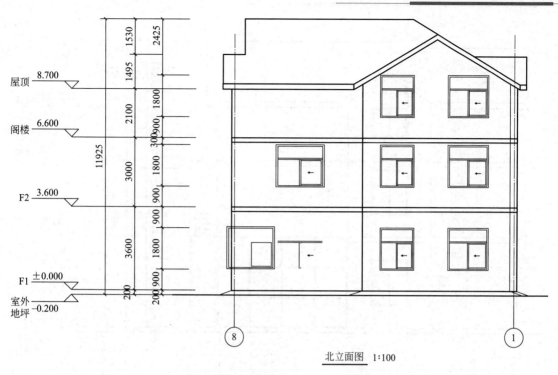

图 4-26　某坡屋顶三层小楼北立面图

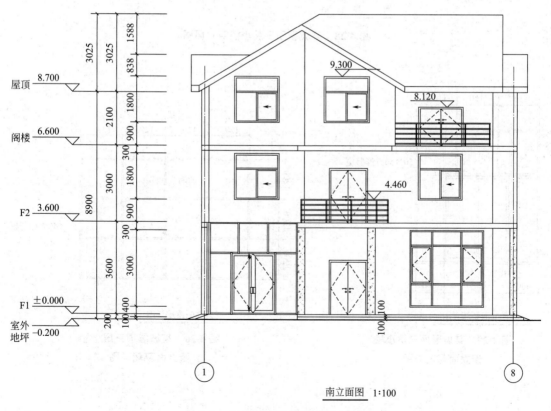

南立面图　1:100

图 4-27　某坡屋顶三层小楼南立面图

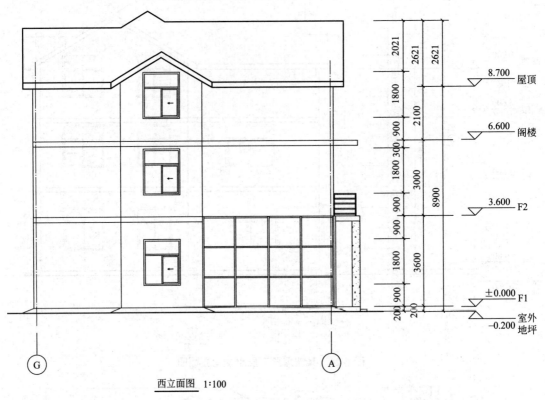

西立面图 1:100

图 4-28 某坡屋顶三层小楼西立面图

一层南立面幕墙详图 1:50

**图 4-29 某坡屋顶三层小楼
南立面幕墙详图**

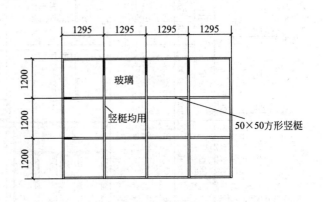

一层西立面幕墙详图 1:50

**图 4-30 某坡屋顶三层小楼
西立面幕墙详图**

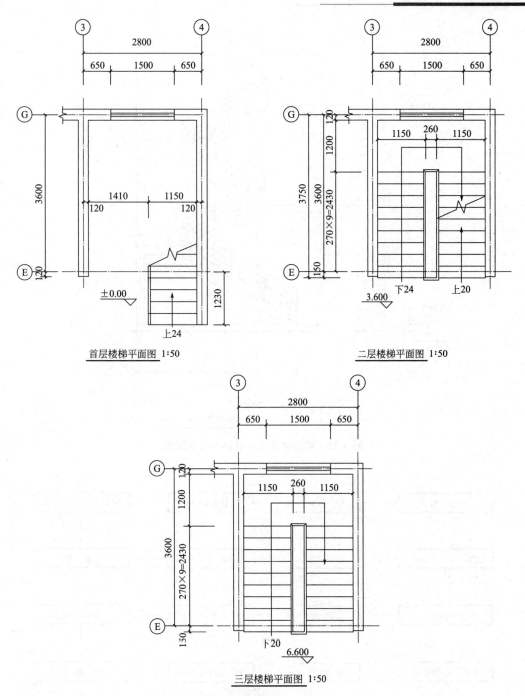

图 4-31　某坡屋顶三层小楼楼梯平面图

4.2.2　工作流程

　　本项目是一坡屋顶带幕墙的三层小楼，根据图纸和任务要求，建模流程如图 4-33 所示，请认真分析图纸信息，参考图 4-33 的建模流程，独立完成建模任务。

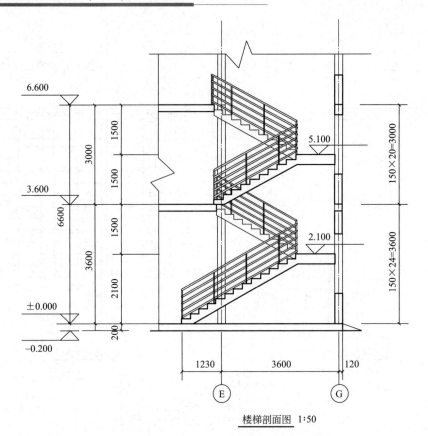

楼梯剖面图 1:50

图4-32 某坡屋顶三层小楼楼梯剖面图

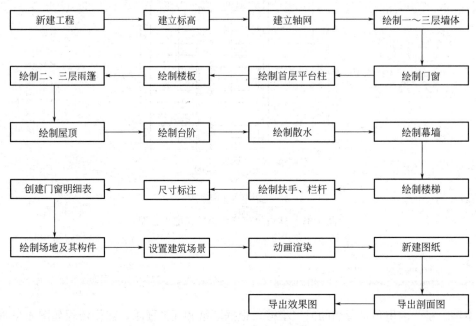

图4-33 某坡屋顶三层小楼建模流程

4.2.3　实训难点的操作步骤

本项目的实训难点主要是坡屋顶和幕墙的创建，下面重点对坡屋顶和幕墙绘制的步骤进行说明。同时展示实训成果，方便与自己的实训作品进行对照检查。

1. 坡屋顶的绘制

屋顶是建筑最上部的围护结构，是房屋的重要组成部分。其样式和构造也是多种多样的，Revit 提供了多种创建工具。其中，"迹线屋顶"一般用于创建常规屋顶，通过勾选和设置坡度值来绘制坡屋顶。本项目的屋顶就是利用"迹线屋顶"来绘制的，具体操作步骤如下：

码4-3
三层小楼坡屋
顶的绘制

（1）选择"迹线屋顶"命令

打开"屋面"视图。在"建筑"选项卡构件面板中点击"屋顶"并选择"迹线屋顶"命令，如图 4-34 所示。

进入"修改 | 创建屋顶迹线"界面，如图 4-35 所示。

图 4-34　迹线屋顶

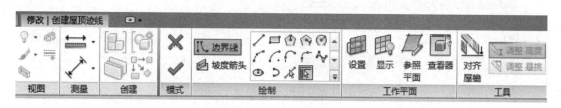

图 4-35　修改 | 创建屋顶迹线

（2）编辑屋顶属性

"迹线屋顶"和楼板的创建方法是一样的，也是先设置屋顶的厚度，然后画出水平边界线来创建屋顶。点击"属性"面板上的"编辑类型"按钮，如图 4-36 所示。

弹出"类型属性"对话框，选择"常规-400mm"，复制新的屋顶类型，命名为"屋顶"，如图 4-37 所示。

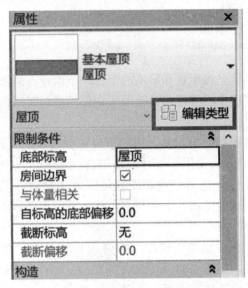

图 4-36　屋顶编辑类型按钮

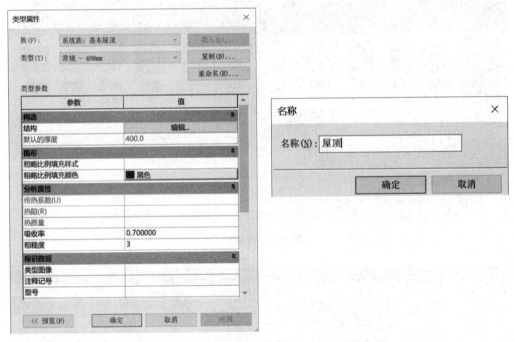

图 4-37　新建屋顶

　　点击"类型属性"对话框中的"结构"参数右边的"编辑"按钮，根据图纸规定，修改屋面板的结构厚度为 200mm，如图 4-38 所示，完成"屋顶"的设置。

　　（3）绘制屋顶轮廓草图

　　根据图纸，利用"直线"和"拾取线"的方式绘制屋顶轮廓草图，如图 4-39 所示。

　　提示：编辑屋顶轮廓草图，利用"拾取线"工具绘制时，输入偏移量后，选中需要拾取的线，可按"空格键"来切换偏移线的方向。

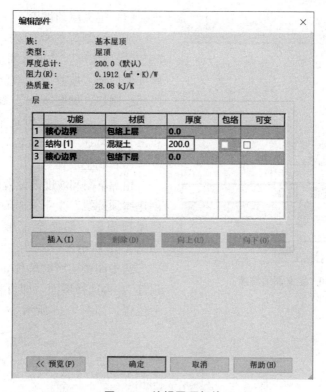

图 4-38　编辑屋顶部件

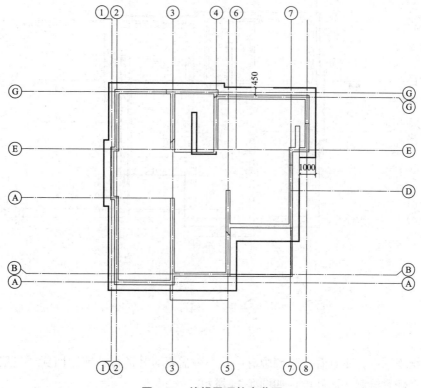

图 4-39　编辑屋顶轮廓草图

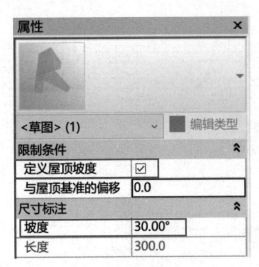

图 4-40　定义屋顶坡度

（4）定义屋顶坡度

选中绘制好的草图线，在属性栏中勾选"定义屋顶坡度"并输入对应的坡度数据，在属性框内输入坡度30°，直至每个有坡度的线段都绘制好，如图4-40、图4-41所示。

提示：如果创建的是平屋顶，属性选项栏上不要勾选"定义屋顶坡度"。

（5）调整墙体

轮廓草图和坡度都设置好后点击"修改｜创建屋顶迹线"上下文选项卡中的"√"，创建屋顶面板，切换至三维视图，检查模型，如图4-42所示。

选中阁楼层所有墙体，点击"附着底部/顶部"，再选择屋面，即可将墙附着至屋面合适位置，如图4-43所示。

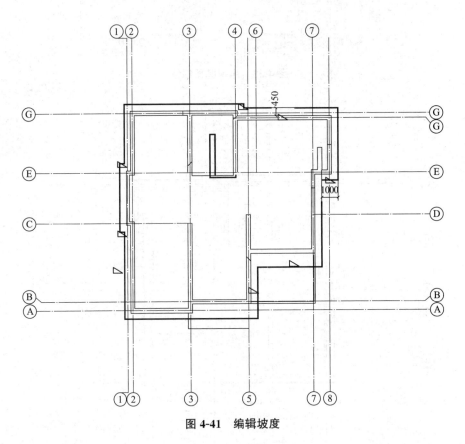

图 4-41　编辑坡度

在三维视图中，不难看出外墙中有一块空隙需要对其进行补墙。回到"三层平面图"，在适当位置任意绘制一面外墙，如图4-44所示。

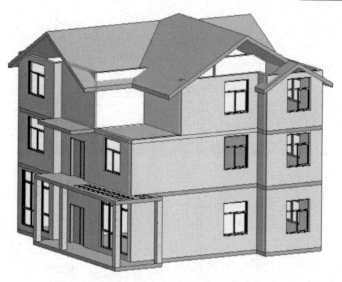

图 4-42　三维视图下的屋顶

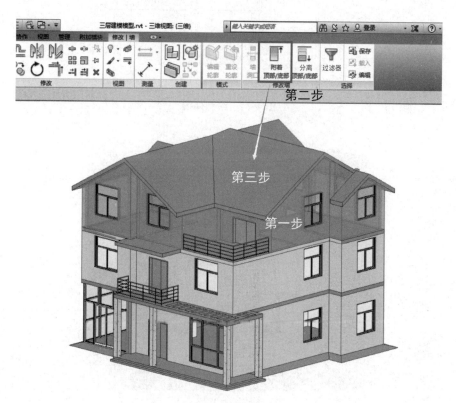

图 4-43　附着墙体

切换至"三维视图",在三维视图中找到这面墙体,利用拉伸的方式将其上下拉伸至合适的高度,如图 4-45 所示。

旋转至前立面,点击前立面,并在构件面板中点击"对齐"按钮,将该墙体与外墙平齐,如图 4-46 所示。

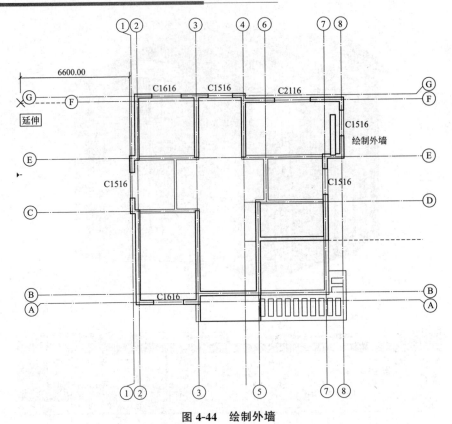

图 4-44　绘制外墙

图 4-45　拉伸墙体

　　回到三维视图，选中该墙体，点击建筑选项卡构件面板"修改/墙"选项里面的"编辑轮廓"按钮，对该面墙体进行轮廓编辑与修改，编辑完后点击"√"确定，如图 4-47 所示。

　　至此，该建筑的屋顶绘制完毕，如图 4-48 所示。

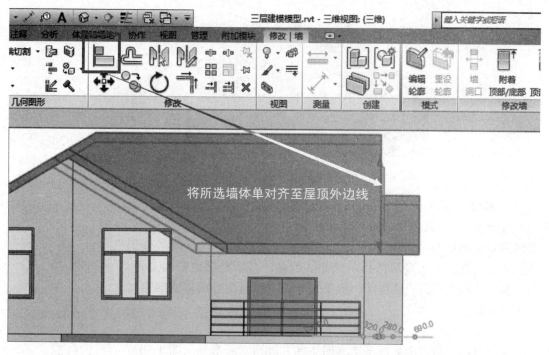

将所选墙体单对齐至屋顶外边线

图 4-46　对齐墙体

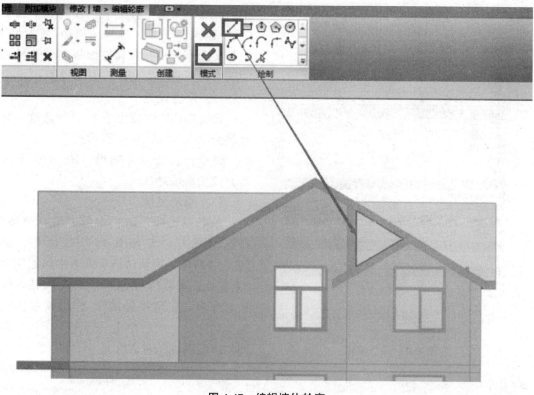

图 4-47　编辑墙体轮廓

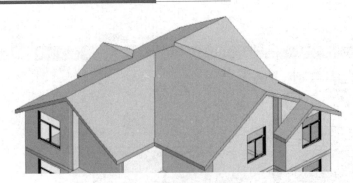

图 4-48　完成绘制的屋顶

2. 幕墙的绘制

在 Revit 中，幕墙由幕墙嵌板、幕墙网格和幕墙竖梃三部分组成。幕墙嵌板是构成幕墙的基本单元，幕墙由一块或者多块幕墙嵌板组成。幕墙网格决定了幕墙嵌板的大小、数量。幕墙竖梃为幕墙龙骨，是沿幕墙网格生成的线性构件。接下来介绍本项目南立面幕墙的定义和创建过程。

码4-4
三层小楼坡屋顶幕墙的绘制

（1）定义幕墙

本项目的幕墙有南立面幕墙（图 4-29）和西立面幕墙（图 4-30），本书以南立面幕墙为例进行介绍。

单击"建筑"选项卡中"构件"面板中的"墙"工具下拉列表，在列表中选中"墙：建筑"工具，进入"修改/放置墙"上下文选项卡，并在属性面板类型选择器中选中"幕墙"类型，如图 4-49 所示。

（2）高度设置

设置选项栏中高度为 F2，勾选链，偏移量为 0.0，如图 4-50 所示。

提示：在绘制幕墙时，Revit 不允许用户设置幕墙定位线。

（3）编辑属性

单击"属性"面板中的"编辑类型"按钮，弹出"类型属性"对话框。如图 4-51 所示，确认"族"列表中当前族为"系统族：幕墙"，单击"复制"按钮，输入名称为"住宅楼外墙"，作为新墙体的类型名称，完成后单击"确定"按钮，返回"类型属性"对话框。

类型属性		×
族(F):	系统族：基本墙	载入(L)...
	系统族：叠层墙	
类型(T):	系统族：基本墙	复制(D)...
	系统族：幕墙	重命名(R)...

类型参数

参数	值
构造	
结构	编辑...
在插入点包络	不包络
在端点包络	无
厚度	240.0
功能	外部
图形	
粗略比例填充样式	
粗略比例填充颜色	■黑色
材质和装饰	
结构材质	混凝土砌块
尺寸标注	
壁厚	
分析属性	
传热系数(U)	6.5000 W/(m²·K)
热阻(R)	0.1538 (m²·K)/W

| << 预览(P) | 确定 | 取消 | 应用 |

图 4-49　属性编辑

| 修改 \| 放置墙 | 高度: | ∨ | F2 | ∨ | 3600.0 | 定位线：墙中心线 | ∨ | ☑链 | 偏移量：0.0 |

图 4-50　高度设置

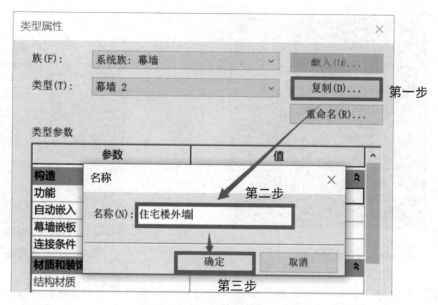

图 4-51　编辑属性

（4）绘制幕墙

对于"类型属性"对话框内类型参数下的内容不进行设置，单击"确定"按钮。选择 F1 楼层平面，根据图纸尺寸，在Ⓐ轴×②～③轴绘制幕墙，绘制完后按两次 Esc 键退出。如图 4-52 所示，单击幕墙，出现图中箭头所指的符号表，此时 ⬚ 一侧是幕墙外侧，至此就完成了住宅楼幕墙的基本绘制。

（5）隔离图元

切换至南立面图，在"视觉式样"中选中"着色"。选择幕墙图元，单击视图控制栏中的 ⬚ 按钮，在弹出的菜单中选中"隔离图元"命令，视图中将仅显示所选择的南立面幕墙。

（6）分割幕墙网格

单击"建筑"选项卡中"幕墙网格"中的"修改/放置幕墙网格"按钮卡，选择"全部分段"，如图 4-53 所示。

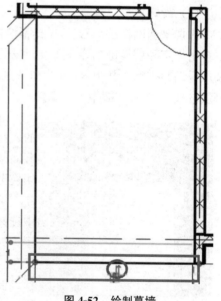

图 4-52　绘制幕墙

移动光标至幕墙垂直方向边界位置，将以虚线显示垂直于光标的幕墙网格预览，在靠近上方的任意位置单击左键绘制网格线，修改网格线临时尺寸值为 1200，如图 4-54 所示。

选择"一段"进行垂直方向网格分割，建立方法同水平方向网格分割，具体尺寸如图 4-55 所示。至此，幕墙网格划分完成。

图 4-53　绘制网格

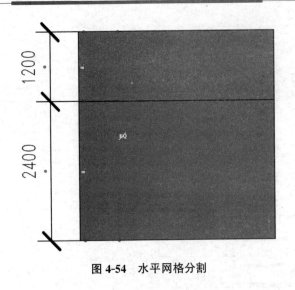

图4-54　水平网格分割

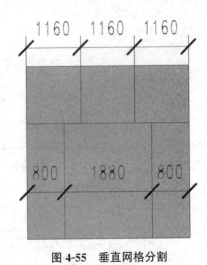

图4-55　垂直网格分割

提示：网格的"添加/删除线段"功能仅针对所选择网格有效。"添加/删除线段"操作并未删除实际幕墙网格对象，而是对网格进行隐藏。Revit中的幕墙网格将始终贯穿整个幕墙对象。

（7）设置幕墙嵌板

添加幕墙网格后，Revit根据幕墙网格线段形状将幕墙分为数个独立的幕墙嵌板，可以自由指定和替换每个幕墙嵌板。嵌板可以替换为系统嵌板族、外部嵌板族或任意基本墙及层叠墙族类型。其中Revit提供的系统嵌板族包括玻璃、实体和空三种。下面通过替换幕墙嵌板设置入口幕墙门及墙体。

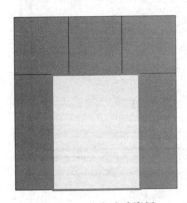

图4-56　选中玻璃嵌板

继续在隔离图元状态下，将移动鼠标至图4-56所示的入口幕墙底部幕墙网格处，按键盘中的Tab键，直到幕墙网格嵌板高亮显示时单击鼠标左键选择该嵌板。自动切换至"修改/幕墙嵌板"选项卡。

单击属性面板上的"编辑类型"按钮，在"族"列表中选择"门嵌板_70-90系列双扇推拉铝门"，选择"类型"为"70系列无横档"，材质和装饰分别为：把手、框架和门嵌板框架材质均选择"金属-铝-白色"，玻璃材质选择"玻璃"。全部设置选择好后，点击"确定"，如图4-57所示。至此，完成入口处幕墙嵌板编辑，如图4-58所示。

注意：在族类型选项器中，除"门嵌板_70-90系列双扇推拉铝门"嵌板族以外，还包括系统嵌板、空系统嵌板、基础墙和层叠墙族，以及其他包括在项目样板中的已载入的幕墙嵌板族。

（8）绘制幕墙竖梃

使用幕墙竖梃工具可以在幕墙网格处自由生成指定类型的幕墙竖梃。幕墙竖梃实际上是竖梃轮廓沿幕墙网格方向放样生成的实体模型。使用"公制轮廓-竖梃.rte"族样板可以定义任何需要的幕墙竖梃轮廓。

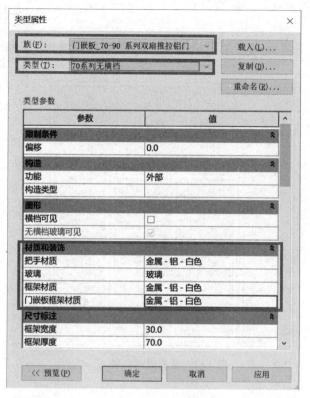

图 4-57　载入系统嵌板

继续在隔离图元界面操作。在建筑选项卡中，选择"竖梃"选项，选择竖梃类型为"矩形竖梃 $50\times150mm$"，本套图纸竖梃材质与默认的竖梃材质一致，为"矩形竖梃 $50\times150mm$"，故不用进行另外新建和设置，如图 4-59 所示。

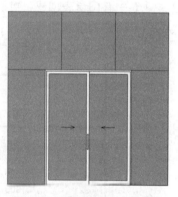

图 4-58　绘制好的南立面幕墙

在"修改/放置竖梃"中，单击"全部网格线"选项，移动光标至南立面幕墙任意网格线处，所有幕墙网格线均高亮显示，表示将在所有幕墙网格上创建竖梃。单击任意网格线，沿网格线生成竖梃。完成后按 Esc 键退出，如图 4-60 所示。

图 4-59　选中竖梃

注意：添加幕墙竖梃后，幕墙嵌板将自动调整大小，以适应竖梃。

至此，南立面幕墙绘制完毕，绘制好后的幕墙如图 4-61 所示。

图 4-60　绘制竖梃

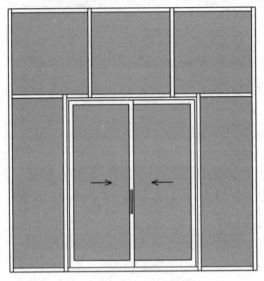

图 4-61　绘制好的幕墙

3. 实训成果

本阶段实训以项目建模为主，初步了解门窗表创建和图纸创建。在任务 8.5 中有门窗表创建，可以在项目专项训练时加强技巧训练。

（1）门窗明细表如图 4-62、图 4-63 所示。

（2）1-1 剖面图（图纸尺寸为 A3，格式为 "dwg"）如图 4-64 所示。

码4-5
三层小楼实训
成果演示

<门明细表>			
A	B	C	D
类型标记	宽度	高度	合计
M0721	900	2100	1
M0921	900	2100	1
M0921	900	2100	1
M1521	1500	2100	1
M0921	900	2100	1
M1521	1500	2100	1
M0721	900	2100	1
M0921	900	2100	1
M0921	900	2100	1
M0921	900	2100	1
M0721	900	2100	1
M1518	1800	1500	1
M1520	1830	2325	1

图 4-62　门明细表

<窗明细表>				
A	**B**	**C**	**D**	**E**
类型标记	宽度	高度	底高度	合计
C3030	3000	3000	300	1
C1818	1800	1800	900	1
C1518	1500	1800	900	1
C2118	2100	1800	900	1
C1518	1500	1800	900	1
C1518	1500	1800	900	1
C1518	1500	1800	900	1
C1818	1800	1800	900	1
C1518	1500	1800	900	1
C2118	2100	1800	900	1
C1518	1500	1800	900	1
C1518	1500	1800	900	1
C1818	1800	1800	900	1
C1818	1800	1800	900	1
C1818	1800	1800	900	1
C1518	1500	1800	900	1
C1518	1500	1800	900	1
C1518	1500	1800	900	1
C1518	1500	1800	900	1
C1818	1800	1800	900	1
C1818	1800	1800	900	1

图 4-63　窗明细表

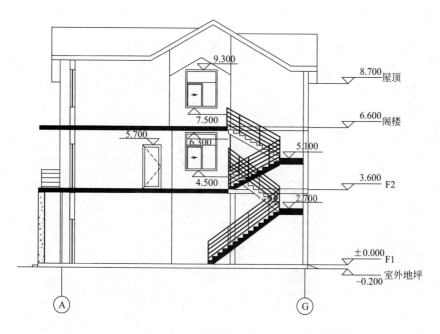

1-1剖面图 1:100

图 4-64　1-1 剖面图

（3）模型按要求进行渲染，渲染结果见图 4-65。

图 4-65　渲染后出图

（4）最后，做好模型文件的管理工作。

1）在工作一开始，在桌面新建名为"某坡屋顶三层小楼"的文件夹。

2）将模型文件以"某坡屋顶三层小楼.rvt"为文件名保存至桌面文件夹里。

3）将创建的"1-1 剖面图"导出 AutoCAD 的 dwg 文件，命名为"1-1 剖面图"，存在桌面文件夹里。

▸▸ 项目5 体量基础

【项目目标】

知识目标：

1. 了解体量的概念；
2. 学会体量的两种创建方式；
3. 掌握体量形状的创建和编辑。

能力目标：

运用体量创建模型。

【思维导图】

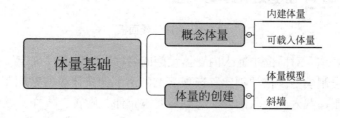

任务5.1 概念体量

本任务模块引入一个新的概念——体量。体量建模是 Revit 中供使用者建立异形构件的一种功能，它可以从其他软件中导入，也可以在 Revit 中建立。导入或创建体量后，一些常见构件可以根据体量的形状而生成曲面模型。在项目的设计初期，建筑师通过草图来表达自己的设计意图，体量提供了一个更灵活的设计环境，具有更强大的参数化造型功能。

体量是在建筑模型的初始设计中使用的三维形状。通过体量研究，可以使用造型形成建筑模型概念，从而探究设计的理念。概念设计完成后，可以直接将建筑图元添加到这些形状中。

体量是特殊的族，是 Revit 中特别为建筑方案设计提供的自由形状建模和参数化设计工具，让设计者在方案阶段摆脱构件、构造的束缚，使用形状描绘建筑形体。

Revit 提供了两种创建体量的方式：

内建体量：用于表示项目独特的体量形状。

创建体量族：在一个项目中放置体量的多个实例或者在多个项目中需要使用同一体量族时，通常使用可载入体量族。

5.1.1 内建体量

单击"体量和场地"选项卡下的"概念体量"面板的"内建体量"按钮，如图 5-1 所示。

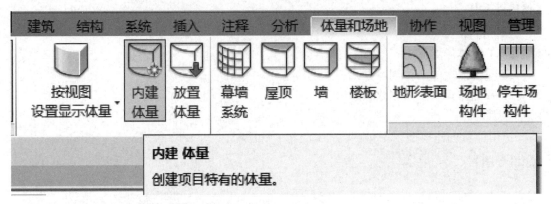

图 5-1 内建体量面板

在弹出的"名称"对话框中输入内建体量族的名称后，单击"确定"按钮，即可进入内建体量的草图绘制模型。在"创建"选项卡上列出了创建体量的常用工具，如图 5-2 所示。可以通过绘制、载入或导入的方法得到需要被拉伸、旋转、放样、融合的一个或多个形体。

图 5-2 创建体量选项卡面板

1. 可用于创建体量的线类型

模型线：使用模型线工具绘制的闭合或不闭合的直线、矩形、多边形、圆、圆弧、样条曲线、椭圆、椭圆弧等都可以被用于生产体块或面。

参照线：使用参照线来创建新的体量或者创建体量的限制条件。

自己载入族的线或边：请选择模型线或者参照，然后单击"创建形状"。参照可以包括族中几何图形的参照线、边缘、表面或曲线。

2. 创建不同形式的内建体量

通过选择上一步的方法创建的一条（个）或多条（个）线、顶点、边或面，单击"内建模型体量"选项卡"形状"面板"创建形状"，选择"形状"按钮可创建精确的实心形状或空心形状，并拖拽它来创建所需的造型，可直接操纵形状，不再需要为更改形状的造型而进入草图模式。

5.1.2 可载入体量

要创建单独的概念体量族，在标题栏打开"文件"下拉列表，选择"新建"，再选择"概念体量"，如图5-3所示。

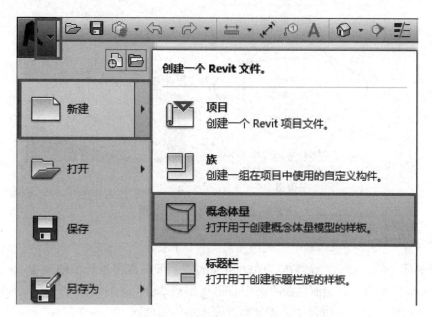

图5-3 创建可载入体量

在"新概念体量-选择样板文件"对话框中，选择"公制体量"模板，即可进入可载入体量族的创建界面，这与内建体量的创建界面是相同的，这里不再做详细介绍。

任务 5.2 体量的创建

体量形状与族相同，也分为实心和空心两种，在创建切割或中空形体时，可以用空心形状剪切实心形状。体量的基本形状工具可以分为五种：拉伸、旋转、放样、融合、放样融合。创建体量形状时，软件根据草图形态自动判断生成结果，不提供相应的工具面板。

5.2.1 体量模型

根据图5-4中给定的投影尺寸，创建形体体量模型，通过软件自动计算该模型体积，在括号内写出该体量模型体积为（　　　　　　）m^3。
注意：体量中默认单位为"m"。

码5-1
体量和斜墙的
创建

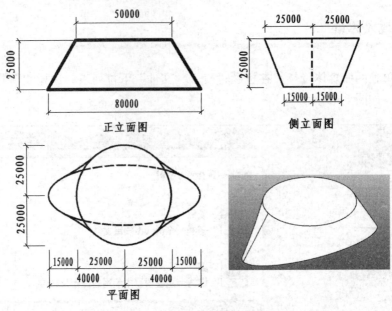

图 5-4　模型的投影图和三视图

【形体分析】

体量形体上部截面是一个半径为 25000m 的圆，下部截面是长半轴为 40000m、短半轴为 15000m 的椭圆形，在前立面视图中将形体标高 25000m 的距离定下后，分别在上下参照面绘制截面图形后，融合生成体量即可完成形体的创建。

【创建步骤】

（1）新建概念体量文件，选择"公制体量"，命名为"体量模型"，另存到指定位置。

（2）在"项目浏览器"中确定视图为"南立面视图"，如图 5-5 所示。

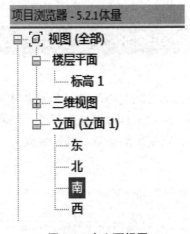

图 5-5　南立面视图

（3）选择标高 1 线，单击"复制"按钮，鼠标选择标高 1 线上某一个交点作为复制的移动起点，向上控制复制方向，键盘输入标高间距:25000，回车确认生成标高 2，如图 5-6 所示。

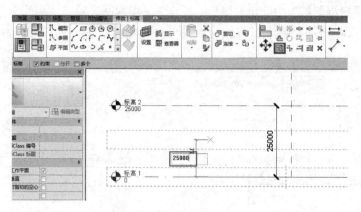

图 5-6　标高 2 的复制生成

（4）单击"视图"选项卡，选择"楼层平面"按钮，生成标高 2 的楼层平面，如图 5-7 所示。

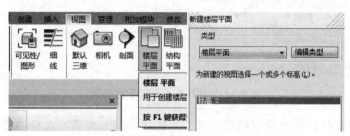

图 5-7　生成标高 2 楼层平面

（5）在"项目浏览器"中确定视图为：标高 2 平面视图，单击"模型"按钮，选择"圆"命令，在标高 2 平面中绘制半径为 25000 的圆，如图 5-8 所示。

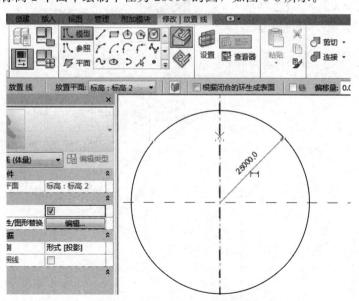

图 5-8　绘制标高 2 平面上的圆

（6）在"项目浏览器"中确定视图为：标高 1 平面视图，单击"模型"按钮，选择"椭圆"命令，在标高 1 平面中绘制长半轴为 40000、短半轴为 15000 的椭圆，如图 5-9 所示。

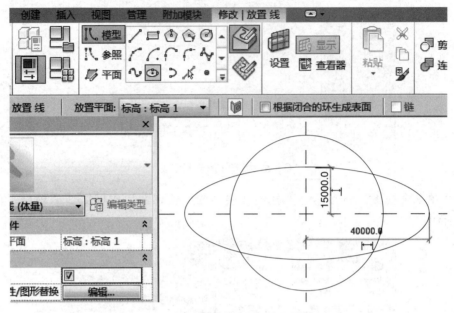

图 5-9　绘制标高 1 平面上的椭圆

（7）选择已经绘制好的圆和椭圆，单击"创建形状"按钮，选择"实心形状"命令，即可生成所需的体量形体，如图 5-10 所示。

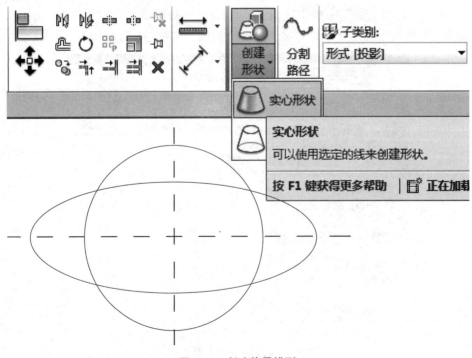

图 5-10　创建体量模型

（8）单击标题栏"默认三维视图"按钮，调整显示比例 1：1，选择视觉样式为：带边框的真实感，查看建模情况并检查模型。选择已完成的体量模型，单击"载入到项目"按钮，将体量模型放到新建的项目文件中，可在"属性"面板中查询到体量模型信息，如图 5-11 所示。

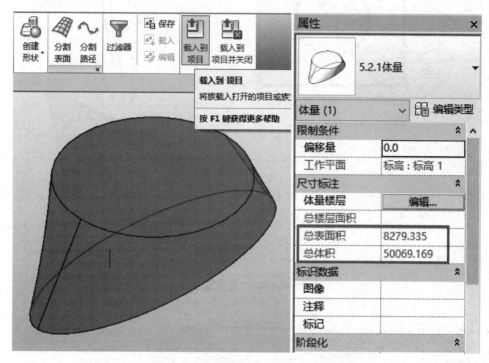

图 5-11　将体量载入到项目查询模型信息

（9）查询体量属性信息可知，该模型体积为 50069.169m³。

5.2.2　斜墙

请用体量面墙建立如图 5-12 所示 200 厚斜墙，并按图中尺寸在墙面开一圆形洞口，并计算开洞后墙体的体积和面积，该体量模型体积为（　　　　　　　　）m³ 和面积为（　　　　　　　　）m²。

【形体分析】

体量面可在侧立面根据图形尺寸将墙体斜线完成后创建实心形状，中间部分用空心圆柱体切割而成，最后再生成墙体。扫描码 5-1 可观看建模视频。

【创建步骤】

（1）新建项目文件，选择默认"构造样板"，命名为"斜墙"项目文件并保存在指定位置。在"项目浏览器"中确定视图为：西立面视图，如图 5-13 所示。

（2）将多余的标高线删除，根据图 5-12 修改标高 2 尺寸为 3.3m，完成如图 5-14 所示的标高线。

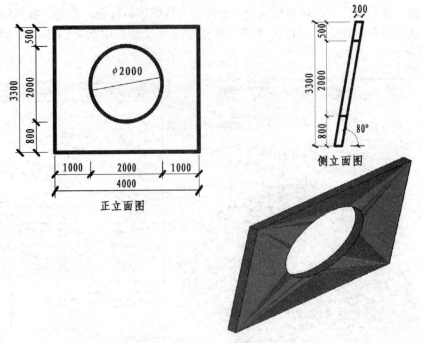

图 5-12　斜墙图

图 5-13　新建项目文件并调整到西立面视图

图 5-14　完成标高线

（3）单击"参照平面"按钮，进入"修改 | 放置 参照平面"界面，选择"直线"命令绘制垂直参照平面，再单击"旋转"按钮，根据题目尺寸旋转 80°，生成斜墙所在参照平面，如图 5-15 所示。

图 5-15　完成参照平面

（4）调整到标高 1 平面视图，在"体量和场地"选项卡中单击"内建体量"按钮，新建体量模型，如图 5-16 所示。

图 5-16　新建内建体量模型

（5）绘制西立面的参照平面，如图 5-17 所示。

（6）单击"设置工作平面"按钮，拾取上一步所画的参照平面，并转到西立面视图，如图 5-18 所示。

（7）单击"模型线"按钮，选择"直线"命令，利用参照平面线的交点绘制斜墙的直线，创建实心模型，如图 5-19 所示。

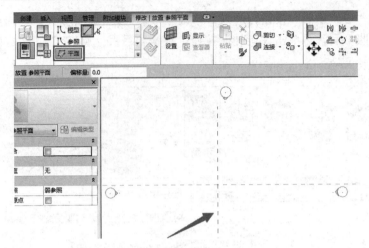

图 5-17　绘制西立面的参照平面

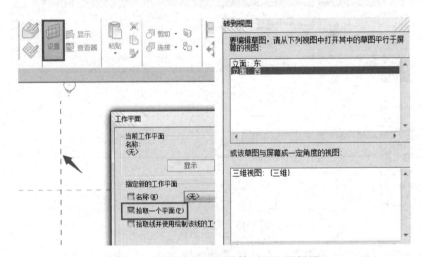

图 5-18　拾取工作平面并转到西立面视图

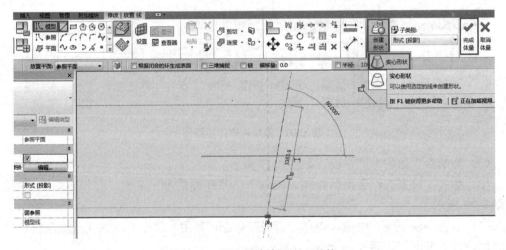

图 5-19　创建斜墙墙面实心形状

（8）调整到南立面视图，将斜墙面的拉伸长度修改为：4000，如图 5-20 所示。

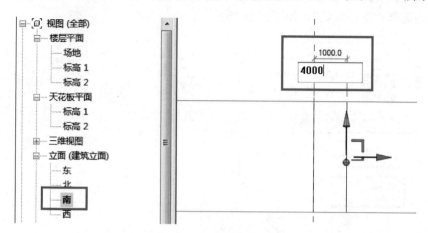

图 5-20　修改斜墙面长度尺寸

（9）调整到标高 2 楼层平面视图，拾取垂直的参照平面为工作平面，并切换到南立面视图，如图 5-21 所示。

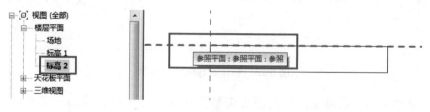

图 5-21　选择工作平面

（10）单击"模型"按钮，选择"圆"命令，用鼠标点选斜墙顶中点为圆心，键盘输入半径：1000，如图 5-22 所示。

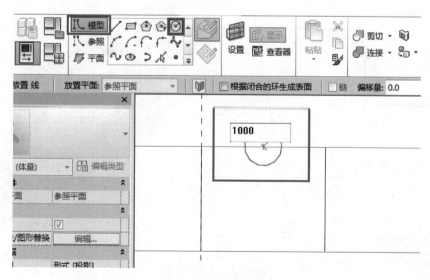

图 5-22　绘制圆模型线

（11）单击"移动"按钮，将绘制的圆模型线垂直往下移动1500，然后单击"创建形状"按钮，选择"空心形状"，如图5-23所示。

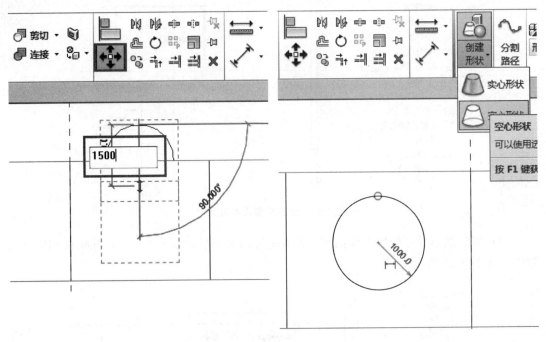

图5-23　创建圆柱体空心形状

（12）调整到西立面视图，拖拽箭头调整拉伸的尺寸，然后单击"完成体量"按钮，检查生成的斜墙面，如图5-24所示。

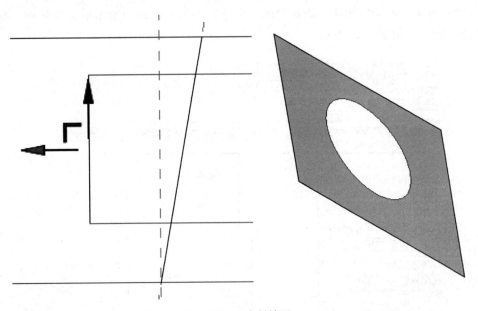

图5-24　完成斜墙面

（13）选择完成的斜墙面，单击"体量和场地"选项卡中的"面墙"按钮，创建面墙，完成斜墙三维模型的创建。同时，可在"属性"面板中查询到开洞后墙体的体积和面积，如图 5-25 所示。填写答案：模型体积为 2.043m^3，面积为 10.214m^2。

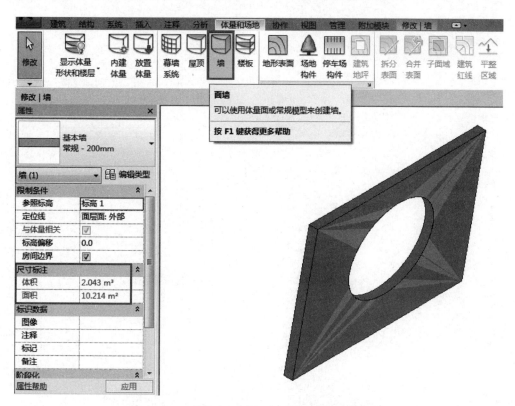

图 5-25　完成斜墙三维模型的创建并查询模型信息

专项篇

项目6 "1+ X"建筑信息模型（BIM）职业技能等级证书介绍

【项目目标】

知识目标：

1. 了解"1+X"建筑信息模型（BIM）职业技能等级证书制度出台背景和意义；
2. 了解"1+X"建筑信息模型（BIM）职业技能等级证书分级、样式；
3. 熟悉"1+X"建筑信息模型（BIM）初级证书考试内容。

能力目标：

1. 具备"1+X"证书制度背景知识；
2. 具备"1+X"BIM职业技能等级证书报考的条件和考核标准的相关知识。

【思维导图】

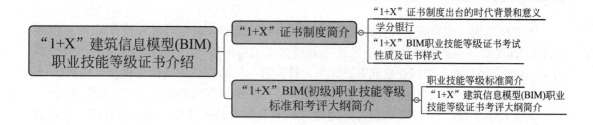

任务 6.1　"1+ X"证书制度简介

6.1.1　"1＋X"证书制度出台的时代背景和意义

2019年1月24日，国务院发布《国家职业教育改革实施方案》，在"具体目标"中提出：从2019年开始，在职业院校、应用型本科高校启动"学历证书＋若干职业技能等级证书"制度试点（以下称"1＋X"证书制度试点）工作。

试点工作要进一步发挥好学历证书作用，夯实学生可持续发展基础，鼓励职业院校学生在获得学历证书的同时，积极取得多类职业技能等级证书，拓展就业创业本领，缓解结构性就业矛盾。国务院人力资源社会保障行政部门、教育行政部门在职责范围内，分别负责管理监督考核院校外、院校内职业技能等级证书的实施，国务院人力资源社会保障行政部门组织制定职业标准，国务院教育行政部门依照职业标准牵头组织开发教学等相关标准。院校内培训可面向社会人群，院校外培训也可面向在校学生。各类职业技能等级证书具有同等效力，持有证书人员享受同等待遇。院校内实施的职业技能等级证书分为初级、中级、高级，是职业技能水平的凭证，反映职业活动和个人职业生涯发展所需要的综合能力。

6.1.2　学分银行

《国家职业教育改革实施方案》提出：加快推进职业教育国家"学分银行"建设，从2019年开始，探索建立职业教育个人学习账号，实现学习成果可追溯、可查询、可转换。有序开展学历证书和职业技能等级证书所体现的学习成果的认定、积累和转换，为技术技能人才持续成长拓宽通道。职业院校对取得若干职业技能等级证书的社会成员，支持其根据证书等级和类别免修部分课程，在完成规定内容学习后依法依规取得学历证书。对接受职业院校学历教育并取得毕业证书的学生，在参加相应的职业技能等级证书考试时，可免试部分内容。从2019年起，在有条件的地区和高校探索实施试点工作，制定符合国情的国家资历框架。

6.1.3　"1＋X" BIM 职业技能等级证书考试性质及证书样式

为贯彻落实《国家职业教育改革实施方案》，教育部职业教育与成人教育司于2019年4月17日发布《关于做好首批1+X证书制度试点工作的通知》（教职成司函〔2019〕36号）。首批启动试点6个职业技能等级证书，排在第一位的就是建筑信息模型（BIM），另外5个分别是Web前端开发、物流管理、老年照护、汽车运用与维修、智能新能源汽车。

为了检验工程项目BIM从业人员的知识结构及能力是否达到要求，教育部、中国建设教育协会委托廊坊市中科建筑产业化创新研究中心（以下简称廊坊中科），对建设工程项目BIM关键岗位的专业技术人员实行建筑信息模型（BIM）职业技能考评。

"1＋X"建筑信息模型（BIM）职业技能等级证书实行全国统一组织命题并进行考核，教育部职业技术教育中心研究所对BIM证书进行审批，发证机关是廊坊中科。通过全国统一考试，成绩合格者，由廊坊中科颁发统一印制的相应等级的《建筑信息模型（BIM）职业技能等级证书》。

2019年11月23日，全国首次"1＋X"建筑信息模型（BIM）职业技能等级证书考试在全国各地的职业院校开考。第二次于2019年12月21日开考。2020年因新冠肺炎疫情，暂停了较长时间后，于2020年9月恢复，至2020年12月底，又陆续进行了4次考试。2021年起，基本每月均可开考，廊坊中科在每年度关于开展建筑信息模型（BIM）职业技能等级证书考评工作的通知中会发布具体考评时间。

廊坊中科遴选和设定考核站点，各考核站点接受考生咨询，组织考生报名参加考核，承担BIM职业技能等级考核的组织工作，报名平台网址为：https：//vslc.ncb.edu.cn/csr-home；考试平台网址为：http：//bim.zkjzzx.com。

"1＋X"建筑信息模型（BIM）职业技能等级证书的样式见图6-1。

"1＋X"证书是教育部主导、多部委联合推进的职业技能等级证书，其含金量相比其他行业性质的BIM证书高得多。

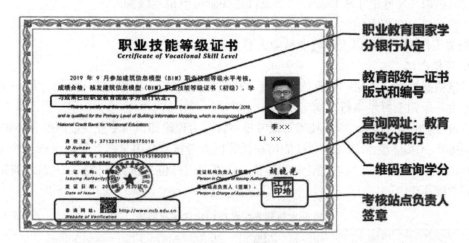

职业教育国家学分银行认定

教育部统一证书版式和编号

查询网址：教育部学分银行

二维码查询学分

考核站点负责人签章

图 6-1　证书样式

任务 6.2　"1+ X"建筑信息模型（BIM）职业技能等级标准和考评大纲简介

6.2.1　职业技能等级标准简介

一、职业技能等级与内容

1. 职业概况

BIM 职业技能等级划分为：初级、中级、高级，如表 6-1 所示。

BIM 职业技能等级与专业类别　　　　　　　　　　　　表 6-1

级别	适用工作领域	专业类别	证书名称
初级	BIM 建模	土木类专业	建筑信息模型(BIM)职业技能初级
中级	BIM 专业应用	土木类专业	建筑信息模型(BIM)职业技能中级
高级	BIM 综合应用与管理	土木类专业	建筑信息模型(BIM)职业技能高级

2. 申报条件

（1）初级（凡遵纪守法并符合以下条件之一者可申报本级别）

职业院校在校学生（中等专业学校及以上在校学生）；从事 BIM 相关工作的行业从业人员。

（2）中级（凡遵纪守法并符合以下条件之一者可申报本级别）

高等职业院校在校学生；已取得建筑信息模型（BIM）职业技能初级证书在校学生；具有 BIM 相关工作经验 1 年以上的行业从业人员。

（3）高级（凡遵纪守法并符合以下条件之一者可申报本级别）

本科及以上在校大学生；已取得建筑信息模型（BIM）职业技能中级证书人员；具有BIM相关工作经验3年以上的行业从业人员。

3. 考核办法

建筑信息模型（BIM）职业技能等级考核评价实行统一大纲、统一命题、统一组织的考试制度，原则上每年举行多次考试。

建筑信息模型（BIM）职业技能等级考核评价分为理论知识与专业技能两部分，如表6-2所示。初级、中级理论知识及专业技能均在计算机上考核，高级采取计算机考核与评审相结合的形式，除在计算机上完成理论知识考核，还需要进行包含项目工作报告及现场答辩的专业技能考核。

BIM 职业技能等级考核评价内容权重表　　　　　　　　　　表 6-2

内容	级别		
	初级	中级	高级
理论知识	20%	20%	40%
专业技能	80%	80%	60%

建筑信息模型（BIM）职业技能等级考试的考评人员与考生配比不低于1∶50，每个考场不少于2名考评人员。高级专业技能评审组一般由不少于3名专家组成。

各级别的考核时间均为180分钟。

二、职业技能要求

1. 基本要求

（1）职业道德

遵纪守法，诚实信用，求真务实，团结协作。

（2）基础知识

制图、识图的基础知识包括：

1）正投影、轴测投影、透视投影；

2）技术制图的国家标准知识（图幅、比例字体、图线、尺寸标注等）；

3）形体的二维表达方法（视图、剖视图、局部放大图等）；

4）标注与注释；

5）土木建筑大类各专业图样（例如，建筑施工图、结构施工图、设备施工图等）。

BIM 的基础知识包括：

1）建筑信息模型（BIM）的概念；

2）建筑信息模型（BIM）的特点、优势和价值；

3）建筑信息模型（BIM）软件体系；

4）建筑信息模型（BIM）相关硬件；

5）建筑信息模型（BIM）建模精度等级；

6）建筑信息模型（BIM）相关标准及技术政策；

7）项目文件管理、数据共享与转换；

8）项目管理流程、协同工作知识与方法。

了解下列相关法律法规：

1)《中华人民共和国建筑法》

2)《中华人民共和国招标投标法》

3)《中华人民共和国经济合同法》

4)《中华人民共和国劳动法》

2. 职业技能等级要求（初级）

BIM 职业技能初级要求是 BIM 建模，详见表 6-3。

BIM 职业技能初级要求   表 6-3

职业技能	技能要求
工程图纸识读与绘制	(1)掌握建筑类专业制图标准，如图幅、比例、字体、线型样式、线型图案、图形样式表达、尺寸标注等； (2)掌握正投影、轴测投影、透视投影的识读与绘制方法； (3)掌握形体平面视图、立面视图、剖面视图、断面图、局部放大图的识读与绘制方法
BIM 建模软件及建模环境	(1)掌握 BIM 建模的软件、硬件环境设置； (2)熟悉参数化设计的概念与方法； (3)熟悉建模流程； (4)熟悉相关 BIM 建模软件功能； (5)了解不同专业的 BIM 建模方式
BIM 建模方法	(1)掌握标高、轴网的创建方法； (2)掌握实体创建方法，如墙体、柱、梁、门、窗、楼地板、屋顶与天花板、楼梯、管道、管件、机械设备等； (3)掌握实体编辑方法，如移动、复制、旋转、删除等； (4)掌握实体属性定义与参数设置方法； (5)掌握在 BIM 模型生成平面、立面、剖面、三维视图的方法
BIM 标记、标注与注释	(1)掌握标记创建与编辑方法； (2)掌握标注类型及其标注样式的设定方法； (3)掌握注释类型及其注释样式的设定方法
BIM 成果输出	(1)掌握明细表创建方法； (2)掌握图纸创建方法； (3)掌握 BIM 模型的浏览、漫游及渲染方法； (4)掌握模型文件管理与数据转换方法

三、职业技能等级评价（初级）

BIM 职业技能等级考核评价分为理论知识与专业技能两部分。其中，初级的考评内容和分值，如表 6-4 所示。

BIM 职业技能初级考评表   表 6-4

考评内容		分值
理论知识	职业道德、基础知识	20
专业技能	工程图纸识读与绘制	80
	BIM 建模软件及建模环境	
	BIM 建模方法	
	BIM 属性定义与编辑	
	BIM 成果输出	
合计		100

6.2.2 "1＋X"建筑信息模型（BIM）职业技能等级证书考评大纲简介

一、考试内容及试题类型

建筑信息模型（BIM）职业技能考评分为初级、中级、高级三个级别，分别为 BIM 建模、BIM 专业应用和 BIM 综合应用与管理。BIM 建模考评与 BIM 综合应用与管理考评不区分专业。BIM 专业应用考评分为城乡规划与建筑设计类专业应用、结构工程类专业应用、建筑设备类专业应用、建设工程管理类专业应用四种类型。考生在报名时根据工作需要和自身条件选择一个等级及专业进行考试。

理论知识的考核采取客观题形式，分别为单项选择题和多项选择题。

专业技能的考核采取在计算机上操作 BIM 软件建立 BIM 模型或者做相关 BIM 应用的实操试题。

二、报名条件

1. "初级：BIM 建模"考评申报条件

凡遵守国家法律法规，且具备下列条件之一者，可以申请参加 BIM 建模考评：

（1）职业院校在校学生（中等专业学校及以上在校学生）；

（2）从事 BIM 相关工作的行业从业人员。

2. "中级：BIM 专业应用"考评申报条件

凡遵守国家法律、法规，且具备下列条件之一者，可以申请参加 BIM 专业应用考评：

（1）高等职业院校在校学生；

（2）已取得建筑信息模型（BIM）职业技能初级证书在校学生；

（3）具有 BIM 相关工作经验 1 年以上的行业从业人员。

3. "高级：BIM 综合应用与管理"考评申报条件

凡遵守国家法律、法规，且具备下列条件之一者，可以申请参加 BIM 综合应用与管理考评：

（1）本科及以上在校大学生；

（2）已取得建筑信息模型（BIM）职业技能中级证书人员；

（3）具有 BIM 相关工作经验 3 年以上的行业从业人员。

三、考试办法

建筑信息模型（BIM）职业技能等级考评实行统一大纲、统一命题、统一组织的考试制度，原则上每年举行多次考试。

建筑信息模型（BIM）职业技能等级考评分为理论知识与专业技能两部分。初级、中级理论知识及技能均在计算机上考核，高级采取计算机考核与评审相结合，各级别的考核时间均为 180 分钟。

四、考评大纲（初级）

1. 职业道德

遵纪守法，诚实信用，务实求真，团结协作。

2. 基础知识

（1）制图、识图的基础知识包括：

1）掌握建筑类专业制图标准，如图幅、比例、字体、线型样式、线型图案、图形样式表达、尺寸标注要求等；

2）掌握正投影、轴测投影、透视投影的识读与绘制方法；

3）掌握形体的平面视图、立面视图、剖面视图、断面图、大样图的识读与绘制方法；

4）掌握土木建筑大类各专业图样的识读（例如，建筑施工图、结构施工图、设备施工图等）。

（2）BIM 的基础知识包括：

1）掌握建筑信息模型（BIM）的概念；

2）掌握建筑信息模型（BIM）的特点、优势和价值；

3）了解建筑信息模型（BIM）的发展历史、现状及趋势；

4）了解国内外建筑信息模型（BIM）政策与标准；

5）了解建筑信息模型（BIM）软件体系；

6）了解建筑信息模型（BIM）相关硬件；

7）了解建筑信息模型（BIM）建模精度等级；

8）了解项目文件管理、数据共享与转换；

9）了解 BIM 项目管理流程、协同工作知识与方法。

（3）了解相关法律法规。

3. BIM 职业技能初级：BIM 建模

（1）BIM 建模软件及建模环境

1）掌握 BIM 建模的软件、硬件环境设置；

2）熟悉参数化设计的概念与方法；

3）熟悉建模流程；

4）熟悉相关 BIM 建模软件功能；

5）了解不同专业的 BIM 建模方式。

（2）BIM 建模方法

1）掌握标高、轴网的创建方法；

2）掌握建筑构件创建方法，如建筑柱、墙体及幕墙、门、窗、楼板、屋顶、天花板、楼梯、栏杆、扶手、台阶、坡道等；

3）掌握结构构件创建方法，如基础、结构柱、梁、结构墙、结构板等；

4）掌握设备构件创建方法，如风管、水管、电缆桥架及其他设备构件等；

5）掌握实体编辑方法，如移动、复制、旋转、偏移、阵列、镜像删除、创建组、草图编辑等；

6）掌握实体属性定义与参数设置方法；

7）掌握用 BIM 模型生成平面图、立面图、剖面图、三维视图的方法。

（3）BIM 标记、标注与注释

1）掌握标记创建与编辑方法；

2）掌握标注类型及其标注样式的设定方法；

3）掌握注释类型及其注释样式的设定方法。

（4）BIM 成果输出

1）掌握明细表创建方法，如门窗明细表、材料明细表等；

2）掌握图纸创建方法，包括图框，基于模型创建的平面图、立面图、剖面图、三维节点图等；

3）掌握 BIM 模型的浏览、漫游及渲染方法；

4）掌握模型文件管理与数据转换方法。

项目 7　BIM 初级理论知识

【项目目标】

知识目标：

1. 熟悉 BIM 基础知识；

2. 掌握建筑信息模型（BIM）职业技能等级证书"1+X"初级考证理论知识的相关考点；

3. 理解 BIM 相关标准。

能力目标：

1. 具备系统的"1+X"理论知识；

2. 具备建筑信息模型（BIM）职业技能等级证书"1+X"理论知识初级考证能力。

【思维导图】

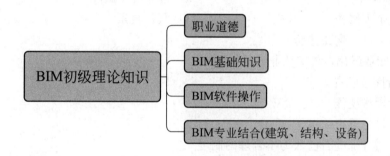

任务 7.1　职业道德

【基本知识】

职业道德：遵纪守法，诚实信用，求真务实，团结协作。

【例题】

一、单选题

1. 以下关于从业人员与职业道德关系的说法中，你认为正确的是（　　）。

A. 每个从业人员都应该以德为先，做有职业道德之人

B. 只有每个人都遵守职业道德，职业道德才会起作用

C. 遵守职业道德与否，应该视具体情况而定

D. 知识和技能是第一位的，职业道德则是第二位的

2. BIM 工程师的基本职业素质要求是（　　）。

A. 道德　　　　　　B. 沟通协调能力　　　C. 团队协作能力　　　D. 以上都是

3. 以下关于从业人员与职业道德说法正确的是（　　　）。

A. 道德意识是与生俱来的，不需要做规范性要求

B. 只有所有人都认为正确的专业道德理论，才可以被认可

C. 所有从业人员走上工作岗位之前都应接受专业道德教育

D. 以上均不正确

二、多选题（正确选项 2～4 个，多选、少选、错选、不选，一律不得分）

1. 下列符合 BIM 工程师职业道德规范的有（　　　）。

A. 寻求可持续发展的技术解决方案

B. 树立客户至上的工作态度

C. 重视方法创新和技术进步

D. 以项目利润为基本出发点考虑问题，利用自身的专业优势，诱导关联方做出对自己有利的决定

E. 进度高于一切，工期紧张时降低模型成果质量，先提交一版成果

2. 作为一名 BIM 工程师，对待工作的态度应该是（　　　）。

A. 热爱本职工作　　　　　　　　B. 遵守规章制度

C. 注重个人修养　　　　　　　　D. 我行我素

E. 事不关己，高高挂起

3. 遵守职业纪律，要求从业人员做到（　　　）。

A. 履行岗位职责

B. 执行操作规程

C. 处理好上下级关系

D. 可不遵守那些自己认为不合理的制度

E. 正确认识公与私的关系

参考答案：

一、单选题

1. A	2. D	3. C

二、多选题

1. ABC	2. ABC	3. ABCE

任务 7.2　BIM 基础知识

【基本知识】

1. 建筑信息模型（BIM）的概念；

2. 建筑信息模型（BIM）的特点、优势和价值；

3. 建筑信息模型（BIM）软件体系；

4. 建筑信息模型（BIM）相关硬件；

5. 建筑信息模型（BIM）建模精度等级；

6. 建筑信息模型（BIM）相关标准及技术政策；

7. 项目文件管理、数据共享与转换；

8. 项目管理流程、协同工作知识与方法；

9. 相关法律法规。

【例题】

一、单选题

1. BIM（Building Information Modeling）的中文含义是（　　）。

A. 建筑信息模型　　　　　　　　B. 建筑模型信息

C. 建筑信息模型化　　　　　　　D. 建筑模型信息化建模

2. 以下选项中不属于 BIM 基本特征的是（　　）。

A. 可视化　　　　B. 协调性　　　　C. 先进性　　　　D. 可出图性

3. 当前在 BIM 工具软件之间进行 BIM 数据交换可使用的标准数据格式是（　　）。

A. GDL　　　　B. IFC　　　　C. LBIM　　　　D. GJJ

4. 国际上，通常将建筑工程设计信息模型建模精细度分为（　　）级。

A. 3　　　　B. 4　　　　C. 5　　　　D. 6

5. 与传统方式相比，BIM 在实施应用过程中是以（　　）为基础，来进行工程信息的分析、处理。

A. 设计施工图　　　　　　　　　B. 结构计算模型

C. 各专业 BIM 模型　　　　　　　D. 竣工图

6. 下面不属于我国现阶段 BIM 应用国情的是（　　）。

A. 软件间数据交互难度大

B. 目前市场上还没有成熟的适合中国国情的、应用于施工管理的 BIM 软件

C. 无法进行成本控制

D. 信息与模型关联难度大

7. BIM 实现从传统（　　）的转换，使建筑信息更加全面、直观地表现出来。

A. 建筑向模型　　　　　　　　　B. 二维向三维

C. 预制加工向概念设计　　　　　D. 规划设计向概念升级

8. 目前国际通用的 BIM 数据标准为（　　）。

A. RVT　　　　B. IFC　　　　C. STL　　　　D. NWC

9. 住房和城乡建设部颁发的《建筑信息模型分类和编码标准》GB/T 51269—2017中，对于模型"工作成果"的定义是（　　）。

A. 在建筑工程施工阶段或建筑建成后的改建、维修、拆除活动中得到的建设成果

B. 工程项目建设过程中根据一定的标准划分的段落

C. 建筑工程建设和使用全过程中所用到永久结合到建筑实体中的产品

D. 工程相关方在工程建设中表现出的工作与活动

10. BIM 软件中的 5D 概念不包含（　　　）。

A. 几何信息　　　　B. 质量信息　　　　C. 成本信息　　　　D. 进度信息

11. 下列关于 BIM 的描述正确的是（　　　）。

A. 建筑信息模型　　　　　　　　　B. 建筑数据模型

C. 建筑信息模型化　　　　　　　　D. 建筑参数模型

12. 下列软件无法完成建模工作的是（　　　）。

A. Tekla　　　　B. MagiCAD　　　　C. ProjectWise　　　　D. Revit

13. 在场地分析中，通过 BIM 结合（　　）进行场地分析模拟，得出较好的分析数据，能够为设计单位后期设计提供最理想的场地规划、交通流线组织关系、建筑布局等关键决策。

A. 物联网　　　　B. GIS　　　　C. 互联网　　　　D. AR

14. 下列不属于 BIM 核心建模软件的是（　　　）。

A. Lumion　　　　B. Revit　　　　C. Bently　　　　D. ArchiCAD

15. 下列说法不正确的是（　　　）。

A. Revit 与 Navisworks 软件对接可进行施工进度模拟

B. Revit 与 YJK 软件对接可进行结构计算分析

C. Revit 与 YJK 软件对接可进行施工进度模拟

D. Revit 与 Lumion 软件对接可以做项目渲染

16. BIM 的定义为（　　　）。

A. Building Intelligence Modeling

B. Building Intelligence Model

C. Building Information Modeling

D. Building Information Model

17. 下列属于应用 BIM 技术进行绿色建筑分析的是（　　　）。

A. 基于 BIM 模型的信息对项目进行结构分析

B. 基于 BIM 模型的信息对项目进行运营管理分析

C. 基于 BIM 模型的信息对项目进行风环境分析

D. 基于 BIM 模型的信息对项目进行造价分析

18. 运维阶段的 BIM 应用内容不包括（　　　）。

A. 碰撞检查　　　　　　　　　　B. 设备的运行监控

C. 能源运行管理　　　　　　　　D. 建筑空间管理

19. BIM 的 5D 是在 4D 建筑信息模型基础上，融入（　　　）信息。

A. 成本造价信息　　　　　　　　B. 合同成本信息

C. 项目团队信息　　　　　　　　D. 质量控制信息

20. 下列不属于 BIM 技术在设计阶段应用的是（　　　）。

A. 方案设计　　　　　　　　　　B. 施工图设计

C. 初步设计　　　　　　　　　　D. 施工场地平面布置图设计

21. 下列不属于 BIM 特点的是（　　　）。

A. 可视化　　　　B. 优化性　　　　C. 可塑性　　　　D. 可分析性

22. BIM 技术在施工阶段的主要任务不包括（　　　）。

A. 成本管理　　　　　　　　　　B. 进度管理

C. 设计方比选　　　　　　　　　D. 资源管理

23. BIM 实施阶段技术资源配置主要包括软件配置及（　　　）。

A. 人员配置　　　　B. 硬件配置　　　　C. 资金筹备　　　　D. 数据准备

24. BIM 模型细度规范应遵循（　　　）的原则。

A. 适量　　　　B. 适时　　　　C. 适度　　　　D. 适宜

二、多选题（正确选项 2～4 个，多选、少选、错选、不选，一律不得分）

1. 关于 BIM 说法正确的是（　　　）。

A. BIM 是建筑学、工程学及土木工程的新工具

B. BIM 是指建筑物在设计和建造过程中，创建和使用的"可计算数码信息"

C. BIM 的解释是"建筑信息模型"

D. BIM 为一种"结合工程项目资讯资料库的模型技术"

E. BIM 是以建筑信息模型技术为基础，集成了建筑工程项目各种相关信息的工程数据模型

2. BIM 软件按功能可分为三大类，以下选项中正确的是（　　　）。

A. BIM 环境软件　　　　　　　　B. BIM 设计软件

C. BIM 可视化软件　　　　　　　D. BIM 平台软件

E. BIM 工具软件

3. 下列 BIM 软件属于建模软件的是（　　　）。

A. Revit　　　　　　　　　　　　B. Civil3D

C. Navisworks　　　　　　　　　D. Lumion

E. Catia

4. BIM 模型在不同平台之间转换时，有助于解决模型信息丢失问题的做法是（　　　）。

A. 尽量避免平台之间的转换

B. 对常用的平台进行开发，增强其接收数据的能力

C. 尽量使用全球统一标准的文件格式

D. 禁止使用不同平台

E. 禁止使用不同软件

5. BIM 技术的特性包括（　　　）。

A. 可视化　　　　　　　　　　　B. 可协调性

C. 可模拟性　　　　　　　　　　D. 可出图性

E. 可复制性

6. 以下选项是 BIM 建模软件应具备功能的为（　　　）。

A. 精确定位　　　　　　　　　　B. 自定义构件

C. 专业属性设置　　　　　　　　D. 模型视图的一致性

E. 模型的漫游浏览功能

7. 下列选项中，关于碰撞检查软件的说法正确的是（　　　）。

A. 碰撞检查软件与设计软件的互动分为通过软件之间的通信和通过碰撞结果文件进

行的通信

B. 通过软件之间的通信可在同一台计算机上的碰撞检查软件与设计软件之间进行直接通信，在设计软件中定位发生碰撞的构件

C. MagiCAD 碰撞检查模块属于 MagiCAD 的一个功能模块，将碰撞检查与调整优化集成在同一个软件中，处理机电系统内部碰撞效率很高

D. 将碰撞检测的结果导出为结果文件，在设计软件中加载该结果文件，可以定位发生碰撞的构件

E. Navisworks 支持市面上常见的 BIM 建模工具，只能检测"硬碰撞"

8. 基于 BIM 的建筑性能化分析包含（　　）。

A. 室外风环境模拟　　　　　　　　B. 自然采光模拟

C. 室内自然通风模拟　　　　　　　D. 小区热环境模拟分析

E. 建筑结构计算分析

9. BIM 应用中，属于设计阶段应用的是（　　）。

A. 物资管理　　　　　　　　　　　B. 协同工作

C. 可视化应用　　　　　　　　　　D. 施工模拟

E. 绿建分析

10. BIM 软件宜具有与（　　）等技术集成或融合的能力。

A. 物联网　　　　　　　　　　　　B. 自动控制

C. 移动通信　　　　　　　　　　　D. 无人驾驶

E. 地理信息系统

11. BIM 建模员根据项目需求要建立相关的 BIM 模型，包括（　　）。

A. 场地模型　　　　　　　　　　　B. 土建模型

C. 机电模型　　　　　　　　　　　D. 钢结构模型

E. 节能模型

12. 下列 BIM 软件中，主要用于浏览模型的有（　　）。

A. Revit　　　　　　　　　　　　　B. ArchiCAD

C. Navisworks Freedom　　　　　　D. Fuzor

E. Lumion

参考答案：

一、单选题

1~5：ACBCC	6~10：CBBAB	11~15：ACBAC	16~20：CCAAD
21~24：CCBC			

二、多选题

1. ABCD	2. ADE	3. ABE	4. ABC
5. ABCD	6. ABCD	7. ABCD	8. ABCD
9. BCE	10. ACE	11. ABCD	12. CDE

任务 7.3　BIM 软件操作

【基本知识】

1. 建模流程及建模环境；

2. 相关 BIM 建模软件功能；

3. 不同专业的 BIM 建模方式；

4. 标高、轴网的创建方法；

5. 实体创建方法，如墙体、柱、梁、门、窗、楼地板、屋顶与天花板、楼梯、管道、管件、机械设备等；

6. 实体编辑方法，如移动、复制、旋转、删除等；

7. 实体属性定义与参数设置方法；

8. 在 BIM 模型生成平面、立面、剖面、三维视图的方法；

9. BIM 标记、标注；

10. 明细表创建方法。

【例题】

一、单选题

1. 如图所示，图中在标高 3 上不显示的轴网有（　　）。

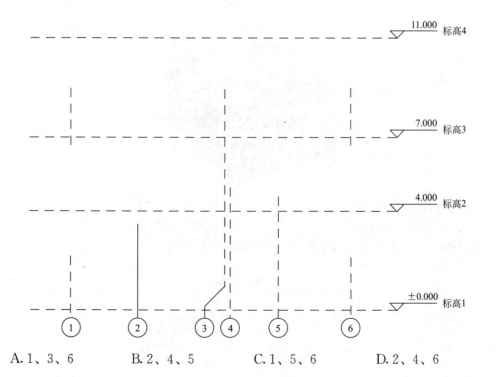

A. 1、3、6　　　　B. 2、4、5　　　　C. 1、5、6　　　　D. 2、4、6

2. 下面不是一般模型的拆分原则的是（　　　）。

A. 按专业拆分　　　　B. 按进度拆分　　　　C. 按楼层拆分　　　　D. 结构层高表

3. 创建标高时，关于选项栏中"创建平面视图"选项说法错误的是（　　　）。

A. 如果不勾选该选项，绘制的标高为参照标高或非楼层的标高

B. 如果不勾选该选项，绘制的标高标头为蓝色

C. 如果不勾选该选项，在项目浏览器里不会自动添加"楼层平面"视图

D. 如果不勾选该选项，在项目浏览器里不会自动添加"天花板平面"视图

4. 如图所示，图中的墙连接方式为（　　　）。

A. 平接　　　　　　B. 斜接　　　　　　C. 方接　　　　　　D. 正接

5. 构成叠层墙的基本图元包括（　　　）。

A. 基本墙、复合墙、分割缝　　　　　　　B. 基本墙、幕墙、分割缝

C. 复合墙、分割缝、墙饰条　　　　　　　D. 基本墙、墙饰条、分割缝

6. 如图所示，创建的视图无法旋转，其原因是（　　　）。

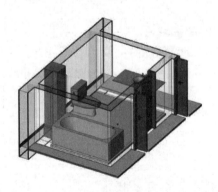

A. 三维视图方向锁定　　　　　　　　　B. 该图为渲染图

C. 正交轴测图无法旋转　　　　　　　　D. 正交透视图无法旋转

7. 使用（　　　）方法完成如图所示类似幕墙的屋顶模型制作。

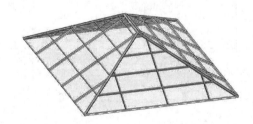

A. 制作幕墙

B. 制作屋顶，并将材质设置为玻璃

C. 制作屋顶，将类型设置为玻璃斜窗

D. 使用面屋顶，并设置幕墙网格

8. 如果需要修改图中各尺寸标注界线长度一致，最简单的办法是（　　）。

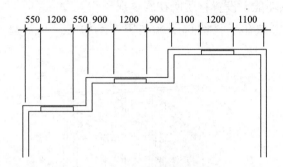

A. 修改尺寸标注的类型属性中的"尺寸界线控制点"为"图元间隙"

B. 修改尺寸标注的类型属性中的"尺寸界线控制点"为"固定尺寸标注线"

C. 修改尺寸标注的实例型属性中的"尺寸界线控制点"为"固定尺寸标注线"

D. 使用对齐工具

9. 一次性使视图中的建筑立面边缘线条变粗的方法是（　　）。

A. 使用"线处理"工具

B. 在视图的"可见性"对话框中设置

C. 采用"带边框着色"的显示样式

D. 在图形显示选项卡中设置轮廓

10. 视图样板中管理的对象不包括（　　）。

A. 相机方位　　　　　　　　　　　　B. 模型可见性

C. 视图详细程度　　　　　　　　　　D. 视图比例

11. 如图所示，对同一对象进行两种单位标注，需进行的操作为（　　）。

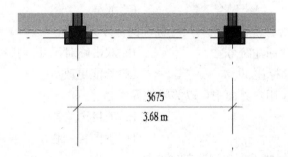

A. 建立两种标注类型，两次标注

B. 添加备用标注

C. 无法实现该功能

D. 使用文字替换

12. 采用（ ）的方法可统计出项目中不同对象使用的材料数量，并且将其统计在一张统计表中。

A. 使用材质提取功能，分别统计，导出到 Excel 中进行汇总

B. 使用材质提取功能，设置多类别材质统计

C. 使用明细表功能，将材质设置为关键字

D. 使用材质提取功能，设置材质所在族类别

13. 如图所示的模型在项目的视图显示中，采用（ ）显示样式可以达到图示效果。

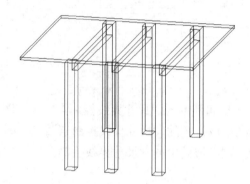

A. 线框   B. 着色   C. 隐藏线   D. 一致的颜色

14. 下图所示模型用（ ）命令可一次性进行创建。

A. 拉伸   B. 融合   C. 放样   D. 旋转

15. 将临时尺寸标注更改为永久尺寸标注的命令是（ ）。

A. 单击临时尺寸标注符号   B. 双击临时尺寸标注符号

C. 锁定临时尺寸标注   D. 不能更改

16. 在以下 Revit 用户界面中可以关闭的界面是（ ）。

A. 绘图区域   B. 项目浏览器

C. 功能区   D. 视图控制栏

17. 以下关于栏杆扶手创建说法正确的是（ ）。

A. 可以直接在建筑平面图中创建栏杆扶手

B. 可以在楼梯主体上创建栏杆扶手

C. 可以在坡道上创建栏杆扶手

D. 以上均可

18. 标记的主要用处是对构件如门、窗、柱等或是房间、空间等概念的标记，用以区分不同的构件或房间，以下不属于 Revit 标记的是（　　　）。

A. 按类型标记　　　　　　　　　B. 全部标记

C. 房间标记　　　　　　　　　　D. 空间标记

19. 建筑施工图的制图顺序是（　　　）。

A. 立面图→平面图→剖面图→详图

B. 平面图→立面图→剖面图→详图

C. 平面图→立面图→详图→剖面图

D. 立面图→平面图→详图→剖面图

20. 下列图元不属于系统族的是（　　　）。

A. 墙　　　　　　　　　　　　　B. 楼板

C. 门　　　　　　　　　　　　　D. 楼梯

21. 拉伸屋顶轮廓不可以在（　　　）上绘制。

A. 立面　　　　　　　　　　　　B. 三维视图

C. 平面　　　　　　　　　　　　D. 剖面

22. 下列各类图元，属于基准图元是（　　　）。

A. 标高　　　　　　　　　　　　B. 楼梯

C. 天花板　　　　　　　　　　　D. 楼板

23. 采用旋转命令创建族，边界线轮廓及轴线如下图所示，则生成的模型为（　　　）。

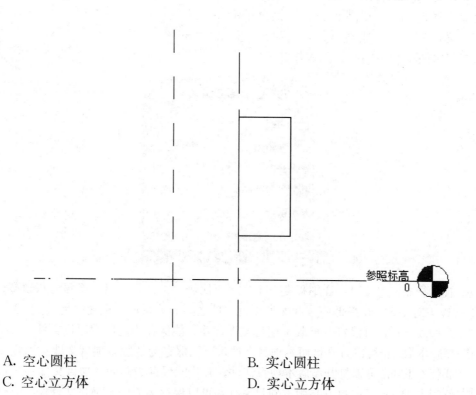

A. 空心圆柱　　　　　　　　　　B. 实心圆柱

C. 空心立方体　　　　　　　　　D. 实心立方体

24. 如图所示（　　）所述构件信息与图示相符。

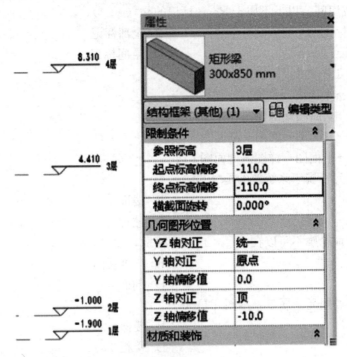

A. 梁宽 300mm，梁高 85mm，梁顶标高 4.300m

B. 梁宽 850mm，梁高 300mm，梁顶标高 4.300m

C. 梁宽 300mm，梁高 850mm，梁顶标高 4.290m

D. 梁宽 850mm，梁高 300mm，梁顶标高 4.290m

25. 下图是设定（　　）的操作显示。

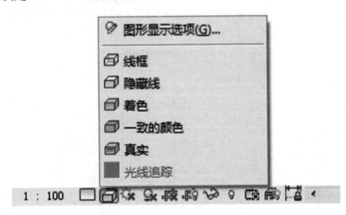

A. 视觉样式　　　　B. 详细程度　　　　C. 比例　　　　　D. 隐藏分析模型

26. 以下对于 Revit 高低版本和保存项目文件之间的关系描述正确的是（　　）。

A. 高版本 Revit 可以打开低版本项目文件，并只能保存为高版本项目文件

B. 高版本 Revit 可以打开低版本项目文件，可以保存为低版本项目文件

C. 低版本 Revit 可以打开高版本项目文件，并只能保存为高版本项目文件

D. 低版本 Revit 可以打开高版本项目文件，可以保存为低版本项目文件

27. 在 2F（标高为 4000mm）平面图中，创建 600mm 高的结构梁，将梁属性栏中的 Z 轴对正设置为底，将 Z 轴偏移设置为-200mm，那么该结构梁的顶标高为（　　）。

　　A. 4600mm　　　　　　B. 3400mm　　　　　　C. 4400mm　　　　　　D. 4800mm

28. 在 Revit 的项目视图显示中，（　　）的显示效果更接近实际项目表现。

　　A. 线框　　　　　　B. 着色　　　　　　C. 一致的颜色　　　　　D. 真实

29. 在图纸视图中，选择图纸中的视口，激活视口后使用文字工具输入文字注释，则文字注释（　　）。

　　A. 仅会显示在图纸视图中

　　B. 仅会显示在视口对应的视图中

　　C. 会同时显示在视口对应的视图和图纸视图中

　　D. 仅会显示在视口对应的视图中，同时会以复本的形式显示在图纸视图中

30. 导入场地生成地形的 dwg 文件必具有的数据有（　　）。

　　A. 颜色　　　　　　B. 图层　　　　　　C. 高程　　　　　　D. 厚度

31. 在 Revit 软件中绘制梁时沿 Z 轴对正的不包括（　　）。

　　A. 原点　　　　　B. 中心线　　　　　C. 起点　　　　　D. 顶

32. （　　）不能创建轴网。

　　A. 剖面视图　　　　　　　　　　　　B. 立面视图

　　C. 平面视图　　　　　　　　　　　　D. 三维视图

二、多选题（正确选项 2～4 个，多选、少选、错选、不选，一律不得分）

1. 要在图例视图中创建某个窗的图例，以下做法正确的是（　　）。

　　A. 用"注释-构件—图例构件"命令，从"族"下拉列表中选择该窗类型

　　B. 可选择图例的"视图"方向

　　C. 可设置图例的主体长度值

　　D. 图例显示的详细程度不能调节，总是和其在视图中的显示相同

　　E. 窗的尺寸标注是它的类型属性

2. 使用过滤器列表按规程过滤类别，其类别类型包括（　　）。

　　A. 建筑　　　　　　B. 机械　　　　　　C. 协调　　　　　　D. 管道

　　E. 规程

3. 设置"图形显示选项"视图样式的光线追踪为灰色，则可以判断该视图可能为（　　）。

　　A. 三维视图　　　　　　　　　　　B. 楼层平面视图

　　C. 天花板视图　　　　　　　　　　D. 立面视图

　　E. 剖面视图

4. 要缩短渲染图像所需的时间，下列方法中正确的是（　　）。

　　A. 隐藏不必要的模型图元

　　B. 减少材质反射表面的反射次数

　　C. 将视图的详细程度修改为精细

　　D. 减小要渲染的视图区域

　　E. 选择多个构件

5. BIM 构件资源库中应对构件进行管理的方面是（　　）。

A. 命名　　　　　　B. 分类　　　　　　C. 位置信息　　　　　D. 数据格式

E. 版本信息

6. 下图所示模型可以采用（　　）命令一次性创建。

A. 拉伸　　　　　　B. 融合　　　　　　C. 放样　　　　　　D. 旋转

E. 放样融合

7. 在项目中可以创建轴网的视图有（　　）。

A. 楼层平面视图　　　　　　　　　B. 结构平面视图

C. 三维视图　　　　　　　　　　　D. 东立面视图

E. 天花板平面视图

8. 在 Revit "视图" → "创建" 选项卡中能绘制轴网的是（　　）。

A. 剖面视图　　　　　　　　　　　B. 立面视图

C. 平面视图　　　　　　　　　　　D. 三维视图

E. 绘图视图

9. BIM 设计过程中，专业内部及专业间的协同贯穿于整个设计过程，Revit 软件设计协同的方式有（　　）。

A. 链接　　　　　　　　　　　　　B. 工作集

C. 拆分　　　　　　　　　　　　　D. 链接＋工作集

E. 导入

10. 在 Revit 软件中有关于柱的创建说法正确的是（　　）。

A. 只能创建直柱，不能创建斜柱

B. 在轴网处可以成批创建直柱

C. 柱在放置时可以标记

D. 无法在建筑柱内部创建结构柱

E. 柱的材质无法修改

11. Revit 可以直接打开的文件格式有（　　）。

A. dwg　　　　　　B. rvt　　　　　　C. rfa　　　　　　D. max

E. nwc

12. 下列关于机电模型创建表述正确的是（　　）。

A. 机电模型可直接复制建筑模型中的轴网

B. 机电样板内不能显示建筑墙

C. 绘制机电模型时就可考虑各专业的标高，可减少后续工作量

D. 机电管道的设置可以不考虑管道材质，随意即可

E. 视图内对各系统的显隐控制可使用过滤器

13. 创建构件时提示"绘制的构件在视图平面内不可见"的原因有（　　　）。

A. 材质设置　　　　　　　　　　B. 可见性设置

C. 过滤设置　　　　　　　　　　D. 视图范围

E. 按规程

14. Revit 软件中绘制墙体的方式有（　　　）。

A. 线　　　　　B. 拾取点　　　　　C. 拾取面　　　　　D. 定位线

E. 拾取线

参考答案：

一、单选题

1～5：BBBBD	6～10：ACBDA	11～15：BBACA	16～20：BDABC
21～25：CABCA	26～30：ACDCC	31、32：CD	

二、多选题

1. ABC	2. ABCE	3. BCDE	4. ABD
5. ABDE	6. BDE	7. ABDE	8. ABC
9. ABD	10. BC	11. BC	12. ACE
13. BCDE	14. ACE		

任务 7.4　BIM 专业结合（建筑、结构、设备）

【基本知识】

1. 制图、识图基础知识

（1）正投影、轴测投影、透视投影；

（2）技术制图的国家标准知识（图幅、比例、字体、图线、尺寸标注等）；

（3）形体的二维表达方法（视图、剖视图、局部放大图等）；

（4）标注与注释；

（5）土木建筑大类各专业图样（例如，建筑施工图、结构施工图、设备施工图等）。

2. BIM 在各专业上的综合应用

【例题】

一、单选题

1. 结构施工图设计模型的关联信息不包括（　　　）。

A. 构件之间的关联关系　　　　　B. 模型与模型的关联关系

C. 模型与信息的关联关系　　　　D. 模型与视图的关联关系

2. 下列不属于结构专业常用明细表的是（　　　）。

A. 构件尺寸明细表　　　　　　　B. 门窗表

C. 结构层高表　　　　　　　　　　　D. 材料明细表

3. 下列选项不属于 BIM 技术在结构分析中应用的是（　　　）。

A. 基于 BIM 技术对建筑能耗进行计算、评估，开展能耗性能优化

B. 通过 IFC 或 Structure Model Center 数据计算模型

C. 开展抗震、抗风、抗火等性能设计

D. 结构计算结果储存在 BIM 模型信息管理平台中，便于后续应用

4. 以下机电管线在机房工程的管道综合排布中，最优先排布的是（　　　）。

A. 通风管道　　　　　　　　　　　　B. 电气桥架

C. 空调水管道　　　　　　　　　　　D. 喷淋管道

5. 下列关于电气专业模型表述错误的是（　　　）。

A. 图纸要求配电箱放置高度为 1.5m，表示为距楼层建筑地面 1.5m，而不是楼层标高 1.5m

B. 开关应水平放置在距门 100～200mm

C. 桥架上方需预留至少 100mm

D. 强弱电桥架水平距离一般为 0

6. 下列不属于机房机电安装工程 BIM 深化设计内容的是（　　　）。

A. 碰撞检查　　　B. 基础建模　　　C. 管线综合　　　D. 净高分析

7. 建筑工程设计文件一般分为初步设计和（　　　）。

A. 再次设计　　　　　　　　　　　　B. 详细设计

C. 施工图设计　　　　　　　　　　　D. 机械设计

8. 钢筋建模是在（　　　）的基础上进行钢筋的详图设计。

A. 结构模型　　　　　　　　　　　　B. 建筑模型

C. 场地模型　　　　　　　　　　　　D. 机电模型

9. 在 BIM 模型调整完毕后，布置支吊架并进行校核计算，属于（　　　）。

A. 钢结构深化　　　　　　　　　　　B. 结构安全性复核

C. 机电深化　　　　　　　　　　　　D. 土建深化

10. 下列属于机房机电安装工程 BIM 深化设计内容的是（　　　）。

A. 碰撞检查　　　　　　　　　　　　B. 基础建模

C. 结构深化　　　　　　　　　　　　D. 场地分析

11. 模型内某一构件空间位置，用（　　　）来表示。

A. 地理坐标　　　　　　　　　　　　B. 坐标和高程

C. 坐标　　　　　　　　　　　　　　D. 平面直角坐标

12. BIM 技术在方案策划阶段的应用内容不包括（　　　）。

A. 总体规划　　　B. 模型创建　　　C. 成本核算　　　D. 碰撞检测

13. 下列选项不属于 BIM 在施工阶段价值的是（　　　）。

A. 施工工序模拟和分析

B. 辅助施工深化设计或生成施工深化图纸

C. 能耗分析

D. 施工场地科学布置和管理

14. 多专业协同、模型检测，是一个多专业协同检查的过程，也可以称为（　　）。

A. 模型整合　　　　　　　　　　　　B. 碰撞检查

C. 深化设计　　　　　　　　　　　　D. 成本分析

二、多选题（正确选项 2～4 个，多选、少选、错选、不选，一律不得分）

1. 下列关于建筑剖面图的说法不正确的是（　　）。

A. 用正立投影面的平行面进行剖切得到的剖面图称为纵剖切面图

B. 用侧立投影的平行面进行剖切得到的剖面图称为纵剖切面图

C. 用正立投影面的平行面进行剖切得到的剖面图称为横剖切面图

D. 剖面图指房屋的垂直或水平剖面图

E. 用侧立投影的平行面进行剖切得到的剖面图称为横剖切面图

2. 下列关于 BIM 结构设计基本流程说法正确的是（　　）。

A. 不能使用 BIM 软件直接创建 BIM 结构设计模型

B. 可以从已有的 BIM 建筑设计模型提取结构设计模型

C. 可以利用相关技术对 BIM 结构模型进行同步修改，使 BIM 结构模型和结构计算模型保持一致

D. 可以提取结构构件工程量

E. 可以绘制局部三维节点图

3. 按通风作用范围的不同，通风系统可分为（　　）。

A. 局部通风　　　　　　　　　　　　B. 全面通风

C. 自然通风　　　　　　　　　　　　D. 机械通风

E. 集中通风

4. 基于 BIM 技术的建筑性能化分析包含（　　）。

A. 室外风环境模拟　　　　　　　　　B. 自然采光模拟

C. 室内自然通风模拟　　　　　　　　D. 小区热环境模拟分析

E. 建筑结构计算分析

5. 应用 BIM 软件进行项目中的渲染，不可以实现的渲染设置是（　　）。

A. 背景　　　　　　　　　　　　　　B. 树木量

C. 构件数量　　　　　　　　　　　　D. 材质颜色

E. 图像透明度

6. 在 Revit 中导入 CAD，下列说法正确的是（　　）。

A. CAD 图纸原文件更新后，项目中的图纸也会更新

B. CAD 图纸原文件更新后，项目中的图纸不会更新

C. 若原 CAD 文件丢失，项目中的 CAD 底图也随着消失

D. 若原 CAD 文件丢失，项目中的 CAD 底图不会消失

E. 导入 CAD 和链接 CAD 效果完全一样

7. Revit 软件中机电系统颜色设置的方法有（　　）。

A. 过滤器　　　　　　　　　　　　　B. 材质

C. 图形替换　　　　　　　　　　　　D. 模型类别

E. 模型类型

参考答案：

一、单选题

1～5:BBACD	6～10:BCACA	11～14:BDCB	

二、多选题

1. BCD	2. BCDE	3. AB	4. ABCD
5. BC	6. BD	7. ABC	

▶▶ 项目 8　专业技能

【项目目标】

知识目标：

1. 熟悉 BIM 族、体量、屋顶、楼梯、项目的创建方法；
2. 掌握"1+X"建筑信息模型（BIM）职业技能等级证书初级考证专业技能的相关考点；
3. 理解 BIM 相关标准。

能力目标：

1. 能熟练依据任务要求创建族、体量和项目；
2. 具备"1+X"建筑信息模型（BIM）职业技能等级证书专业技能初级考证能力。

【思维导图】

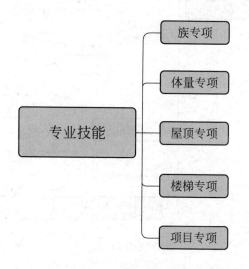

任务 8.1　族专项

族的基本形状工具可以分为五种：拉伸、旋转、放样、融合、放样融合。

族模型分为实心和空心两种，创建切割或中空形体时，可以用空心形状剪切实心形状。

本任务进行族专项训练，应用族命令创建形状，通过大量实例演示分析和操作过程，采用实训进行巩固训练，加强族建模能力培养。

【思维导图】

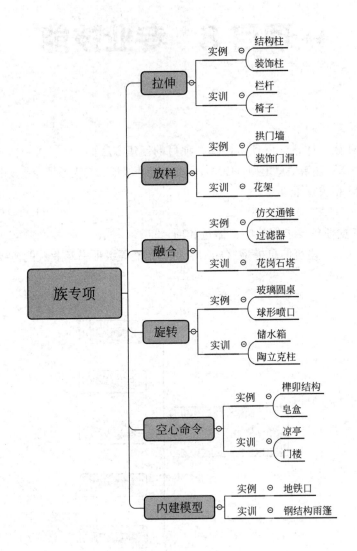

8.1.1 拉伸

1. 实例

【**实例 8-1**】根据图 8-1 给定尺寸，创建某结构柱模型（尺寸单位均为"mm"）。将该模型以"结构柱"文件名进行保存。

【**任务分析**】

由下至上观察，该模型可拆分为 4 个部分：

第 1 部分是 1 个四棱台，棱台的上底面是 1 个边长为 600 的正方形，下底面是 1 个边长为 800 的正方形，通过正立面图或侧立面图均可读出棱台的高度为 300，所以可以运用"融合"命令完成第 1 部分的创建。

码8-1
拉伸（柱体模型的创建）

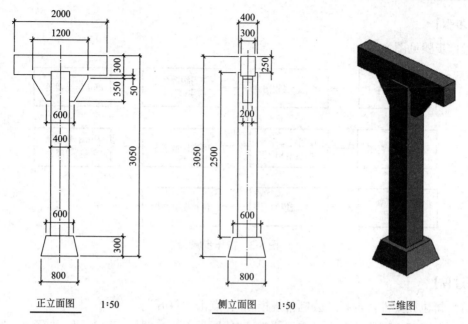

图 8-1 某结构柱立面图和三维图

第 2 部分是 1 个四棱柱,结合 2 个立面图分析得出棱柱的截面是边长为 400 的正方形,通过侧立面图可读出棱柱的高度为 2500,所以可以通过"拉伸"命令完成创建。

第 3 部分为 1 个横向放置的四棱柱,由 2 个立面图可以分析出该四棱柱的截面是边长 300 的正方形,从正立面图也可以看出棱柱的横向长度为 2000,所以可以通过"拉伸"命令完成该部分的创建。

第 4 部分是 2 个对称的五棱柱,由正立面图可以看出棱柱的截面为 1 个不规则的五边形,在创建时详细分析其尺寸,由侧立面图观察出其厚度为 200,可以通过"拉伸"命令完成创建。

模型拆分如图 8-2 所示。

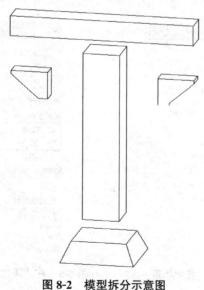

图 8-2 模型拆分示意图

【操作步骤】

操作步骤见图 8-3。

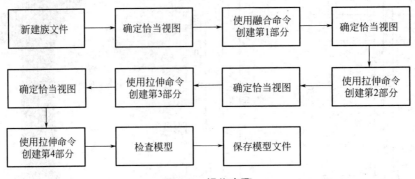

图 8-3　操作步骤

【操作过程】

（1）新建族文件，选择"公制常规模型"，点击"打开"。

（2）在"项目浏览器"中确定视图为："楼层平面｜参照标高"视图，如图 8-4 所示。

（3）点击"创建"选项卡中"形状"面板的"融合"按钮，自动切换至"修改｜创建融合底部边界"选项卡。选择"绘制"面板中的"矩形"命令，在绘图界面中的任意位置绘制出一个边长为 800 的正方形，再运用"修改"面板中的"移动"命令，将绘制出来的正方形放置到十字参照平面的中心位置。

（4）点击"模式"面板中的"编辑顶部"按钮，进入顶部编辑状态，选择"绘制"面板中的"矩形"命令，在绘图界面中的任意位置绘制出一个边长为 600 的正方形，再运用"修改"面板中的"移动"命令，将绘制出来的正方形放置到十字参照平面的中心位置。

（5）在"属性"栏中将"限制条件"下的"第二端点"修改为 300，如图 8-5 所示；再点击"模式"面板中的"√"按钮完成编辑模式，结束第 1 部分的创建。

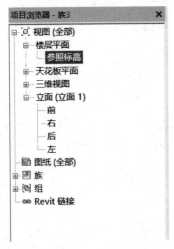

图 8-4　楼层平面｜参照标高

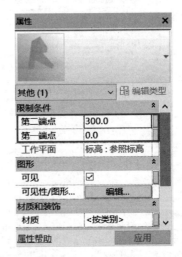

图 8-5　在"属性"栏中修改"限制条件"

（6）再次确认视图为："楼层平面｜参照标高"视图，点击"创建"选项卡中"形状"面板的"拉伸"按钮，自动切换至"修改｜创建拉伸"选项卡。选择"绘制"面板中的"矩形"命令，在绘图界面中的任意位置绘制出一个边长为 400 的正方形，再运用"修改"面板中的"移动"命令，将绘制出来的正方形放置到两个参照平面的中心位置。

（7）在"属性"栏中将"限制条件"下的"拉伸起点"修改为 300，"拉伸终点"修改为 2800，再点击"模式"面板中的"√"按钮完成编辑模式，结束第 2 部分的创建。

（8）在"项目浏览器"中将视图切换为"立面｜左"视图，如图 8-6 所示。点击"创建"选项卡中"形状"面板的"拉伸"按钮，自动切换至"修改｜创建拉伸"选项卡。选择"绘制"面板中的"矩形"命令，在绘图界面中的任意位置绘制出一个边长为 300 的正方形，再运用"修改"面板中的"移动"命令，将绘制出来的正方形放置到距离十字参照平面中心位置以上 2750 的位置，如图 8-7 所示。

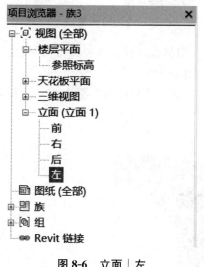

图 8-6 立面｜左

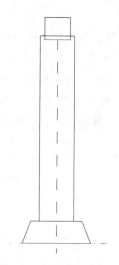

图 8-7 将正方形放置到正确位置

（9）在"属性"栏中将"限制条件"下的"拉伸起点"修改为 -1000，"拉伸终点"修改为 1000，再点击"模式"面板中的"√"按钮完成编辑模式，结束第 3 部分的创建。

（10）在"项目浏览器"中将视图切换为："立面｜前"视图；点击"创建"选项卡中"形状"面板的"拉伸"按钮，自动切换至"修改｜创建拉伸"选项卡。选择"绘制"面板中的"直线"命令，由第 2 部分和第 3 部分的交点为起点勾勒第 4 部分的轮廓草图，先由起点出发往右水平绘制 400 长度，再向下绘制 50 长度，由于不确定斜线部分的尺寸和角度，所以单击键盘 Esc 键结束轮廓绘制，再由起点出发往下绘制 400 的长度，再向右绘制 100 长度，再将另一端连接闭合，完成草图的绘制，如图 8-8 所示。

（11）在"属性"栏中将"限制条件"下的"拉伸起点"修改为 -100，"拉伸终点"修改为 100，再点击"模式"面板中的"√"按钮完成编辑模式。

（12）将鼠标放置在刚刚绘制完成的第 4 部分模型上，单击鼠标左键选中模型，自动切换至"修改｜拉伸"选项卡；选择"修改"面板中的"镜像｜拾取轴（MM）"命令，再单击选择绘图界面里图形中间的"参照平面：中心（左/右）"作为镜像轴，完成模型

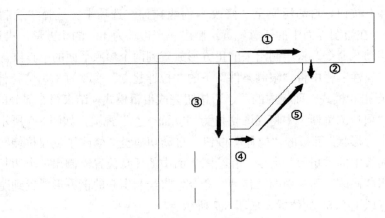

图 8-8　绘制第 4 部分轮廓草图

的镜像复制，结束第 4 部分的创建。

（13）单击标题栏"默认三维视图"按钮，调整显示比例 1∶1，选择视觉样式为：带边框的真实感，查看建模情况并检查模型，如图 8-9 所示。

（14）检查无误之后，点击"保存"，在弹出来的"另存为"框中将"文件名"修改为"结构柱"，并将保存位置修改为"桌面"。

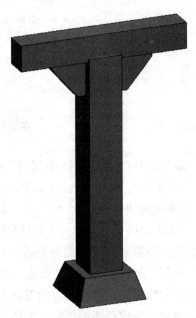

图 8-9　结构柱模型

【实例 8-2】根据图 8-10 给定尺寸，创建装饰柱（柱体上下、前后、左右均对称），要求柱身材质为"砖，普通，红色"，柱身两端材质为混凝土，现场浇筑，灰色。以"装饰柱"命名进行保存（尺寸单位均为"mm"）。

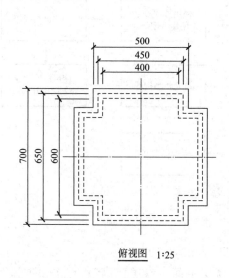

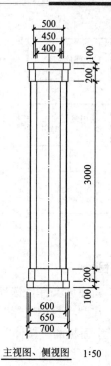

俯视图　1:25

主视图、侧视图　1:50

图 8-10　装饰柱

【任务分析】

由下至上观察，该模型可拆分为 3 个部分：

第 1 部分是 1 个棱柱，棱柱的截面为 1 个中心对称的十二边形，尺寸依次为 500、100、100、500、100、100、500、100、100、500、100、100；通过主视图、侧视图均可得棱柱的高度为 100，所以可以运用"拉伸"命令完成第 1 部分的创建。

第 2 部分也是 1 个棱柱，棱柱的截面为 1 个中心对称的十二边形，尺寸依次为 450、100、100、450、100、100、450、100、100、450、100、100；通过主视图、侧视图均可得棱柱的高度为 200，所以可以运用"拉伸"命令完成第 2 部分的创建。

第 3 部分也是 1 个棱柱，棱柱的截面为 1 个中心对称的十二边形，尺寸依次为 400、100、100、400、100、100、400、100、100、400、100、100；通过主视图、侧视图均可得棱柱的高度为 3000，所以可以运用"拉伸"命令完成第 3 部分的创建。

最上端 2 个部分与第 1、2 部分尺寸相同，可以通过复制完成创建。

模型拆分示意如图 8-11 所示。

【操作步骤】

操作步骤见图 8-12。

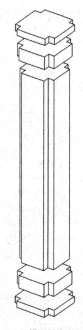

图 8-11　模型拆分示意图

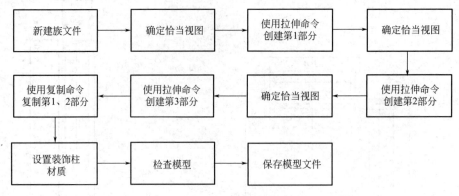

图 8-12　操作步骤

【操作过程】

（1）新建族文件，选择"公制常规模型"，点击"打开"。

（2）在"项目浏览器"中确定视图为"楼层平面｜参照标高"；点击"创建"选项卡中"形状"面板的"拉伸"按钮，自动切换至"修改｜创建拉伸"选项卡。选择"绘制"面板中的"直线"命令，以两个参照平面的交点作为图形的中心点，依次绘制第 1 部分截面的轮廓，如图 8-13 所示。

（3）在"属性"栏中将"限制条件"下的"拉伸起点"修改为 0，"拉伸终点"修改为 100，再点击"模式"面板中的"√"按钮完成编辑模式，结束第 1 部分的创建。

（4）再次确认视图为"楼层平面｜参照标高"，点击"创建"选项卡中"形状"面板的"拉伸"按钮，自动切换至"修改｜创建拉伸"选项卡。选择"绘制"面板中的"直线"命令，同样以两个参照平面的交点作为图形的中心点，依次绘制第 2 部分截面的轮廓，如图 8-14 所示。

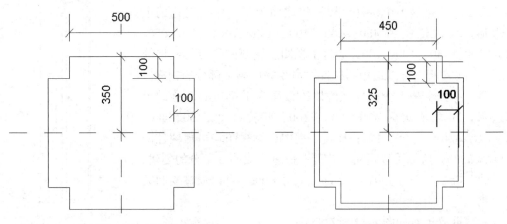

图 8-13　绘制第 1 部分截面的轮廓线　　　　图 8-14　绘制第 2 部分截面的轮廓线

（5）在"属性"栏中将"限制条件"下的"拉伸起点"修改为 100，"拉伸终点"修改为 300，再点击"模式"面板中的"√"按钮完成编辑模式，结束第 2 部分的创建。

（6）第 3 部分的创建同样在"楼层平面｜参照标高"视图下，使用"拉伸"命令完成截面轮廓的绘制，再在"属性"栏中将"限制条件"下的"拉伸起点"修改为 300，"拉伸终点"修改为 3300，再点击"模式"面板中的"√"按钮完成编辑模式，结束第 3 部分的创建。

（7）在"项目浏览器"中将视图切换为"立面｜前"，如图 8-15 所示。选中已完成的第 1 部分模型，选择"修改"面板中的"复制（CO）"命令，在"属性"栏上方将"约束"取消勾选，再以其底边的中点为起点向上复制 3500 的距离，如图 8-16 所示。

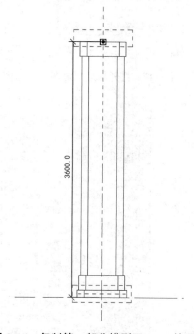

图 8-15　"立面｜前"视图　　　　图 8-16　复制第 1 部分模型至 3500 的顶部

（8）继续在"立面｜前"的视图下，选中已完成的第 2 部分模型，选择"修改"面板中的"复制（CO）"命令，在"属性"栏上方将"约束"取消勾选，再以其底边的中点为起点向上复制 3200 的距离，至此完成模型创建。

（9）选中第 3 部分，即柱身部分，在"属性"栏中点击"材质"后面的"〈按类别〉…"按钮，如图 8-17 所示。

在弹出的"材质浏览器"中点击左下角"新建材质"，选择项目材质名称栏中新建的"默认为新材质"。点击鼠标右键，选择重命名，输入"砖，普通，红色"；再点击"打开/关闭资源浏览器"按钮，如图 8-18 所示，在"资源浏览器"的搜索栏中输入"砖"，在搜索结果中找到并选择"非均匀顺砌-红色"选项，点击"使用此资源"按钮，如图 8-19 所示；最后点击"材质浏览器"中的"确定"按钮完成应用设置。

（10）同时选中第 1、2 部分，即两端部分，在"属性"栏中点击"材质"按钮后面的"〈按类别〉…"按钮，在弹出的"材质浏览器"中点击"新建材质"，选择项目材质名称栏中新建的"默认为新材质"。点击鼠标右键，选择重命名，输入"混凝土，现场浇筑，灰色"；再点击"打开/关闭资源浏览器"按钮，在"资源浏览器"的搜索栏中输入"混凝

图 8-17　打开材质浏览器

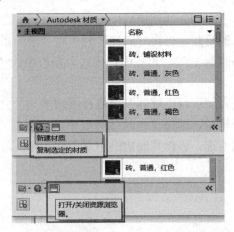

图 8-18　点击"新建材质及打开/关闭资源浏览器"

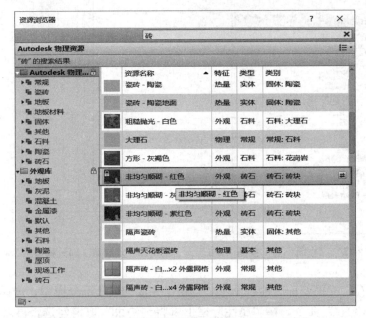

图 8-19　在资源浏览器选择"非均匀顺砌-红色"

图 8-20　装饰柱模型

土"，在搜索结果中找到并选择类别为"混凝土：现场浇筑"的选项，点击"使用此资源"按钮；最后点击"材质浏览器"中的"确定"按钮完成应用设置。

（11）单击标题栏"默认三维视图"按钮，调整显示比例 1∶1，选择视觉样式为"带边框的真实感"，查看建模情况并检查模型，如图 8-20所示。

（12）检查无误之后，点击"保存"，在弹出来的"另存为"对话框中将"文件名"修改为装饰柱，并将保存位置修改为"桌面"。

2. 实训

【**实训 8-1**】图 8-21 为某栏杆。请按照图示尺寸新建并制作栏杆的构件集，截面尺寸除扶手外其余杆件均相同（尺寸单位为"mm"）。材质方面，扶手及其他杆件材质设为"木材"，挡板材质设为"玻璃"。最终以"栏杆"为文件名进行保存。

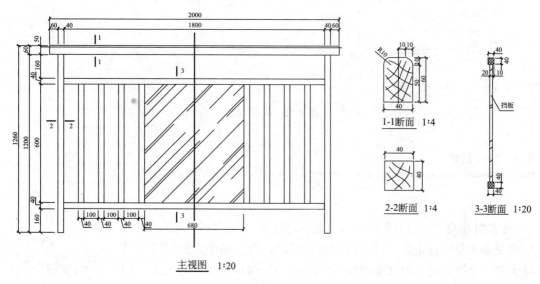

图 8-21　栏杆

【**实训 8-2**】图 8-22 为某椅子模型。请按图示尺寸新建并制作椅子构件集，椅子靠背与坐垫材质设为"布"，其他设为"钢"（尺寸单位为"mm"）。以"椅子"为文件名进行保存。

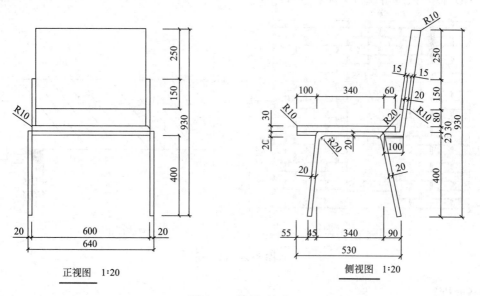

图 8-22　椅子（一）

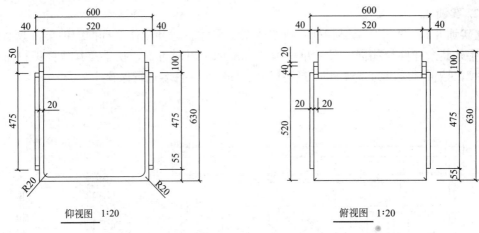

仰视图 1:20   俯视图 1:20

图8-22 椅子（二）

8.1.2 放样

1. 实例

【**实例8-3**】绘制如图8-23所示墙体，墙体类型、墙体高度、墙体厚度及墙体长度自定义，材质为灰色普通砖，参照图中标注尺寸在墙体上开一个拱门洞（尺寸单位均为"mm"）。洞口生成装饰门框，门框轮廓材质为樱桃木，样式见1-1剖面图。

码8-2
放样（拱门
墙模型的创建）

要求：（1）绘制墙体，完成洞口创建。

（2）正确使用内建模型工具绘制装饰门框。

（3）以"拱门墙"为文件名进行保存。

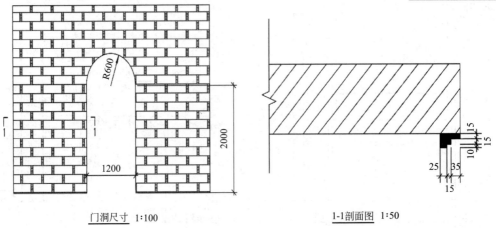

门洞尺寸 1:100   1-1剖面图 1:50

图8-23 拱门墙

【**任务分析**】

根据题目要求，需要使用到"内建模型"工具，因此需要在项目中创建该模型。

模型整体可分为 3 个部分，第 1 部分为墙体，墙体的类型、墙体高度、墙体厚度及墙体长度可以自定义，但其尺寸一定要大于洞口的尺寸，所以可以取值为：墙高 4000，墙厚 200，墙长 5000；第 2 部分为洞口，可以通过编辑墙体轮廓创建洞口，洞口轮廓由 1 个高为 2000、宽为 1200 的矩形和 1 个半径为 600 的半圆组成；模型的第 3 部分为门洞边缘的装饰门框，装饰门框需要通过内建模型工具中的"放样"命令进行创建。

【操作步骤】

操作步骤见图 8-24。

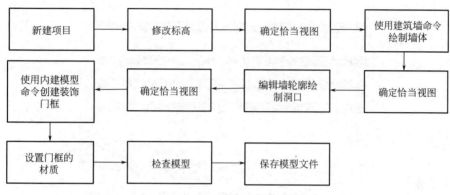

图 8-24　操作步骤

【操作过程】

（1）新建项目文件，单击"建筑样板"进入项目文件，如图 8-25 所示。

图 8-25　点击"建筑样板"

（2）在"项目浏览器"中将视图切换为"立面 | 南"视图，确认标高 2 的标高默认为 4000（因为将墙高设置为 4000，若标高 2 不是 4000，则修改为 4000）。

（3）在"项目浏览器"中将视图切换为"楼层平面 | 标高 1"视图，点击"建筑"选项卡，下拉"墙"面板选择"墙：建筑"命令，自动切换至"修改 | 放置 墙"选项卡；在"属性"栏中点击"编辑类型"弹出"类型属性"对话框，单击"复制"按钮，在弹出的"名称"对话框中将名称修改为"墙体"并点击"确定"；再点击"类型属性"对话框

"结构"项后面的"编辑"按钮，如图 8-26 所示。

图 8-26 在"类型属性"对话框点击结构"编辑"按钮

（4）在"编辑部件"对话框中将"结构［1］"后的"材质"修改为"砖，普通，灰色"，"厚度"修改为"200"，如图 8-27 所示，然后点击"确定"，在"类型属性"对话框中点击"确定"完成墙体的结构编辑。

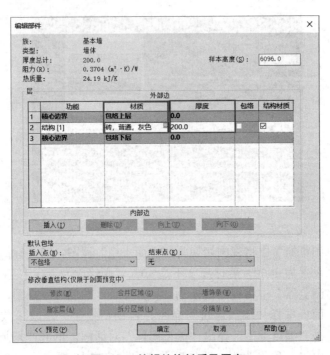

图 8-27 编辑结构材质及厚度

（5）再次确定视图为"楼层平面｜标高 1"，在"修改｜放置 墙"选项卡下，点击"绘制"面板中的"直线"按钮；将"选项栏"中的"顶部约束"设置为"标高 2"，如图 8-23 所示；在绘图区域中绘制一道长度 5000 的墙，如图 8-28（a）、（b）所示。

(a) 在选项栏将顶部约束设置为标高2

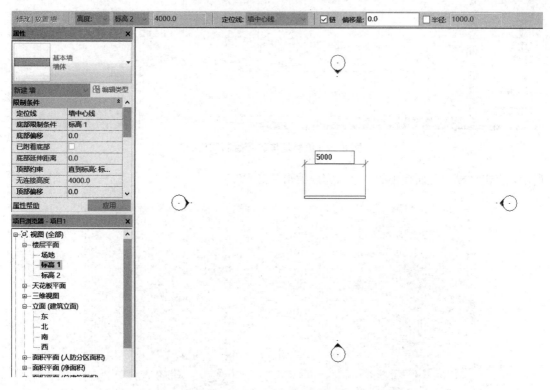

(b) 在绘图区域绘制墙体

图 8-28　绘制墙体

（6）将视图切换为"立面｜南"，单击选中绘制完成的墙体，在"修改｜墙"选项卡中，点击"模式"面板中的"编辑轮廓"按钮；再在"修改｜墙＞编辑轮廓"选项卡中，运用"绘制"面板中的"直线"和"起点-终点-半径弧"命令，完成洞口的创建，如图 8-29 所示；最后点击"模式"面板中的"√"，完成编辑。

（7）在"建筑"选项卡中，下拉"构件"面板选择"内建模型"命令，在弹出的"族类别和族参数"框中选择"常规模型"，点击"确定"，将名称改为"门框"，点击"确定"。

（8）在"建筑"选项卡中，点击"形状"面板，选择"放样"命令，自动切换至"修改｜放样"选项卡；点击"放样"面板中的"拾取路径"，将门洞的轮廓拾取选中，如图 8-30

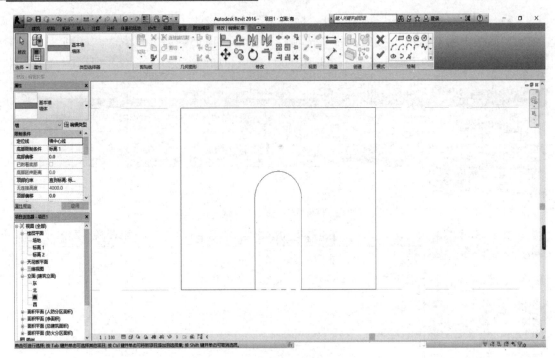

图 8-29 编辑墙体轮廓绘制洞口

所示，点击"模式"面板中的"√（完成编辑模式）"。

图 8-30 拾取门洞的轮廓

点击"放样"面板中的"选择轮廓"，再点击"编辑轮廓"，在弹出的"转到视图"对话框中，选择"楼层平面｜标高 1"，点击"打开视图"；点击"绘制"面板中的"直线"，在绘图区域将门框的轮廓绘制出来，如图 8-31 所示，点击"编辑轮廓"选项卡"模式"面板中的"√（完成编辑模式）"，再点击"放样"选项卡中的"√"，完成编辑。

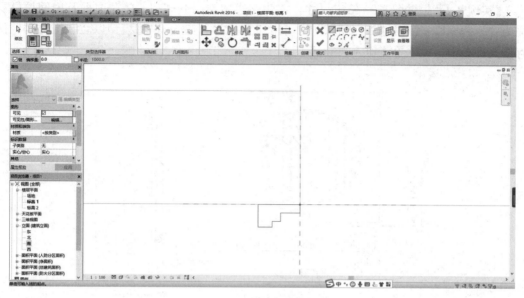

图 8-31 绘制门框的边缘线

（9）将视图切换为"三维"视图，单击选中刚刚创建完成的门框部分，在"属性"栏中点击"材质"后面的"〈按类别〉…"按钮，在"项目浏览器"的"项目材质"框中找到"樱桃木"材质，单击选择并点击"确定"按钮，再点击"修改"选项卡中的"完成模型"。

墙体材质为灰色普通砖，读者按上述步骤完成，不再赘述。

（10）将视图切换为"三维"视图，调整显示比例 1：1，选择视觉样式为"带边框的真实感"，查看建模情况并检查模型，如图 8-32 所示。

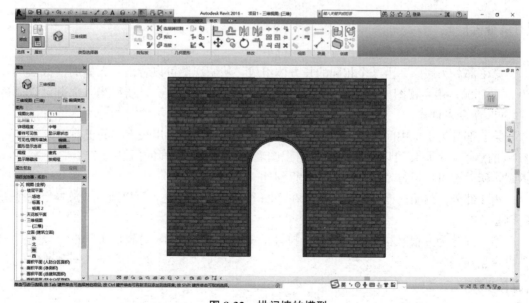

图 8-32 拱门墙的模型

（11）检查无误之后，点击"保存"，在弹出来的"另存为"对话框中将"文件名"修改为拱门墙，并将保存位置修改为"桌面"即可。

【实例 8-4】根据图 8-33 给定尺寸，创建路边装饰门洞模型，门洞内框及中间拉杆材质为"不锈钢"，其余材质为"混凝土"，拉杆半径 $R=15$mm，将模型以"装饰门洞"保存至文件夹中（尺寸单位均为"mm"）。

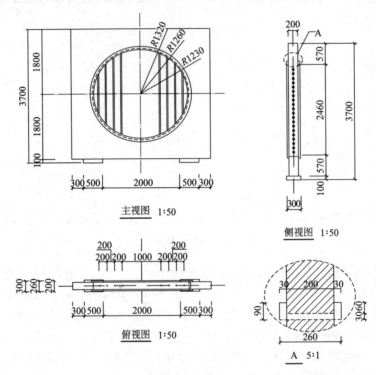

图 8-33　装饰门洞

【任务分析】

由下至上观察，该模型可拆分为 4 个部分：

第 1 部分为底座，由 2 个相同的长方体组成，从俯视图可以看出长方体的横截面尺寸为 500×300，由主视图或者侧视图可以看出长方体的高度为 100，所以第 1 部分可以通过"拉伸"命令来创建。

第 2 部分为 1 个中间带有门洞的长方体，从主视图可以看出长方体的正前面为 3600×3700 的矩形，其厚度可以从侧视图或俯视图看出为 200，中间的门洞为 1 个半径为 1260 的圆，所以也可以通过"拉伸"命令进行创建。

第 3 部分为门洞内框，内框的尺寸在详图 A 中已标注清楚，可以通过"放样"命令进行创建。

第 4 部分为 8 根互相对称的拉杆，拉杆的横截面为半径 15 的圆，所以也可以通过拉伸命令创建。

【操作步骤】

操作步骤见图 8-34。

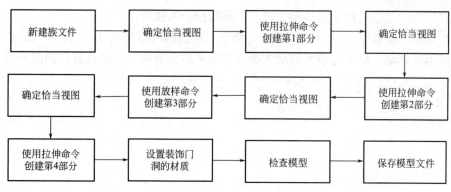

图 8-34 操作步骤

【操作过程】

（1）新建族文件，选择"公制常规模型"，点击"打开"。

（2）在"项目浏览器"中确定视图为"楼层平面｜参照标高"；点击"创建"选项卡中"形状"面板的"拉伸"按钮，自动切换至"修改｜创建拉伸"选项卡。

（3）选择"绘制"面板中的"矩形"命令，在绘图区域绘制出 1 个 500×300 的矩形，再使用"移动"命令将矩形移动到距离中心线 1000 的位置，如图 8-35 所示，在"属性"栏中将"限制条件"下的"拉伸起点"修改为 0，"拉伸终点"修改为 100，再点击"模式"面板中的"√"，完成编辑。

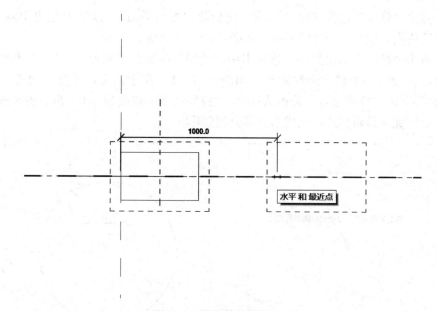

图 8-35 绘制第 1 部分矩形

（4）单击鼠标左键选中已创建的模型，点击"修改｜拉伸"选项卡中"修改"面板的"镜像-拾取轴（MM）"命令，再点击"参照平面：中心（左/右）"生成模型镜像，完成第 1 部分的模型创建。

（5）在"项目浏览器"中将视图切换为"立面｜前"；点击"创建"选项卡中"形状"

面板的"拉伸"命令，自动切换至"修改｜创建拉伸"选项卡。

（6）选择"绘制"面板中的"矩形"命令，在绘图区域绘制出 1 个 3600×3700 的矩形，再使用"移动"命令将矩形移动到底边与第 1 部分顶部对齐的位置，如图 8-36 所示。

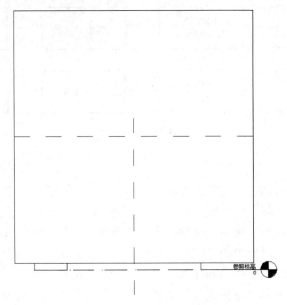

图 8-36　绘制第 2 部分矩形

（7）点击"创建"选项卡中"基准"面板的"参照平面"，以矩形左边中点为起点，右边中点为终点，绘制一个参照平面，如图 8-37（a）所示。

（8）点击"修改｜创建拉伸"选项卡中"绘制"面板的"圆形"，以 2 个参照平面的交点为圆心，1260 为半径，绘制圆形，如图 8-37（b）所示；完成后在"属性"栏中将"限制条件"下的"拉伸起点"修改为-100，"拉伸终点"修改为100，再点击"模式"面板中的"√"完成编辑模式，完成第 2 部分的创建。

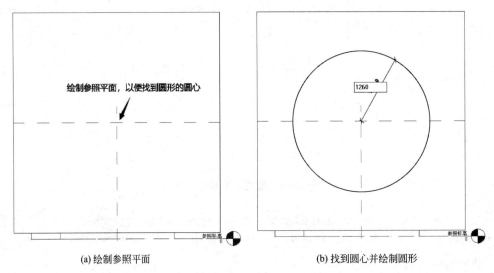

(a) 绘制参照平面　　　　　　　　　　　　(b) 找到圆心并绘制圆形

图 8-37　完成第 2 部分创建

（9）再次确认视图为"立面｜前"，点击"创建"选项卡中"形状"面板的"放样"，自动切换至"修改｜放样"选项卡。

（10）点击"修改｜放样"选项卡中"放样"面板的"拾取路径"，将模型第 2 部分的圆形轮廓点击选中，再点击"模式"面板中的"√"，完成编辑模式。

（11）点击"放样"面板中的"选择轮廓"，再点击"编辑轮廓"，在弹出的"转到视图"框中，选择"立面｜左"，点击"打开视图"；再点击"绘制"面板中的"直线"，在绘图区域将门洞内框的轮廓按照详图 A 绘制出来，如图 8-38 所示，点击"编辑轮廓"选项卡"模式"面板中的"√（完成编辑模式）"，再点击"放样"选项卡中的"√（完成编辑模式）"。

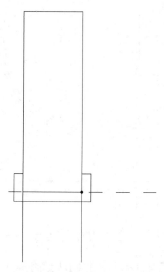

图 8-38 按照详图 A 将门洞内框的轮廓绘制出来

（12）在"项目浏览器"中将视图切换为"楼层平面：参照标高"；点击"创建"选项卡中"基准"面板的"参照平面"，自动切换至"修改｜放置 参照平面"选项卡；点击"绘制"面板的"拾取线"，在选项栏中将"偏移量"修改为 500，再点击"参照平面：中心（左/右）"创建 1 个参照平面，该参照平面与"参照平面：中心（前/后）"的交点即拉杆的圆心。

（13）点击"创建"选项卡中"形状"面板的"拉伸"，自动切换至"修改｜创建拉伸"选项卡；点击"绘制"面板中的"圆心"，以刚刚找到的交点为圆心绘制 1 个半径为 15 的圆，再点击"模式"面板中的"√"，完成编辑模式。

（14）在"项目浏览器"中将视图切换为"立面｜前"；选中刚刚创建的圆柱体，拖动"拉伸：造型操纵柄"将圆柱体的顶面和底面都拖动至门洞内框的模型内部，如图 8-39 所示。

（15）单击选中已创建的第 1 根拉杆，点击"修改"面板中的"复制"，并勾选"选项栏"中的"多个"，再以第 1 根拉杆的中心线为起点，向左 200 的距离依次复制 3 次，再次分别拖动 3 根拉杆的"拉伸：造型操纵柄"，将圆柱体的顶面和底面都拖动至门洞内框的模型内部。

（16）按住 Ctrl 键依次选中已创建完成的 4 根拉杆，点击"修改"面板中的"镜像｜拾取轴（MM）"，再点击"参照平面：中心（左/右）"，将 4 根拉杆镜像为 8 根拉杆，完成第 4 部分的创建。

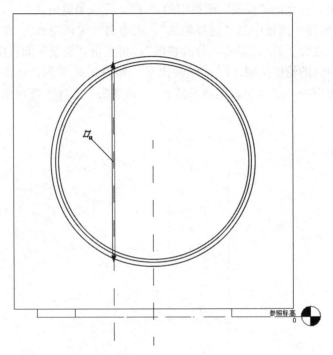

图 8-39　拖动"拉伸：造型操纵柄"

（17）将视图切换为"三维"视图，按住 Ctrl 键将第 1、2 部分选中，在"属性"栏中点击"材质"后面的"〈按类别〉…"按钮，在"项目浏览器"中添加"混凝土"材质，单击选择并点击"确定"按钮。

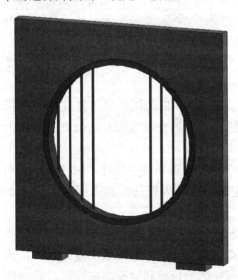

图 8-40　装饰门洞模型

（18）按住 Ctrl 键将第 3、4 部分选中，在"属性"栏中点击"材质"后面的"〈按类别〉…"按钮，在"项目浏览器"中添加"不锈钢"材质，单击选择并点击"确定"按钮。

（19）单击标题栏"默认三维视图"按钮，调整显示比例 1∶1，选择"视觉样式：带边框的真实感"，查看建模情况并检查模型，如图 8-40 所示。

（20）检查无误之后，点击"保存"，在弹出来的"另存为"对话框中将"文件名"修改为装饰门洞，并将保存位置修改为"桌面"即可。

2. 实训

【实训 8-3】根据图 8-41 的给定尺寸，用构件集方式创建模型，整体材质为钢，请将模型以"花架"为文件名保存到桌面上（尺寸单位为"mm"）。

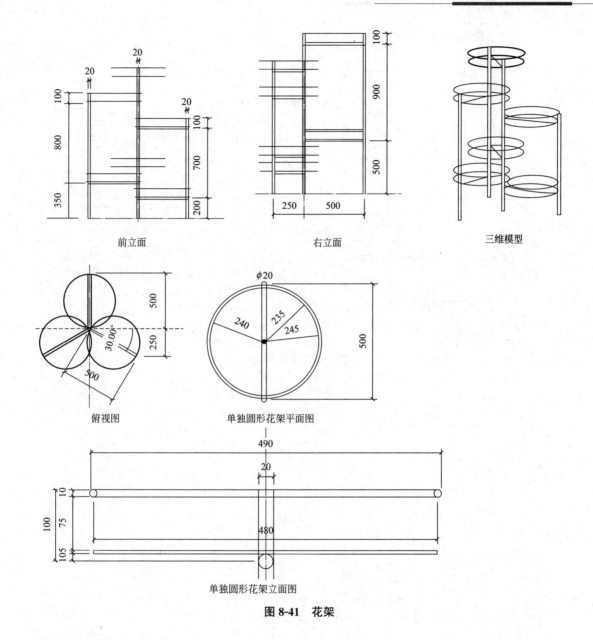

图 8-41 花架

8.1.3 融合

1. 实例

【实例 8-5】 绘制仿交通锥模型，具体尺寸如图 8-42 所示（尺寸单位均为"mm"）。将模型以"仿交通锥"为文件名保存到桌面上。

【任务分析】

由下至上观察，该模型可拆分为 3 个部分，如图 8-43 所示。

第 1 部分为底座，从俯视图观察，底座顶面及底面均为正八边形，

码8-3
融合（仿交通锥
模型的创建）

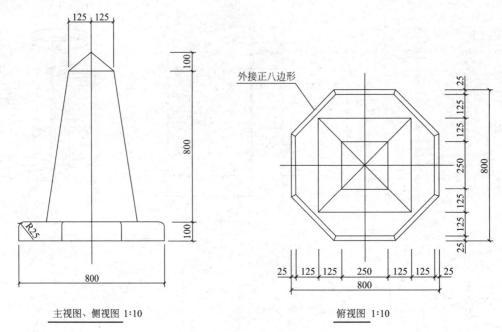

主视图、侧视图 1:10　　　　　　　　　　　俯视图 1:10

图 8-42　仿交通锥

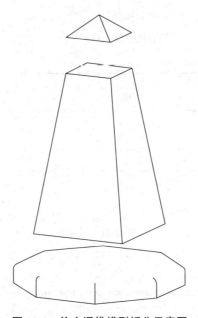

图 8-43　仿交通锥模型拆分示意图

从主视图可以看出，底座高度为 100，底座还有 1 个圆角弧，圆角弧的半径为 25；可以通过"放样"命令将第 1 部分创建出来。

第 2 部分为 1 个四棱台，棱台的顶面是 1 个边长为 250 的正方形，底面是 1 个边长为 500 的正方形，棱台的高度为 800；可以通过"融合"命令进行创建。

第 3 部分为 1 个四棱锥，棱锥的底面为第 2 部分四棱台的顶面，即边长为 250 的正方形，棱锥的高度为100；可以通过"放样"命令创建出来。

【操作步骤】

操作步骤见图 8-44。

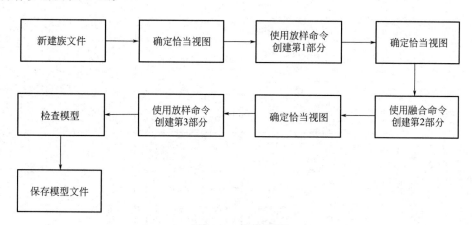

图 8-44　操作步骤

【操作过程】

（1）新建族文件，选择"公制常规模型"，点击"打开"。

（2）在"项目浏览器"中确定视图为"楼层平面|参照标高"；点击"创建"选项卡中"形状"面板的"放样"，自动切换至"修改|放样"选项卡。选择"放样"面板中的"绘制路径"，再点击"绘制"面板的"外接多边形"，将"选项栏"的"边"数量修改为8，然后来到绘图区域，以两参照平面的交点作为外接多边形的中点绘制八边形，如图 8-45 所示，点击"模式"面板中的"√"，完成编辑。

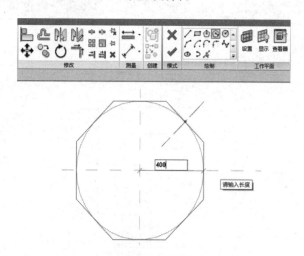

图 8-45　在绘图区域绘制外接八边形

（3）点击"放样"面板中的"选择轮廓"，再点击"编辑轮廓"，在弹出的"转到视图"对话框中，选择"立面|前"，点击"打开视图"；再点击"绘制"面板中的"直线"，在绘图区域将底座的半轮廓按照主视图绘制出来，如图 8-46 所示，点击"编辑轮廓"选

项卡"模式"面板中的"√"（完成编辑模式），再点击"放样"选项卡中的"√"，完成编辑。完成底座创建。

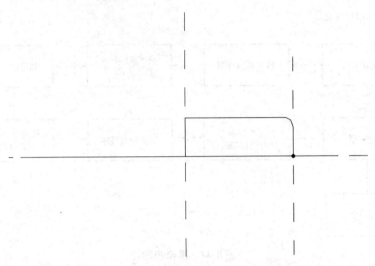

图 8-46　在绘图区域绘制底座的半轮廓边界线

（4）在"项目浏览器"中将视图切换为"楼层平面｜参照标高"；点击"创建"选项卡中"形状"面板的"融合"，自动切换至"修改｜创建融合底部边界"选项卡。选择"绘制"面板中的"矩形"，在绘图区域绘制出 1 个 500×500 的正方形，再通过"移动"的命令将其移动到中间。

（5）点击"修改｜创建融合底部边界"选项卡中"模型"面板的"编辑顶部"，Revit 将自动切换至"修改｜创建融合顶部边界"选项卡；点击"绘制"面板中的"矩形"，在绘图区域绘制出一个 250×250 的正方形，再通过"移动"命令将其移动到中间，如图 8-47 所示。

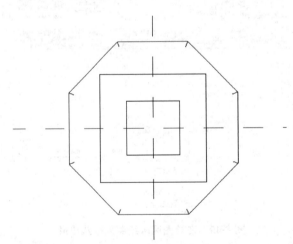

图 8-47　绘制 250×250 的正方形

（6）在"属性"栏中将"限制条件"下的"第一端点"修改为100，"第二端点"修改为900，再点击"模式"面板中的"√"，完成编辑，完成第 2 部分的创建。

（7）在"项目浏览器"中将视图切换为："楼层平面｜参照标高"；点击"创建"选项卡中"形状"面板的"放样"，点击"放样"面板的"拾取路径"，依次将第 2 部分顶部的正方形边长选中，再点击"模式"面板中的"√"，完成编辑模式。

（8）点击"放样"面板中的"选择轮廓"，再点击"编辑轮廓"，在弹出的"转到视图"对话框中，选择"立面：右"，点击"打开视图"；再点击"绘制"面板中的"直线"，在绘图区域将顶部棱锥的半轮廓按照主视图绘制出来，如图 8-48 所示，点击"编辑轮廓"选项卡"模式"面板中的"√（完成编辑模式）"，再点击"放样"选项卡中的"√"，完成编辑。完成第 3 部分的创建。

（9）单击标题栏"默认三维视图"按钮，调整显示比例 1：1，选择视觉样式为"带边框的真实感"，查看建模情况并检查模型，如图 8-49 所示。

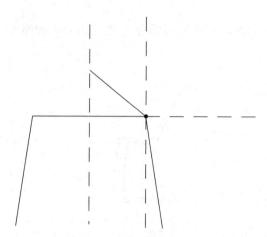

图 8-48　在绘图区域绘制顶部棱锥的半轮廓边缘线

图 8-49　仿交通锥模型

（10）检查无误之后，点击"保存"，在弹出来的"另存为"对话框中将"文件名"修改为"仿交通锥"，并将保存位置修改为"桌面"即可。

【实例 8-6】根据图 8-50 给定尺寸，创建过滤器模型，材质为"不锈钢"（尺寸单位均为"mm"）。以"过滤器"命名进行保存。

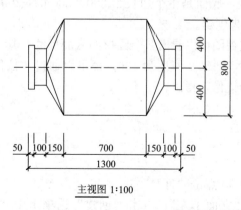

主视图 1:100

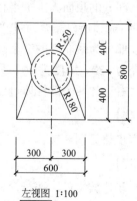

左视图 1:100

图 8-50　过滤器（一）

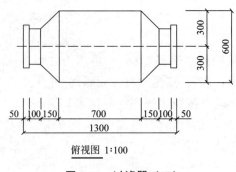

俯视图 1:100

图 8-50　过滤器（二）

【任务分析】

观察模型可以看出模型整体呈左右中心对称，该模型可拆分为 3 个部分，如图 8-51 所示。

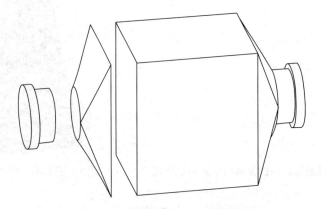

图 8-51　过滤器模型拆分示意图

第 1 部分为中间的长方体，由左视图可以看出其截面为 1 个 600×800 的矩形，其长度可以从主视图看出为 700，所以可以通过"拉伸"命令创建。

第 2 部分的顶面为 1 个半径是 150 的圆，底面是 1 个边长为 600×800 的长方形，顶面距底面 150；所以需要通过"融合"命令来创建。

第 3 部分为最左部的 2 个圆柱体，从左视图可以看出 2 个圆形的截面尺寸，其中 1 个圆的半径为 180，厚度为 50；另 1 个的半径为 150，厚度为 100；都可以通过"拉伸"命令创建；右边的两个圆柱体可以通过"左边镜像"得出。

【操作步骤】

操作步骤见图 8-52。

【操作过程】

（1）新建族文件，选择"公制常规模型"，点击"打开"。

（2）在"项目浏览器"中切换视图为"立面｜左"；点击"创建"选项卡中"形状"面板的"拉伸"，自动切换至"修改｜创建拉伸"选项卡。选择"绘制"面板中的"矩

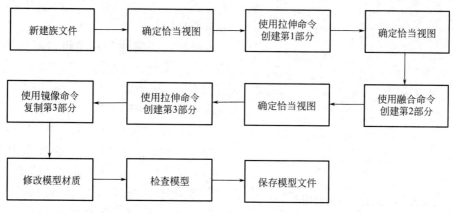

图 8-52 操作步骤

形"，在绘图区域绘制 1 个边长为 600×800 的矩形，再使用"移动"命令将矩形移动到中心位置，如图 8-53 所示，再在"属性"栏中将"限制条件"下的"拉伸起点"修改为 -350，"拉伸终点"修改为 350，再点击"模式"面板中的"√"，完成编辑模式，如图 8-54 所示。完成第 1 部分创建。

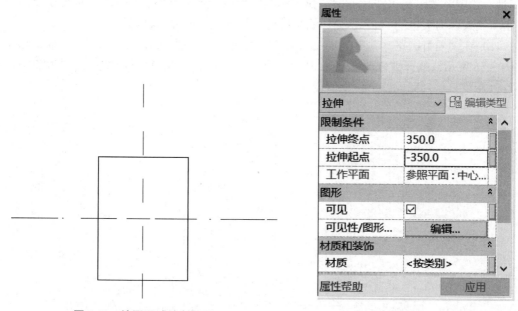

图 8-53 绘图区域绘制矩形　　　图 8-54 在属性修改限制条件

（3）在"项目浏览器"中确定视图为"立面｜左"；点击"创建"选项卡中"形状"面板的"融合"，自动切换至"修改｜创建融合底部边界"选项卡。选择"绘制"面板中的"矩形"，沿着第 1 部分的边绘制 1 个边长为 600×800 的矩形。

（4）点击"修改｜创建融合底部边界"选项卡中"模型"面板的"编辑顶部"，Revit 将自动切换至"修改｜创建融合顶部边界"选项卡；点击"绘制"面板中的"圆形"，以两个参照平面的交点为圆心，在绘图区域绘制出 1 个半径为 150 的圆形，如图

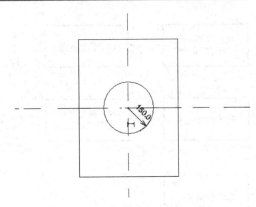

图 8-55　绘图区域绘制圆形

8-55 所示，点击"模式"面板中的"√"，完成编辑。

（5）在"属性"栏中将"限制条件"下的"第一端点"修改为 100，"第二端点"修改为 900，再点击"模式"面板中的"√"，完成编辑，结束第 2 部分的创建。

（6）在"项目浏览器"中确定视图为："立面：左"；点击"创建"选项卡中"形状"面板的"拉伸"，自动切换至"修改｜创建拉伸"选项卡。选择"绘制"面板中的"圆形"，以两个参照平面的交点为圆心，在绘图区域绘制出 1 个半径为 150 的圆形；再在"属性"栏中将"限制条件"下的"拉伸起点"修改为 500，"拉伸终点"修改为 600，再点击"模式"面板中的"√"，完成编辑模式。

（7）在"项目浏览器"中确定视图为"立面｜左"视图；点击"创建"选项卡中"形状"面板的"拉伸"，自动切换至"修改｜创建拉伸"选项卡。选择"绘制"面板中的"圆形"，以两个参照平面的交点为圆心，在绘图区域绘制出一个半径为 180 的圆形；再在"属性"栏中将"限制条件"下的"拉伸起点"修改为 600，"拉伸终点"修改为 650，再点击"模式"面板中的"√"，完成编辑模式。完成第 3 部分的创建。

（8）在"项目浏览器"中确定视图为"立面｜前"；利用 Ctrl 键将第 2、3 部分选中，如图 8-56 所示。选择"修改"面板中的"镜像｜拾取轴（MM）"，再点击"参照平面：中心（左/右）"，完成整个模型的创建。

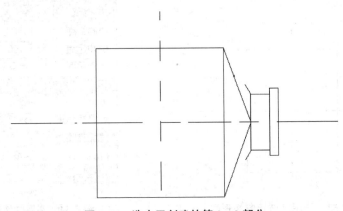

图 8-56　选中已创建的第 2、3 部分

（9）框选中完成的整个模型，在"属性"栏中点击"材质"后面的"＜按类别＞…"按钮，在"项目浏览器"中添加"不锈钢"材质，点击"应用"，单击"确定"，完成材质的添加。

（10）单击标题栏"默认三维视图"按钮，调整显示比例 1：1，选择"视觉样式：带边框的真实感"，查看建模情况并检查模型，如图 8-57 所示。

（11）检查无误之后，点击"保存"，在弹出来的"另存为"对话框中将"文件名"修改为"过滤器"，并将保存位置修改为"桌面"即可。

图 8-57 过滤器模型

2. 实训

【实训 8-4】根据图 8-58 给定的尺寸，创建塔状结构模型，材质为"花岗石"，塔状结构整体中心对称（尺寸单位为"mm"）。以"花岗石塔"为文件名进行保存。

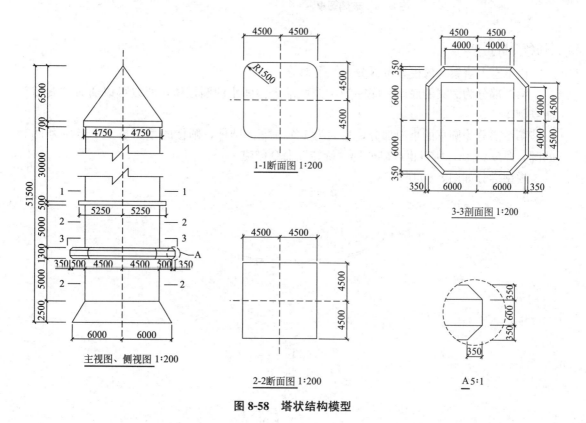

图 8-58 塔状结构模型

8.1.4　旋转

1. 实例

【实例 8-7】根据图 8-59 给定尺寸绘制玻璃圆桌模型，桌柱材质为"不锈钢"，桌面材质为"玻璃"（尺寸单位为"mm"）。以"玻璃圆桌"命名保存。

码8-4
旋转（玻璃圆桌
模型的创建）

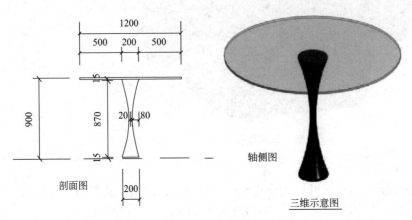

图 8-59　玻璃圆桌

【任务分析】

由下至上观察，该模型可拆分为 2 个部分。

第 1 部分为圆桌的底座，底座为 1 个两端大中间小的圆柱体，所以可以通过"旋转"命令创建。

第 2 部分为圆桌的桌面部分，桌面为 1 个扁宽的圆柱，圆柱的截面是 1 个半径为 600 的圆，厚度为 15，所以也可以使用"旋转"命令创建。

模型拆分如图 8-60 所示。

图 8-60　玻璃圆桌模型拆分示意图

【操作步骤】

操作步骤见图 8-61。

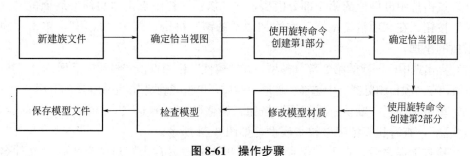

图 8-61 操作步骤

【操作过程】

（1）新建族文件，选择"公制常规模型"，点击"打开"。

（2）在"项目浏览器"中切换视图为"立面｜前"；点击"创建"选项卡中"形状"面板的"旋转"命令，自动切换至"修改｜创建旋转"选项卡。首先绘制底座的半轮廓边界线，利用"绘制"面板中的"直线"和"起点-终点-半径弧"命令，将底座的半轮廓绘制出来，如图 8-62 所示。

（3）点击"绘制"面板中的"轴线"命令，利用"直线"沿着"参照平面：中心（左/右）"绘制1条旋转轴线，再点击"编辑轮廓"选项卡"模式"面板中的"√（完成编辑模式）"；边界线将沿着轴线旋转1周，生成第1部分的模型。

（4）在"项目浏览器"中确认视图为"立面｜前"；点击"创建"选项卡中"形状"面板的"旋转"命令，自动切换至"修改｜创建旋转"选项卡。首先绘制桌面的半轮廓边界线，利用"绘制"面板中的"直线"命令，将桌面的半轮廓绘制出来，如图 8-63 所示。

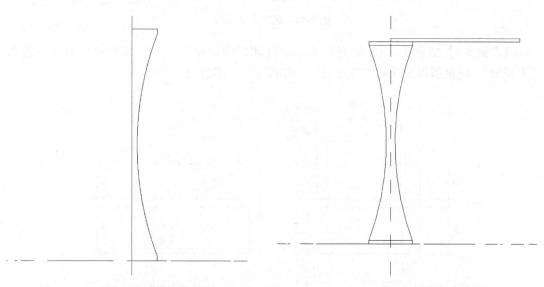

图 8-62 绘制底座的半轮廓边界线　　　　　图 8-63 绘制桌面的半轮廓边界线

（5）点击"绘制"面板中的"轴线"命令，利用"直线"沿着"参照平面：中心

（左/右）"绘制1条旋转轴线，再点击"编辑轮廓"选项卡"模式"面板中的"√（完成编辑模式）"；边界线将沿着轴线旋转1周，从而生成第2部分的模型。

（6）点击选中已创建的第1部分模型，在"属性"栏中点击"材质"后面的"〈按类别〉…"按钮，在"项目浏览器"中添加"不锈钢"材质，点击"应用"，单击"确定"，完成材质的添加。

（7）点击选中已创建的第2部分模型，在"属性"栏中点击"材质"后面的"〈按类别〉…"按钮，在"项目浏览器"中选择"玻璃"材质，单击"确定"，完成材质的应用。

（8）单击标题栏"默认三维视图"按钮，调整显示比例1：1，选择"视觉样式：带边框的真实感"，查看建模情况并检查模型，如图8-64所示。

（9）检查无误之后，点击"保存"，在弹出来的"另存为"对话框中将"文件名"修改为"玻璃圆桌"，并将保存位置修改为"桌面"。

图 8-64　玻璃圆桌模型

【实例 8-8】根据图 8-65 给定尺寸，创建球形喷口模型；并将球形喷口材质设置为"不锈钢"，将模型以文件名"球形喷口"保存（尺寸单位为"mm"）。

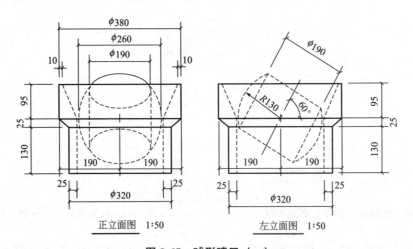

图 8-65　球形喷口（一）

三维图

图 8-65 球形喷口（二）

【任务分析】

由下至上观察，该模型可拆分为 2 个部分。

第 1 部分为球形喷口的底座，底座呈环状，所以可以通过"旋转"命令创建。

第 2 部分为中间的"扳指"，可以通过"旋转"命令先创建 1 个半径为 130 的球体，再利用空心拉伸命令做 1 个空心圆柱再将中心部分镂空。

【操作步骤】

操作步骤见图 8-66。

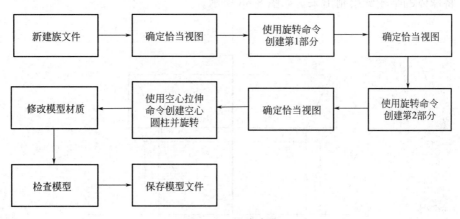

图 8-66 操作步骤

【操作过程】

（1）新建族文件，选择"公制常规模型"，点击"打开"。

（2）在"项目浏览器"中切换视图为"立面｜前"；点击"创建"选项卡中"形状"面板的"旋转"按钮，自动切换至"修改｜创建旋转"选项卡。首先绘制底座的半轮廓边界线，利用"绘制"面板中的"直线"命令，将底座的半轮廓绘制出来，如图 8-67所示。

（3）点击"绘制"面板中的"轴线"命令，利用"直线"沿着"参照平面：中心

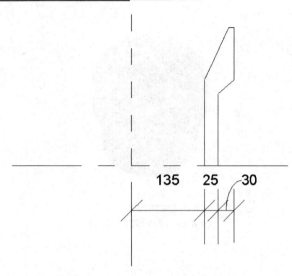

图 8-67 绘制底座的半轮廓边界线

（左/右）"绘制 1 条旋转轴线，再点击"编辑轮廓"选项卡"模式"面板中的"√（完成编辑模式）"；边界线将沿着轴线旋转 1 周，生成第 1 部分的模型。

（4）在"项目浏览器"中确认视图为"立面｜前"；点击"创建"选项卡中"形状"面板的"旋转"命令，自动切换至"修改｜创建旋转"选项卡。首先绘制球体的半轮廓边界线，点击"绘制"面板中的"圆心-端点弧"和"直线"命令，以 O 点为圆心，130 为半径，将球体的半轮廓绘制出来，如图 8-68 所示。

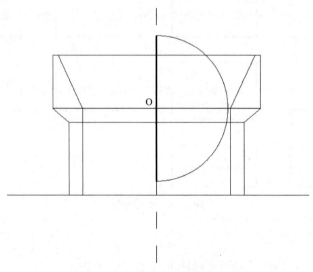

图 8-68 绘制球体的半轮廓边界线

（5）点击"绘制"面板中的"轴线"命令，利用"直线"沿着"参照平面：中心（左/右）"绘制 1 条旋转轴线，再点击"编辑轮廓"选项卡"模式"面板中的"√"，完成编辑；边界线将沿着轴线旋转 1 周，生成第 2 部分的模型。

（6）在"项目浏览器"中切换视图为"楼层平面｜参照标高"；点击"创建"选项卡

中"形状"面板的"空心形状"下拉键，选择"空心拉伸"，Revit 将自动切换至"修改｜创建空心拉伸"选项卡。点击"绘制"面板中的"圆形"命令，以两参照平面的交点为圆心，半径为 95，将空心圆柱的截面绘制出来，如图 8-69 所示。

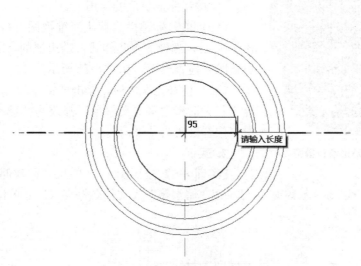

图 8-69　绘制空心圆柱的截面轮廓

（7）在"属性"栏中将"限制条件"下的"拉伸起点"修改为 0，"拉伸终点"修改为 300，再点击"模式"面板中的"√"，完成编辑模式，结束第 3 部分的创建。

（8）在"项目浏览器"中切换视图为"立面｜左"；将鼠标放置在球体与空心圆柱体的相交处，点击选中空心圆柱体，再点击"修改"面板中的"旋转"命令，将其顺时针旋转 30°即可完成创建，如图 8-70 所示。

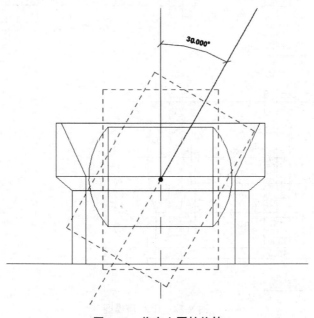

图 8-70　将空心圆柱旋转

图 8-71　球形喷口模型

（9）按住 Ctrl 键点击选中创建完成的第 1、2 部分模型，在"属性"栏中点击"材质"后面的"〈按类别〉…"按钮，在"项目浏览器"中添加"不锈钢"材质，单击"确定"按钮完成材质的应用。

（10）单击标题栏"默认三维视图"按钮，调整显示比例 1：1，选择"视觉样式：带边框的真实感"，查看建模情况并检查模型，如图 8-71 所示。

（11）检查无误之后，点击"保存"，在弹出来的"另存为"对话框中将"文件名"修改为"球形喷口"，并将保存位置修改为"桌面"。

2. 实训

【实训 8-5】 按照图 8-72 的尺寸创建储水箱模型，并将储水箱材质设置为"不锈钢"，结果以"储水箱"为文件名保存（尺寸单位为"mm"）。

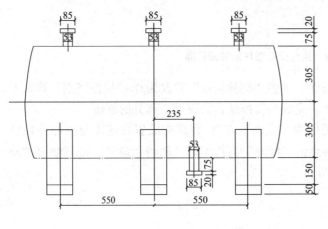

主视图　1:100

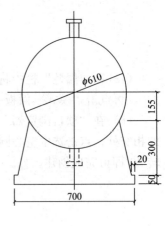

左视图　1:100

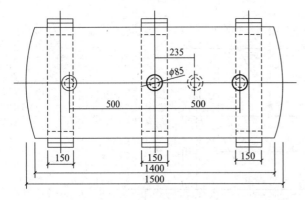

俯视图　1:100

图 8-72　储水箱模型

【**实训 8-6**】根据图 8-73 给定的尺寸，用构建集方式建立陶立克柱的实体模型，并以"陶立克柱"为文件名保存（尺寸单位为"mm"）。

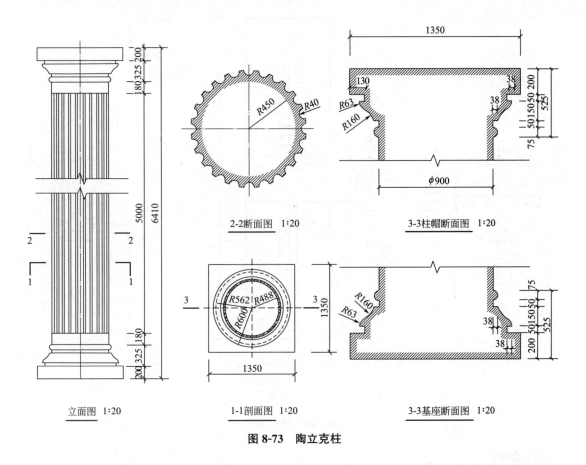

图 8-73　陶立克柱

8.1.5　空心命令

1. 实例

【**实例 8-9**】创建图 8-74 中的榫卯结构，并建在 1 个模型中，将该模型以构建集保存，命名为"榫卯结构"（尺寸单位为"mm"）。

【**任务分析**】

由下至上观察，该模型可拆分为 2 个部分：

第 1 部分为下半部分，结合图纸分析，可以先通过"拉伸"命令创建 1 个半径为 100、高度为 300 的圆柱体，再通过"空心拉伸"命令创建 1 个"十字"空心的柱体。

第 2 部分为上半部分，也可以先通过"拉伸"命令创建 1 个半径为 100、高度为 300 的圆柱体，再通过"空心拉伸"命令创建 4 个截面为"扇形"的空心柱体。

码8-5
空心(榫卯结构模型的创建)

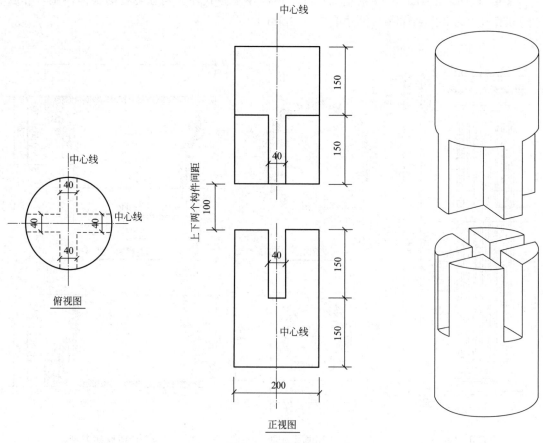

图 8-74　榫卯结构

【操作步骤】

操作步骤见图 8-75。

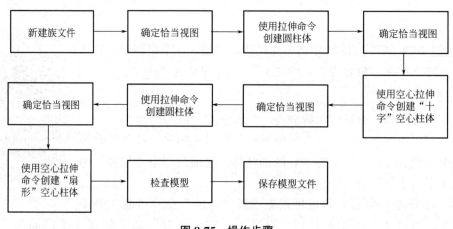

图 8-75　操作步骤

【操作过程】

（1）新建族文件，选择"公制常规模型"，点击"打开"。

（2）在"项目浏览器"中切换视图为"楼层平面｜参照标高"；点击"创建"选项卡中"形状"面板的"拉伸"命令，Revit 将自动切换至"修改｜创建拉伸"选项卡。点击"绘制"面板中的"圆形"命令，以两参照平面的交点为圆心，100 为半径，绘制圆柱截面。

（3）在"属性"栏中将"限制条件"下的"拉伸起点"修改为－50，"拉伸终点"修改为－350，再点击"模式"面板中的"√"，完成编辑模式。

（4）在"项目浏览器"中确认视图为"楼层平面｜参照标高"；点击"创建"选项卡中"基准"面板的"参照平面"命令，再点击"绘制"面板中的"拾取线"命令，将"选项栏"中的"偏移量"修改为 20，再依次点击"参照平面：中心（左/右）""参照平面：中心（前/后）"，绘制如图 8-76 所示的参照平面。

（5）点击"创建"选项卡中"形状"面板的"空心形状"下拉键，选择"空心拉伸"，Revit 将自动切换至"修改｜创建空心拉伸"选项卡。使用"绘制"面板的"直线"和"圆心-端点弧"命令，沿辅助参照线绘制空心形状的边界线，如图 8-77 所示。

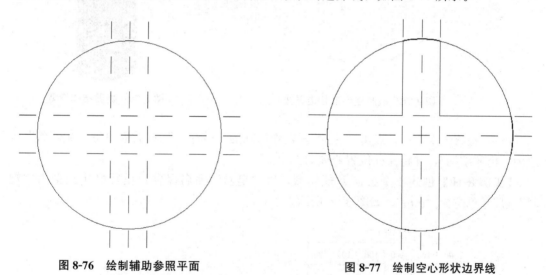

图 8-76　绘制辅助参照平面　　　　　　　　图 8-77　绘制空心形状边界线

（6）在"属性"栏中将"限制条件"下的"拉伸起点"修改为－50，"拉伸终点"修改为－200，再点击"模式"面板中的"√（完成编辑模式）"，完成第 1 部分的模型创建。

（7）在"项目浏览器"中确定视图为"楼层平面｜参照标高"；点击"创建"选项卡中"形状"面板的"拉伸"命令，Revit 将自动切换至"修改｜创建拉伸"选项卡。点击"绘制"面板中的"圆形"命令，以两参照平面的交点为圆心，100 为半径，绘制圆柱截面。

（8）在"属性"栏中将"限制条件"下的"拉伸起点"修改为 50，"拉伸终点"修改为 350，再点击"模式"面板中的"√（完成编辑模式）"。

（9）在"项目浏览器"中确认视图为"楼层平面｜参照标高"；点击"创建"选项卡中"形状"面板的"空心形状"下拉键，选择"空心拉伸"，Revit 将自动切换至"修改｜

创建空心拉伸"选项卡。使用"绘制"面板的"直线"和"圆心-端点弧"命令，沿辅助参照线将空心形状的边界线绘制出来，如图8-78所示。

（10）在"属性"栏中将"限制条件"下的"拉伸起点"修改为50，"拉伸终点"修改为200，再点击"模式"面板中的"√"，完成编辑。

（11）单击标题栏"默认三维视图"按钮，调整显示比例1∶1，选择"视觉样式：带边框的真实感"，查看建模情况并检查模型，如图8-79所示。

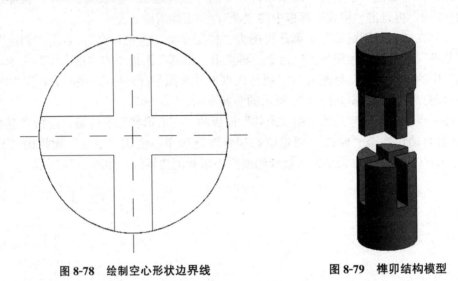

图8-78　绘制空心形状边界线　　　　　图8-79　榫卯结构模型

（12）检查无误之后，点击"保存"，在弹出来的"另存为"对话框中将"文件名"修改为"榫卯结构"，并将保存位置修改为"桌面"。

【实例8-10】创建1个公制常规模型，以"皂盒"命名保存，设置材质类型为"塑料"，尺寸单位为"mm"，如图8-80所示。

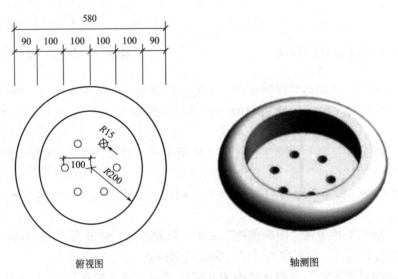

俯视图　　　　　　　　　　　　轴测图

图8-80　皂盒模型（一）

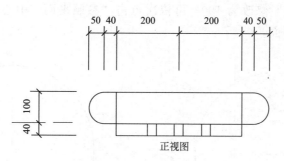

图 8-80　皂盒模型（二）

【任务分析】

由下至上观察，该模型可拆分为 2 部分：

第 1 部分为皂盒的底座，底座为圆柱体，圆柱体截面为 1 个半径 200 的圆，高度是 40，其中底座中间还有 6 个半径为 15 的圆形孔洞；可以先通过"拉伸"命令创建圆柱体，再通过"空心拉伸"创建孔洞。

第 2 部分为皂盒边缘，呈环状放置在底座上方，结合图纸分析，可以通过"旋转"命令将模型创建出来。

【操作步骤】

操作步骤见图 8-81。

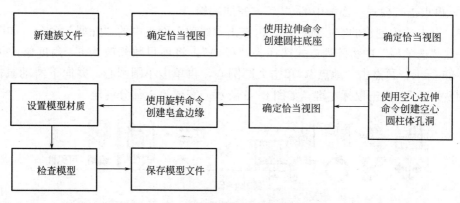

图 8-81　操作步骤

【操作过程】

（1）新建族文件，选择"公制常规模型"，点击"打开"。

（2）在"项目浏览器"中切换视图为"楼层平面｜参照标高"；点击"创建"选项卡中"形状"面板的"拉伸"命令，Revit 将自动切换至"修改｜创建拉伸"选项卡。点击"绘制"面板中的"圆形"命令，以两参照平面的交点为圆心，200 为半径，绘制圆柱截面。

（3）在"属性"栏中将"限制条件"下的"拉伸起点"修改为 0，"拉伸终点"修改为 40，再点击"模式"面板中的"√"，完成编辑。

（4）在"项目浏览器"中确认视图为"楼层平面｜参照标高"；点击"创建"选项卡中"基准"面板的"参照平面"命令，再点击"绘制"面板中的"拾取线"命令，将"选项栏"中的"偏移量"修改为 100，再依次点击"参照平面：中心（左/右）"，绘制如图 8-82 所示的参照平面。

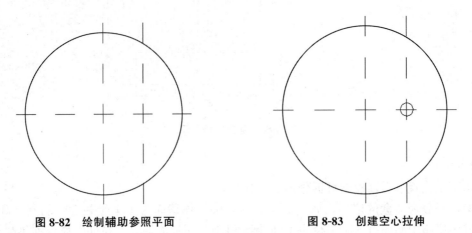

图 8-82　绘制辅助参照平面　　　　　　图 8-83　创建空心拉伸

（5）在"项目浏览器"中确认视图为"楼层平面｜参照标高"；点击"创建"选项卡中"形状"面板的"空心形状"下拉键，选择"空心拉伸"，Revit 将自动切换至"修改｜创建空心拉伸"选项卡。点击"绘制"面板的"圆形"命令，以"辅助参照平面"与"参照平面：中心（前/后）"的交点为圆心，绘制半径 15 的圆形，如图 8-83 所示。

（6）在"属性"栏中将"限制条件"下的"拉伸起点"修改为 50，"拉伸终点"修改为 200，再点击"模式"面板中的"√"，完成编辑。

（7）点击选中创建的空心圆柱体，再点击"修改"面板中的"阵列"命令，如图 8-84 所示，在"选项栏"中将阵列方式选择为"径向"，将项目数修改为 6，角度修改为 30°，如图 8-85 所示，再点击"地点"，单击大圆圆心，再单击小圆圆心，并向下滑动鼠标，将角度调整为 60°时点击鼠标左键，如图 8-86 所示。完成第 1 部分创建。

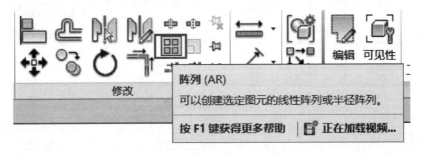

图 8-84　点击"阵列"命令

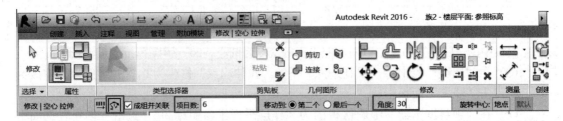

图 8-85　在选项栏中修改阵列方式、项目数量、角度

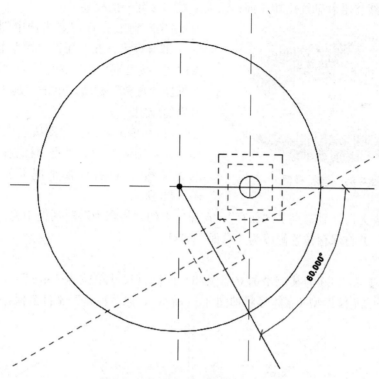

图 8-86　滑动鼠标将角度调整为 60°

（8）在"项目浏览器"中切换视图为"立面｜前"；点击"创建"选项卡中"形状"面板的"旋转"命令，Revit 将自动切换至"修改｜创建旋转"选项卡。点击"绘制"面板中的"直线"和"起点-终点-半径弧"命令，将皂盒边缘的半轮廓边缘线绘制出来，如图 8-87 所示。

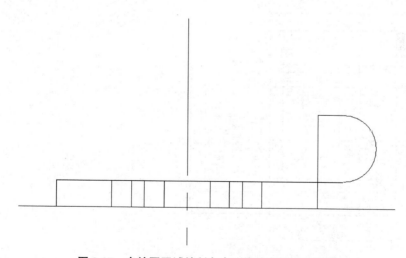

图 8-87　在绘图区域绘制皂盒边缘的半轮廓边缘线

（9）点击"绘制"面板中的"轴线"命令，利用"直线"沿着"参照平面：中心（左/右）"绘制 1 条旋转轴线，再点击"编辑轮廓"选项卡"模式"面板中的"√"，完成编辑；边界线将沿着轴线旋转 1 周，从而生成第 2 部分的模型。

图 8-88　皂盒-模型

（10）利用 Ctrl 键点击选中创建完成的第 1、2 部分模型，在"属性"栏点击"材质"后面的"〈按类别〉…"按钮，在"项目浏览器"中添加"塑料"材质，单击"确定"按钮完成材质的应用。

（11）单击标题栏"默认三维视图"按钮，调整显示比例 1∶1，选择"视觉样式：带边框的真实感"，查看建模情况并检查模型，如图 8-88 所示。

（12）检查无误之后，点击"保存"，在弹出来的"另存为"对话框中将"文件名"修改为"皂盒"，并将保存位置修改为"桌面"即可。

2. 实训

【**实训 8-7**】图 8-89 为某凉亭的立面图和平面图（尺寸单位为"mm"），请按照图示尺寸建立凉亭的实体模型（立体形状如图 8-89 所示），以"凉亭"文件名保存。

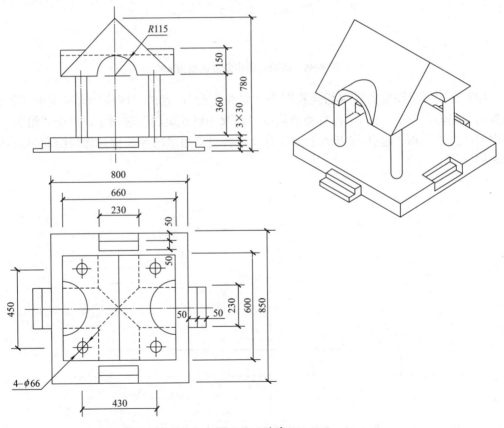

图 8-89　凉亭

【**实训 8-8**】根据图 8-90 给定尺寸，创建门楼模型，门楼基座材质为"石材"，其余材质均为"胡桃木"；门楼铭牌厚度 150mm，尺寸单位为"mm"，水平方向居中放置，垂直方向按图大致位置即可，未标明尺寸与样式不做要求。请将模型以文件名"门楼"保存。

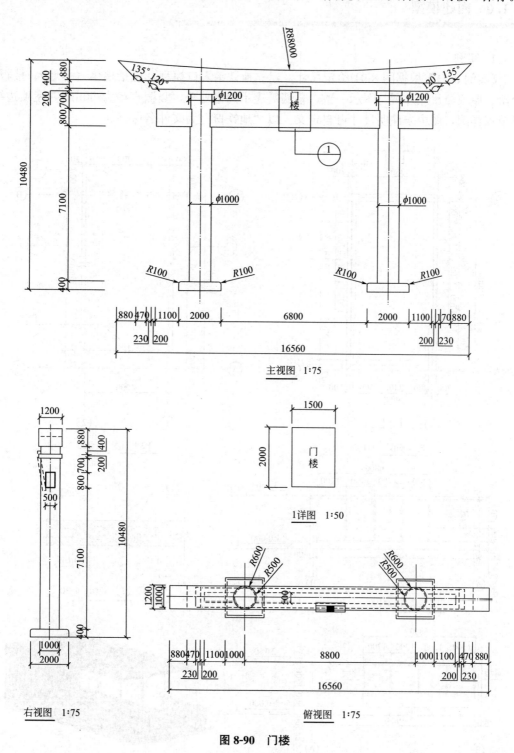

图 8-90 门楼

8.1.6 内建模型

1. 实例

【实例 8-11】根据图 8-91 给定尺寸，建立地铁站入口模型，包括墙体（幕墙）、楼板、台阶、屋顶，尺寸外观与图示一致，幕墙需表示网格划分，竖梃直径为 50mm，屋顶边缘见节点详图，图中未注明尺寸可自定义。以"地铁口"为文件名保存。

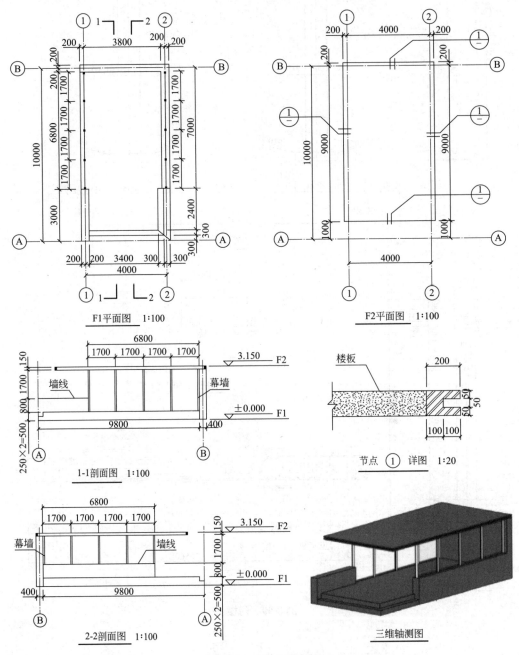

图 8-91　地铁口结构图

【任务分析】

该模型可拆分为 4 个部分：

第 1 部分是三面普通墙，三面墙的形状不一，分别位于①轴、②轴、Ⓑ轴上，其中：①轴、②轴墙体高度均为 500＋800＝1300mm，Ⓑ轴墙体高度为 3000mm（识读 1-1 剖面图得：3.150－0.150＝3.000m），因此，可以新建两种墙，高度分别为 1300mm、3000mm，然后运用墙的"直线"命令按照图纸要求绘制。

第 2 部分是幕墙，分别在①轴、②轴上，其中：①轴幕墙的高度可从 1-1 剖面图中识读为 800＋1700＝2500mm，②轴幕墙的高度可从 2-2 剖面图中识读，为 1700mm；另外，幕墙上包含有幕墙网格及竖梃，竖梃直径为 50mm，网格间距从 1-1、2-2 中识读，均为 1700mm。

第 3 部分是带台阶的楼板，楼板厚度为 500mm，Ⓐ轴和②轴上有台阶，为 2 级，每级高度为 250mm，台阶的踏步宽度为 300mm。创建时，可以先定义并绘制 250mm 厚的楼板，然后复制，并按图纸要求错开，形成台阶，然后将两块楼板合并，则可完成带台阶楼板的创建。

第 4 部分是屋顶，屋顶厚度为 150mm。根据节点①详图，屋顶边缘还有 1 圈 200mm 宽的屋线凹槽，绘制时，可以先创建 150mm 厚的屋顶板。然后用内建模型，放样绘制屋线凹槽。

【操作步骤】

操作步骤见图 8-92。

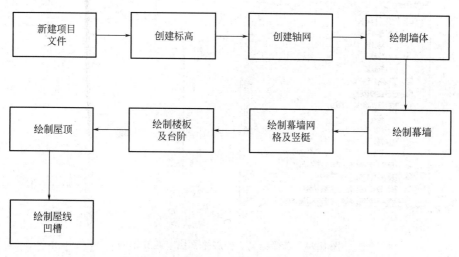

图 8-92 操作步骤

【操作过程】

（1）新建项目文件建筑样板，点击"打开"。

（2）创建标高

点击"项目浏览器"，选择"立面（建筑立面）｜南"；在绘图区将标高 2 的标高修改为 3.150m，如图 8-93 所示。

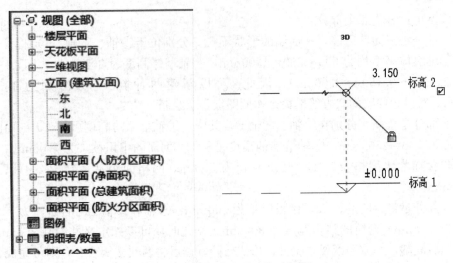

图 8-93　选择南立面，修改标高

（3）创建轴网

切换视图，选择"楼层平面｜标高 1"；在绘图区绘制长 4000mm、宽 10000mm 的参照平面，如图 8-94 所示。

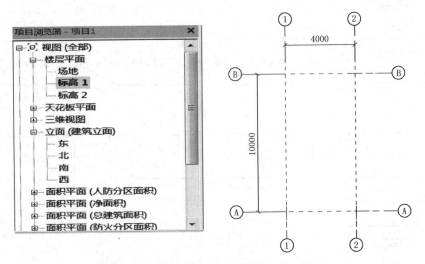

图 8-94　选择标高 1 楼层平面图，建立轴网

（4）绘制墙体

编辑墙类型，绘制墙体：点击选项板→墙→属性→编辑类型，复制 1 面新的墙，名称为"400"→编辑→改厚度为 400mm→确定。修改属性→顶部约束→直到标高：标高 2。接着绘制四周的墙体，如图 8-95 所示。

墙体绘制完成后，调整①、②轴墙体高度。在三维视图中选择墙→将墙顶部向下调整至 1.300m，如图 8-96 所示。

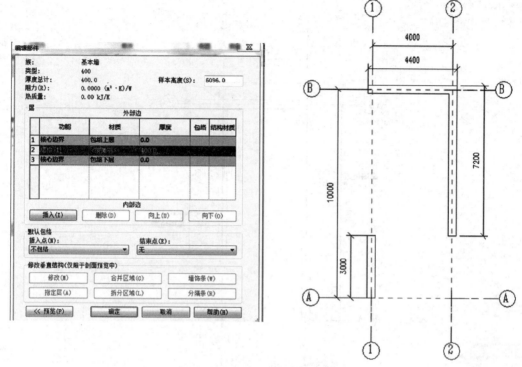

图 8-95 编辑墙类型，绘制墙体

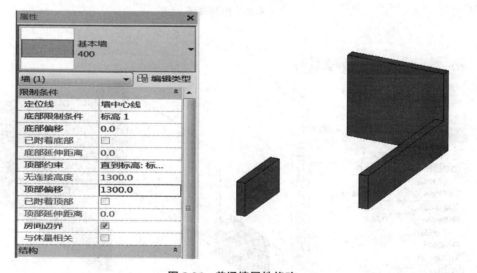

图 8-96 普通墙属性修改

（5）绘制幕墙

切换视图→楼层平面图→标高 1→墙→属性类型→幕墙→按照图纸要求绘制幕墙，如图 8-97 所示。

（6）调整②轴幕墙高度

切换视图到三维视图→选择幕墙→修改幕墙属性→底部偏移 1300mm→回车确定，如图 8-98 所示。

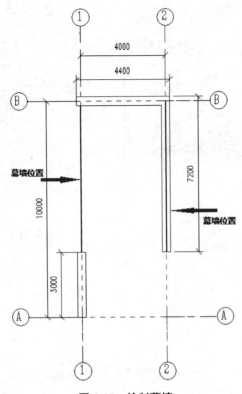

图 8-97　绘制幕墙

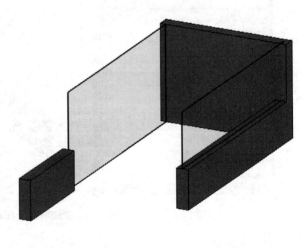

图 8-98　幕墙高度调整

（7）绘制幕墙网格和竖梃

点击选项板→幕墙网格→在幕墙中放置网格，网格距离为 1700mm，点击选项板→竖梃→更改属性→圆形竖梃→25mm 半径→选项板→网格线→单击每根幕墙网格线，如图 8-99 所示。

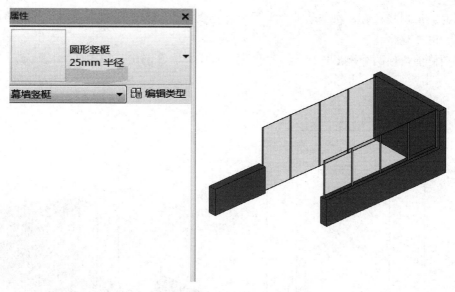

图 8-99 绘制幕墙网格、竖梃

（8）绘制楼板及台阶

点击选项板→楼板→楼板建筑→属性→编辑类型→复制更改名称为"250"→编辑厚度为 250mm→确定。

切换视图到楼层平面图→标高 1→利用矩形工具绘制 2 个矩形，如图 8-100 所示。

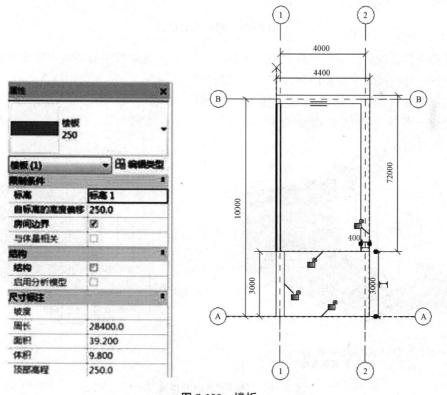

图 8-100 楼板

注意：绘制楼板时，在幕墙处，与幕墙外边线平齐；在普通墙体处，与普通墙体内边线平齐，避开墙体。

然后修剪，使两个矩形连接为一个图形，点击"√"确定，如图 8-101 所示。

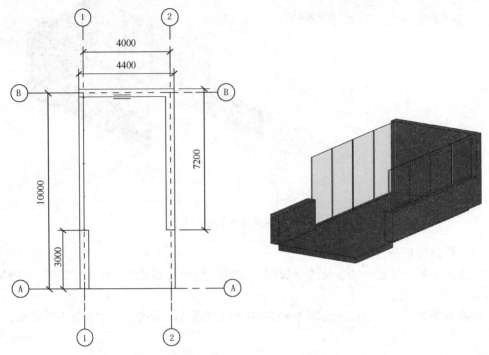

图 8-101　修剪好的楼板

选择楼板修改属性→自标高的高度偏移→250mm，使楼板底面与墙体底部重合。切换到前视图，选择楼板→复制→生成第 2 级的楼板。

双击第 2 级楼板，使Ⓐ轴和②轴都向里偏移 300mm，点击"√"确定，选择菜单栏→修改→连接→连接 2 级楼板合为一体，将①轴幕墙向上拉伸与楼梯板齐平，如图 8-102 所示。

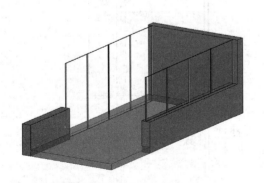

(a) 修改楼板属性，高度偏移250mm，
使楼板底面与墙体底部重合

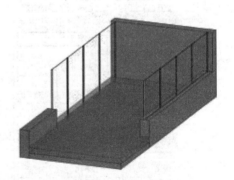

(b) 选择第2级楼板执行偏移命令，
使Ⓐ轴和②轴都向里偏移300mm

图 8-102　创建带台阶的楼板（一）

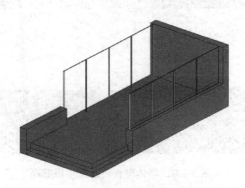

(c) 连接2级楼板合为一体

图 8-102 创建带台阶的楼板（二）

（9）绘制屋顶

参考 F2 平面图，切换视图→选择标高 2→点击选项板→楼板→楼板建筑→属性→编辑类型→复制楼板并更改名称为"150"→编辑厚度为 150mm→确定。利用矩形工具沿着轴线绘制屋顶楼板→点击"√"确定，如图 8-103 所示。

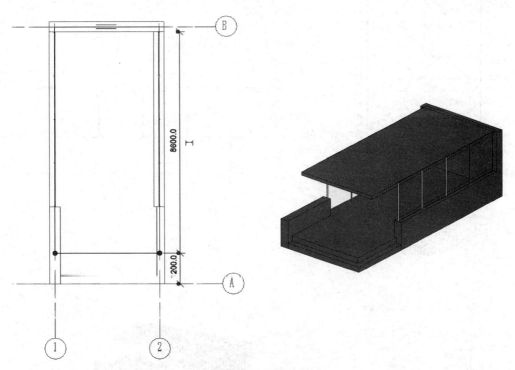

图 8-103 绘制屋顶楼板

框选屋顶楼板和四周墙体→过滤器→放弃全部→选择墙→确定→点击按钮▤附着到顶部/底部→选择屋顶楼板→分离目标。即可使墙体的顶部向下，附着到屋顶楼板的底部，如图 8-104 所示。

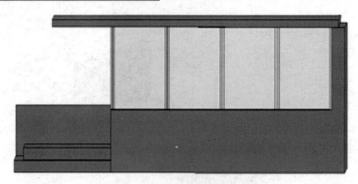

图 8-104　墙体附着到屋顶楼板底部

（10）绘制屋线凹槽

选项板→构件→内建模型→在过滤器列表选择"建筑"→楼板→确定。切换视图→标高2→放样→绘制路径→矩形→绘制与顶部楼板一样的图形→选择"√"确定，双击矩形路径上绿色的轮廓线→选择东立面视图并打开视图→绘制楼板屋线凹槽的轮廓，如图 8-105 所示。

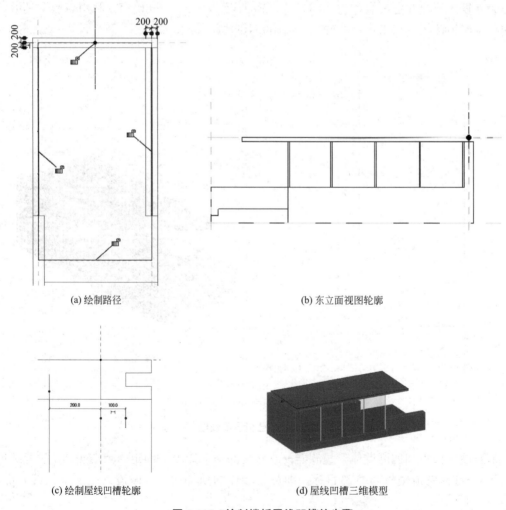

(a) 绘制路径　　　　　　　　　　(b) 东立面视图轮廓

(c) 绘制屋线凹槽轮廓　　　　　　(d) 屋线凹槽三维模型

图 8-105　绘制楼板屋线凹槽的步骤

切换三维视图→确定→完成模型→选项板→连接→选择屋顶楼板与屋线凹槽，将 2 个形体融合一体，如图 8-106 所示。

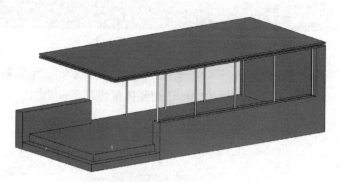

图 8-106 屋顶楼板与屋线凹槽连接，融为一体

（11）检查无误之后，点击保存→另存为→文件名"地铁口"→将保存位置修改为"桌面"。

2. 实训

【实训 8-9】按图 8-107 建立钢结构雨篷模型（包括标高、轴网、楼板、台阶、钢柱、钢梁、幕墙及玻璃顶棚），尺寸、外观与图示一致（尺寸单位为"mm"），幕墙和玻璃雨篷按节点详图划分网格，钢结构除图中标注外均为 GL2 矩形钢，图中未注明尺寸可自定义。将建好的模型以"钢结构雨篷"文件名保存。

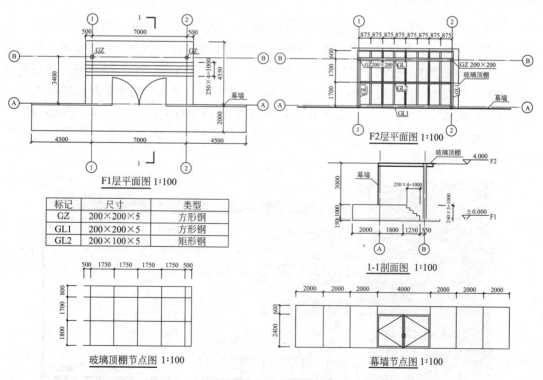

标记	尺寸	类型
GZ	200×200×5	方形钢
GL1	200×200×5	方形钢
GL2	200×100×5	矩形钢

图 8-107 钢结构雨篷平面图、剖面图、节点图

任务 8.2 体量专项

本任务进行概念体量和内建体量专项训练，它们的概念不同，编辑界面不同，应注意分析，用合适的方法建模，通过实例和实训，加强体量建模的能力。

【思维导图】

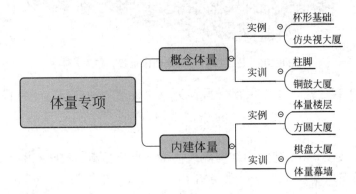

8.2.1 概念体量

在编辑体量的环境中，通过绘制闭合轮廓或线，加以拉伸、旋转、放样、融合等，生成实心形状或者空心形状。调整参数，可以获得所需要的尺寸。软件并没有设置专门的拉伸等命令，能根据绘制并选中的闭合轮廓或线自动生成实心形状或者空心形状，使用者再自行调整，获得所需的三维模型。其具有很强的可编辑性，可获得更复杂精细的形体。

单击"文件"→"族"→"新建概念体量"，在弹出的对话框中，选择"Chinese"文件夹→"概念体量"文件夹→"公制体量.rft"的族样板，就进入了编辑界面，如图8-108、图8-109所示。

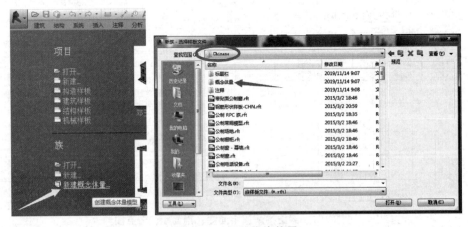

图 8-108　新建概念体量

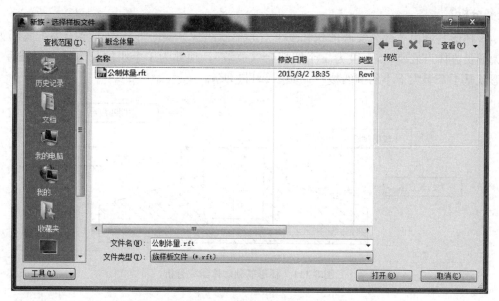

图 8-109 打开公制体量的族样板

1. 实例

【实例 8-12】某杯形基础的俯视图和剖面图如图 8-110 所示，请依据图纸尺寸，创建其概念体量，并以"杯形基础"为文件名进行保存（尺寸单位为"mm"）。

要求：基础底标高为：-2.1m，模型材质为混凝土。

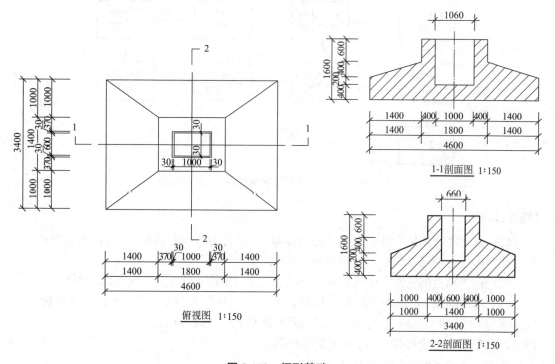

图 8-110 杯形基础

【任务分析】

该杯形基础由 3 部分实心形状和 1 个空心形状组成。实心形状由下至上为：底部为 1 个大的长方体（底座），中段为 1 个四棱台（放坡），顶部为 1 个小的长方体（短柱）。空心形状是 1 个上大下小的倒四棱台，如图 8-111 所示。

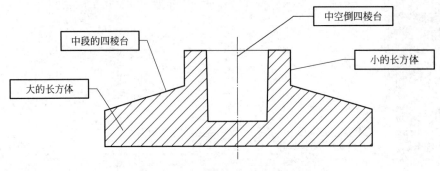

图 8-111　杯形基础形体组成分析

【操作步骤】

依据剖面图的高度标注，分别创建标高平面；绘制底部大的长方体底面闭合轮廓，生成实心形状；绘制中段四棱台的顶部闭合轮廓，与长方体顶部轮廓融合，生成实心形状；绘制顶部小的长方体底面闭合轮廓，生成实心形状；绘制中空倒四棱台的底部和顶部闭合轮廓，生成空心形状。操作步骤如图 8-112 所示。

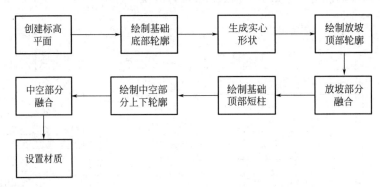

图 8-112　操作步骤

【操作过程】

（1）新建概念体量文件，选择"公制体量"，命名为"杯形基础"，另存为族到指定位置。在操作过程中经常保存，避免意外（如死机、断电等）。

（2）在"项目浏览器"中确定视图为"南立面视图"（只要是立面视图均可）。

（3）选中标高 1，单击"复制"按钮，勾选"约束"和"多个"，再点击一下标高 1，然后鼠标向下移动，输入数字（从上至下分别输入标高间距：500、600、400、200、400），回车确认生成标高 2～标高 6 的标高线。

思考：为什么依次输入这些数字？

提示：根据题意，基础底标高—2.1m。

创建标高的方法详见任务 3.2，下文不再重复。

（4）单击"视图"选项卡，再单击"楼层平面"按钮，在各标高生成对应的楼层平面，如图 8-113 所示。

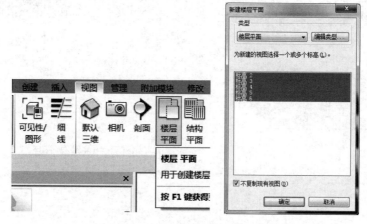

图 8-113　生成楼层平面

（5）在"项目浏览器"中"楼层平面"→"标高 1"视图的"绘图"选项卡里单击"模型"按钮，选择"矩形"命令，在标高 1 平面绘制杯形基础底部的矩形，如图 8-114 所示。

思考：将矩形中心对齐坐标原点，有哪些方法？

提示：主要有移动法、中心引线法、修剪法、辅助线法等。

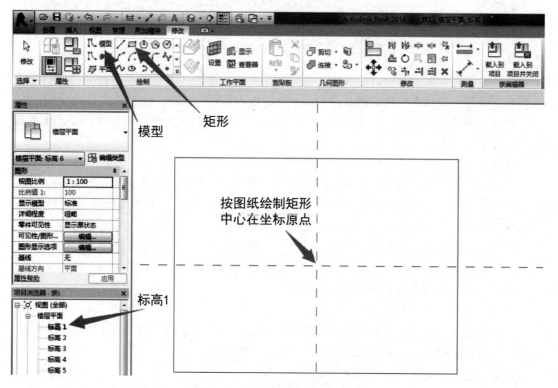

图 8-114　绘制杯形基础底部轮廓

（6）选中绘制好的矩形轮廓，在"主体"选择"标高：标高6"，如图8-115所示。原来标高1处的矩形轮廓，就处于标高6所在平面。

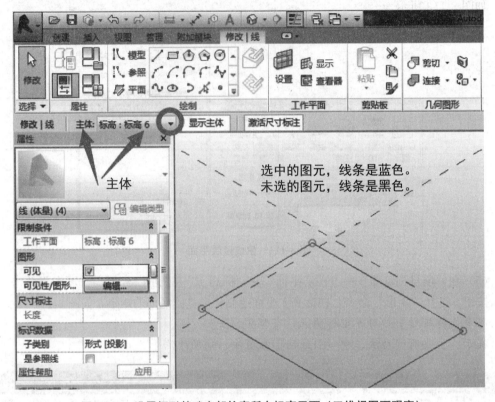

图8-115　设置杯形基础底部轮廓所在标高平面（三维视图下观察）

（7）在"三维视图"中，选择已经绘制好的矩形，单击"创建形状"按钮，选择"实心形状"即可生成形体。再调整其高度为600，如图8-116所示。

技巧：调整高度的另一种方法是，选中顶面，出现红蓝绿三色箭头，在一个立面视图里，拖动蓝色箭头，将顶面拉到标高4。

思考：为什么是标高4？

如何选中这个长方块的顶部呢？将鼠标靠近顶部的一条边，会见到这条边变蓝，按几下键盘Tab键（左侧中上位置），直到顶部轮廓边线都变蓝色，点击鼠标左键即可选中，并出现红蓝绿三色箭头。也可用鼠标左键点击合适位置，一次就选中了顶面。

（8）按照过程5，创建杯形基础中段四棱台的顶部矩形，使它处于标高3，如图8-117所示。

注意：依然要保持矩形中心在坐标原点。

思考：为什么置于标高3？

（9）同时选中底座顶面轮廓和四棱台顶部轮廓，单击"创建形状"按钮，选择"实心形状"，即可生成杯形基础中段的四棱台，如图8-118所示。

问题：怎样同时选中两个轮廓呢？

提示：先选中底座顶面轮廓，再按住键盘Ctrl键，鼠标左键单击四棱台顶部轮廓。

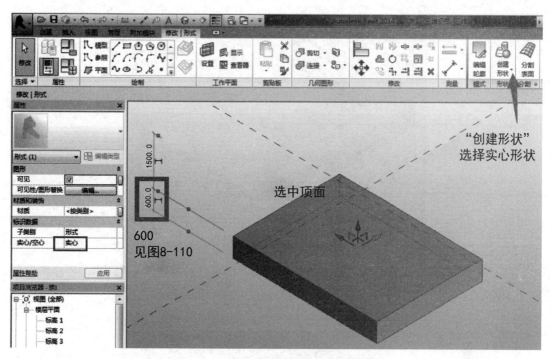

图 8-116　生成并调整杯形基础底部长方块

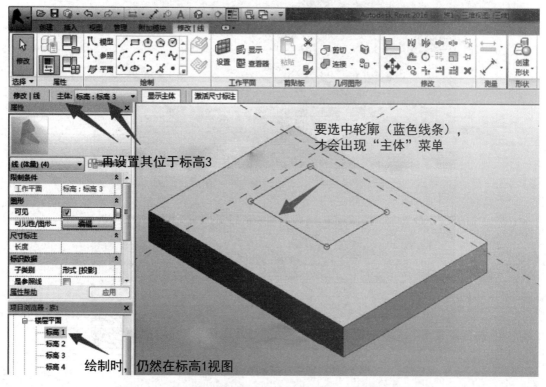

图 8-117　绘制并设置中段四棱台顶部轮廓（三维视图下观察）

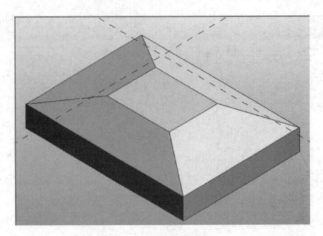

图 8-118 创建中段四棱台

（10）选中四棱台顶部轮廓，单击"创建形状"按钮，选择"实心形状"，创建杯形基础上方的小长方体，如图 8-119 所示。调整好高度，实心部分创建完成。

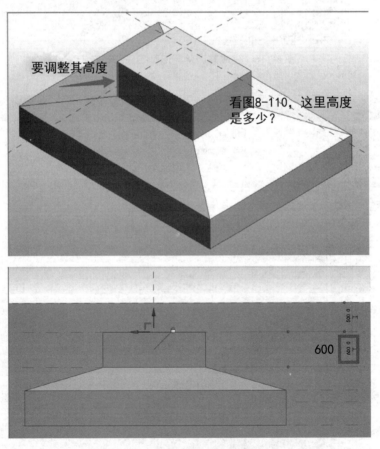

图 8-119 创建杯形基础上部小长方体

（11）按照步骤（5），分别绘制中空倒四棱台的顶部和底部轮廓，如图 8-120 所示。

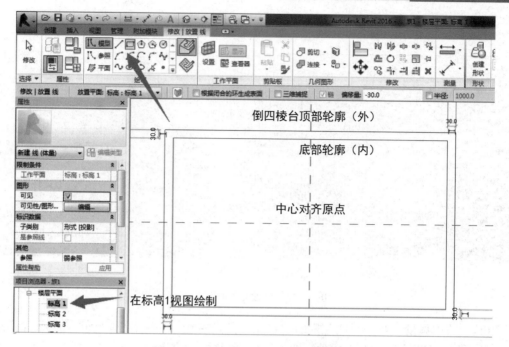

图 8-120　绘制倒四棱台顶部和底部轮廓

（12）分别将顶部轮廓置于标高 2，底部轮廓置于标高 5，再同时选中，单击"创建形状"按钮，选择"空心形状"，如图 8-121 所示。

提示：有时轮廓处在实心形状之中，看不见，可以在"线框"模式查看，再同时选中。

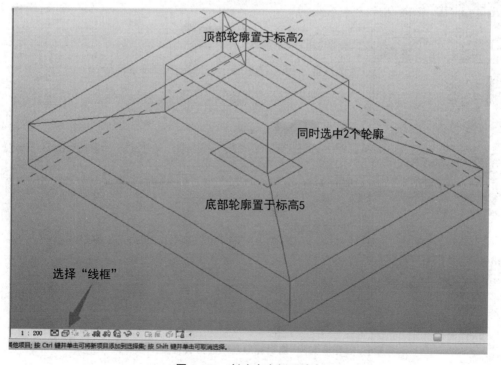

图 8-121　创建中空倒四棱台

（13）创建完成后的杯形基础，如图 8-122 所示。

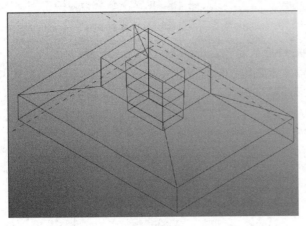

（a）线框模式　　　　　　　　　　　　　（b）真实模式

图 8-122　创建好的杯形基础

（14）选中体量，在"属性"栏的"材质"点击右侧"…"，在弹出的"材质浏览器"里选择"混凝土"类别的其中一种，即可设置模型材质为混凝土，如图 8-123 所示。

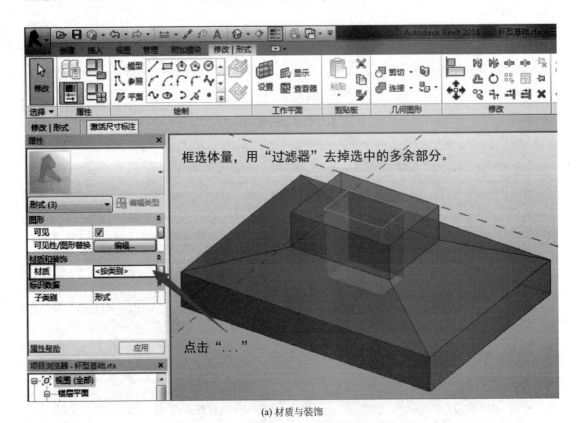

（a）材质与装饰

图 8-123　编辑杯形基础的材质（一）

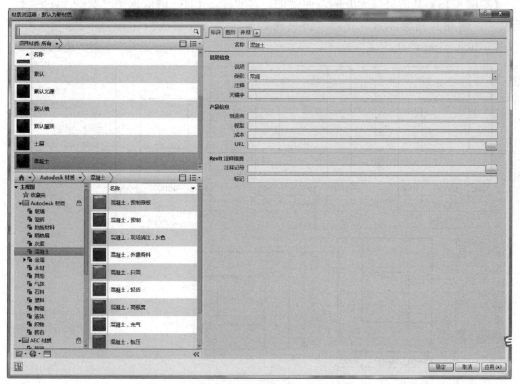

(b) 材质浏览器(选择混凝土)

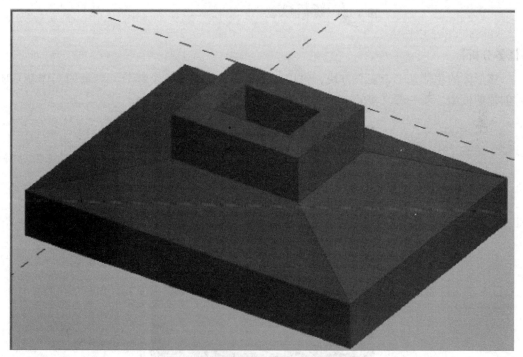

(c) 材质为混凝土的杯形基础(表现出灰黑色)

图 8-123 编辑杯形基础的材质（二）

【实例 8-13】某仿央视大厦的多面视图，详见图 8-124，请依据图纸尺寸，创建其概念体量，并以"仿央视大厦"为文件名进行保存（尺寸单位为"mm"）。

码8-6
仿央视大厦

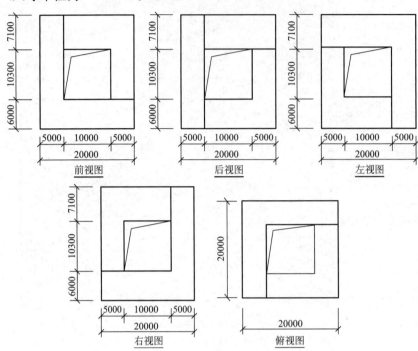

图 8-124 仿央视大厦

【任务分析】

该形体的主体是 1 个实心方块，再用 2 个空心方块切掉 2 个部分，剩余的实体就是所需创建的模型。看一看真实的央视大厦就明白了，如图 8-125 所示。

图 8-125 央视大厦

【操作步骤】

依据高度标注，分别创建标高平面；绘制长方体底部轮廓，生成实心形状；绘制第 1 个空心方块的底部轮廓，生成空心形状；调整空心形状的底部和顶部位置。同上，绘制第 2 个空心方块的底部轮廓，生成空心形状，调整位置，最终完成形体创建。操作步骤如图 8-126 所示。

创建 2 个空心方块的操作可以灵活处理。比如，创建第 1 个后，可以复制，并移动到正确位置。

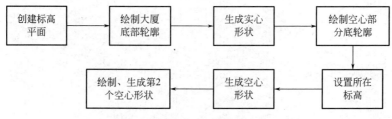

图 8-126　操作步骤

【操作过程】

（1）新建概念体量文件，选择"公制体量"，命名为"仿央视大厦"，另存到指定位置。

（2）在"项目浏览器"中确定视图为"南立面视图"。

（3）选中标高 1，单击"复制"按钮，勾选"约束"和"多个"，再点击标高 1，然后鼠标向上移动，输入数字（从上至下分别输入标高间距：6000、10300、7100）。

（4）单击"视图"选项卡，再单击"楼层平面"按钮，在各标高生成对应的楼层平面。

（5）在"项目浏览器"中确定视图为"标高 1 平面视图"，单击"模型"按钮，选择"矩形"命令，在标高 1 平面绘制大厦底部矩形轮廓。

（6）选择已经绘制好的矩形，单击"创建形状"按钮，选择"实心形状"，调整高度，即可生成大厦主体，如图 8-127 所示（说明：这几个步骤与【实例 8-12】的步骤是相似的，故此不再详述）。

（7）在"项目浏览器"中确定视图为"标高 1 平面视图"，单击"模型"按钮，选择"矩形"命令，在标高 1 平面绘制矩形（其右下角端点与大厦主体矩形轮廓的右下角对齐），如图 8-128 所示。

在三维视图下观察，发现这个轮廓实际处于标高 4，即大厦主体顶部的位置，如图 8-129 所示，将其设置到标高 2。

（8）在"三维视图"的"线框"视图中，选择这个矩形轮廓，单击"创建形状"按钮，选择"空心形状"，生成后，再调整其顶部位于标高 4，如图 8-130 所示。

（9）创建第 2 个空心形状的方法与步骤（8）相似。不同点有：一是其左上角端点与大厦主体矩形轮廓的左上角对齐，二是其底面处于标高 1，顶面处于标高 3，如图 8-131 所示。

（10）设置模型材质为混凝土。方法同【实例 8-12】，此处不重复。

补充：有时会出现空心形状无法剪切实心形状的情况。可先用"剪切"命令，再先后选择被剪切的实心形状、空心形状，即可实现剪切。

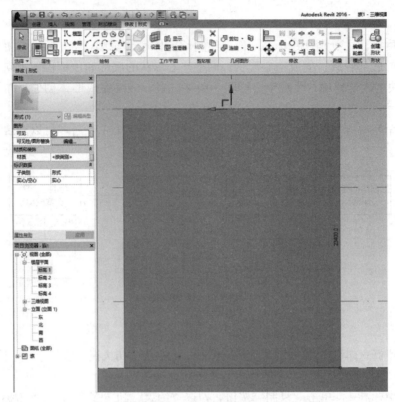

图 8-127　创建大厦主体形状

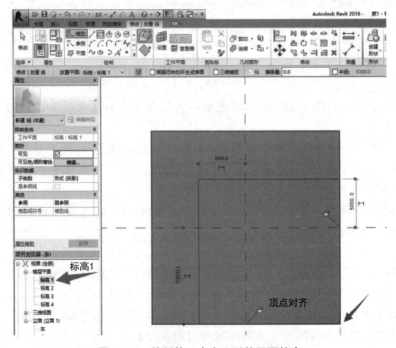

图 8-128　绘制第 1 个空心形状平面轮廓

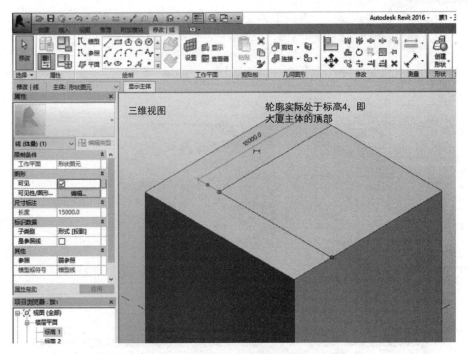

图 8-129　第 1 个空心形状平面轮廓的位置

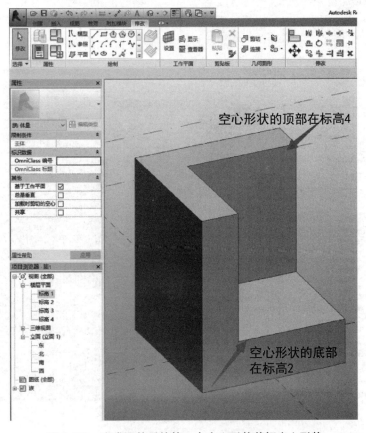

图 8-130　完成调整后的第 1 个空心形状剪切实心形状

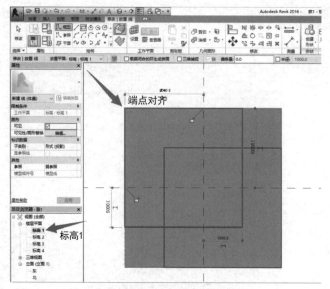

(a) 绘制第2个空心形状平面轮廓

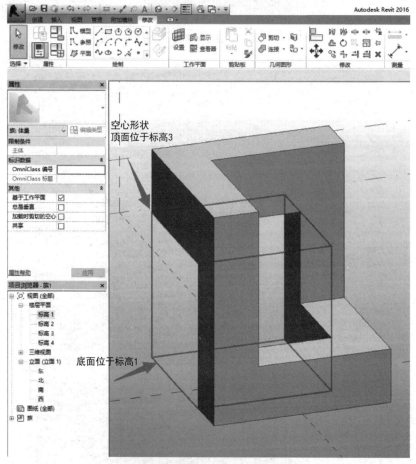

(b) 完成调整后的第2个空心形状剪切实心形状

图 8-131　创建第 2 个空心形状

2. 实训

【**实训 8-10**】某柱脚的三视图见图 8-132，请依据图纸尺寸，创建其概念体量，并以"柱脚"为文件名进行保存（尺寸单位为"mm"）。

要求：柱脚底标高±0.000m，模型材质为混凝土。

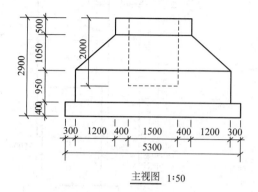

主视图　1:50

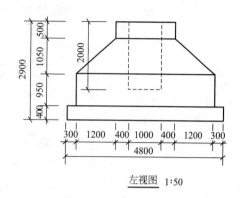

左视图　1:50

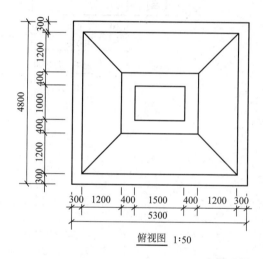

俯视图　1:50

图 8-132　柱脚三视图

码8-7
铜鼓大厦

【**实训 8-11**】某体量的三视图见图 8-133，请依据图纸尺寸，创建其概念体量，并以"铜鼓大厦"为文件名进行保存（尺寸单位为"mm"）。

要求：大厦底标高±0.000m。

8.2.2　内建体量

内建体量与概念体量创建模型有相同点也有不同点。相同点是：都利用实心和空心实体组成形体。不同点是：概念体量形体组成后即完成创建，无需做表面处理，内部也不用添加构件，最多再设置模型整体材质即可；内建体量就要编辑体量表面（如侧面做成幕墙、顶部做成屋面），内部还可能添加楼板等建筑构件。换一种说法，内建体量就是将体量转换为建筑构件，如墙、幕墙、楼板、屋顶等，从而形成建筑。

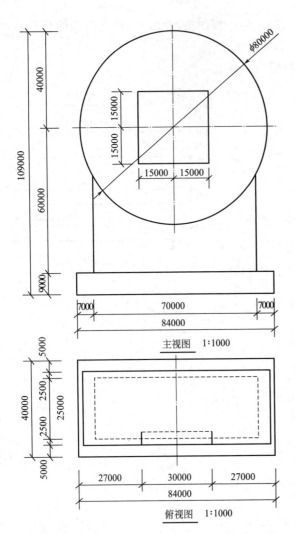

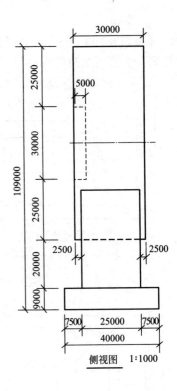

图 8-133　铜鼓大厦三视图

1. 实例

【实例 8-14】 某体量楼层如图 8-134 所示，请依据图纸尺寸，创建其三维模型，并以"体量楼层"为文件名保存（尺寸单位为"mm"）。创建模型，在体量上生成面墙、幕墙系统、屋顶和楼板。

码8-8
体量楼层

要求：

（1）面墙为厚度 200mm 的"常规-200mm 面墙"，定位线"核心层中心线"；

（2）幕墙系统为网格布局 600mm×1000mm（即横向网格间距 600mm、竖向网格间距 1000mm），网格上均设置竖梃，竖梃均为圆形竖梃 50mm 半径；

（3）屋顶为厚度 400mm 的"常规-400mm"屋顶；

（4）楼板为厚度 150mm 的"常规-150mm"楼板。

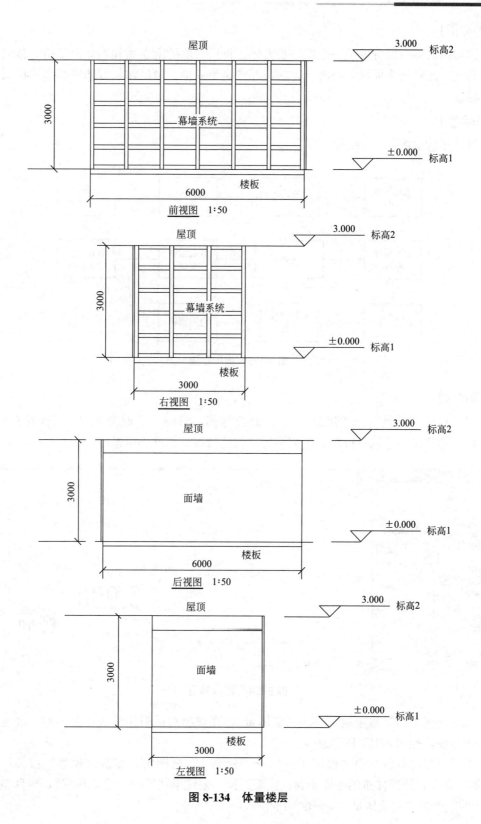

图 8-134　体量楼层

【任务分析】

该实例的体量部分就是一个实心长方体。将长方块的南立面和东立面转换为幕墙，西立面和北立面转换为面墙。再将长方块顶部转换为屋顶。最后在长方体底部添加楼层并转换为楼板。

【操作步骤】

操作步骤如图 8-135 所示。

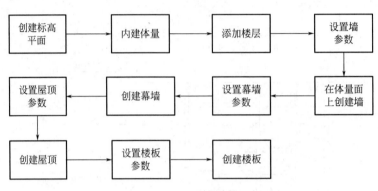

图 8-135　操作步骤

【操作过程】

（1）新建"项目"→"建筑样板"，修改标高，将标高 2 改为 3.000，如图 8-136 所示。修改标高是为了以后按标高生成楼层，创建楼板，因此不可忽略。

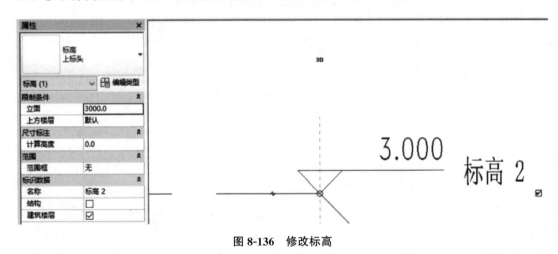

图 8-136　修改标高

（2）选择"体量与场地"→"内建体量"，在弹出对话框中输入体量名称，确定后进入编辑界面，如图 8-137 所示。

在"项目浏览器"中"楼层平面"→"标高 1"视图中，点击"模型"按钮，选择"矩形"命令，绘制体量的底面轮廓，接着选择"创建形状"→"实心形状"，再调整高度为 3000，点击"完成体量"，如图 8-138 所示。

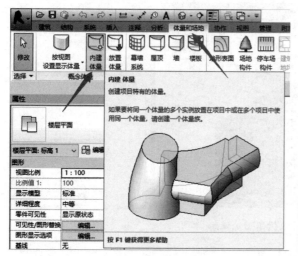

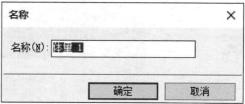

图 8-137　进入内建体量编辑界面

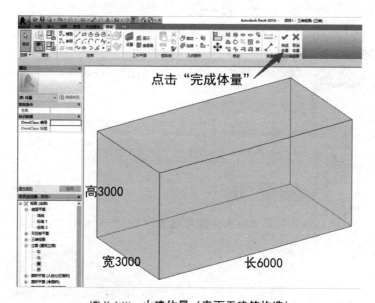

图 8-138　内建体量（表面无建筑构造）

（3）选中体量，点击"模型"→"添加楼层"，在弹出的对话框中，勾选"标高 1"，点击确定，如图 8-139 所示。

说明：体量的侧面、顶面，都可以直接添加上墙、幕墙、屋面等，但是底部（包括中部的楼层）不能直接添加楼板，需点击"添加楼层"命令选择标高后方可添加楼板。所以过程 1 要先创建标高。

在遇到多楼层的体量时，在对话框中勾选所有需要创建楼层的标高。

（4）在"体量和场地"选项卡中选择"面模型"工具中的"墙"，选择"常规-200mm"面墙，定位线选择"核心层中心线"，如图 8-140 所示。

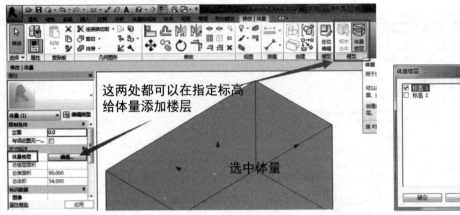

图 8-139　给体量添加楼层

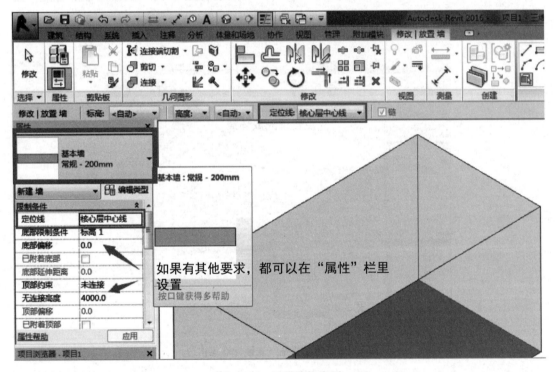

图 8-140　编辑墙体类型

（5）选择"多重选择"→"选择多个"，同时选中需要添加墙的体量侧面（北立面和西立面），单击"创建系统"生成墙体，如图 8-141 所示。

（6）与添加墙相似，添加幕墙、屋顶、楼板。

创建时也分为两步：第一步编辑（墙、幕墙、屋顶、楼板）类型，第二步选择体量面并创建系统，就生成所需构件了。

再以添加"幕墙系统"为例介绍操作过程，关键步骤如图 8-142 所示。

添加屋顶、楼板的过程略，请读者们自行完成。屋顶、楼板完成图如图 8-143 所示。

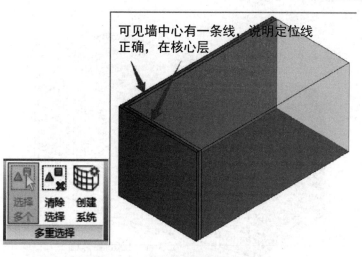

图 8-141　选择体量面并创建面墙

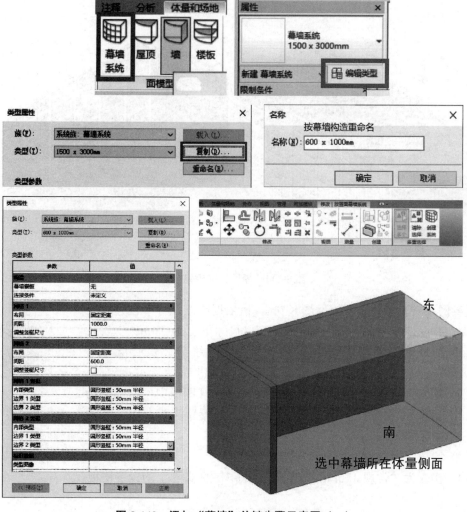

图 8-142　添加"幕墙"关键步骤示意图（一）

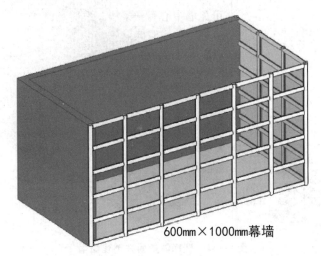

600mm×1000mm幕墙

图 8-142　添加"幕墙"关键步骤示意图（二）

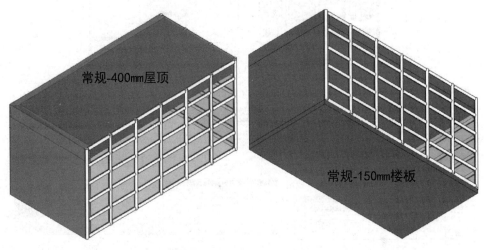

常规-400mm屋顶

常规-150mm楼板

图 8-143　屋顶、楼板完成图

【实例 8-15】某体量楼层见图 8-144，请依据图纸尺寸，创建其三维模型，并以"方圆大厦"为文件名保存（尺寸单位为"mm"）。

（1）面墙为"常规-200mm"基本墙，定位线为"核心层中心线"；

（2）幕墙系统为网格布局 600mm×1000mm（即横向网格间距为 600mm，竖向网格间距为 1000mm），网格上均设置竖梃，竖梃均为圆形竖梃半径 50mm；

（3）屋顶为"常规-400mm"屋顶；

（4）楼板为"常规-150mm"楼板，标高 1～标高 6 上均设置楼板。

码8-9
方圆大厦

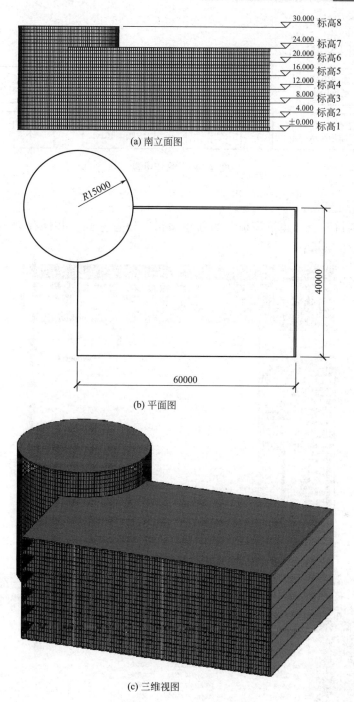

(a) 南立面图

(b) 平面图

(c) 三维视图

图 8-144　方圆大厦

【任务分析】

该实例的体量部分很简单，先分别做出长方体和圆柱体，再将形体相连；然后将长方块的南立面和西立面转换为幕墙，东立面和北立面转换为面墙。再将长方体和一个圆柱体的顶部转换为屋顶；最后为它们添加 6 层楼板，如图 8-144（c）所示。

【操作步骤】

操作步骤如图 8-145 所示。

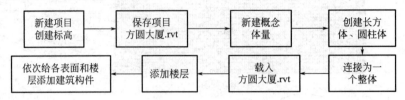

图 8-145　操作步骤

【操作过程】

① 点击"项目"→"建筑模板"的新建项目，设置标高，并保存为项目"方圆大厦.rvt"，如图 8-146 所示。

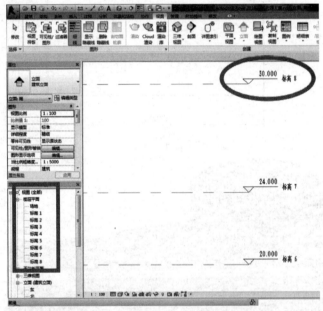

图 8-146　设置标高，保存项目

（2）新建概念体量，创建大厦的方形部分，如图 8-147 所示。在此前的概念体量中已经学习过创建方法了，在此不再赘述。

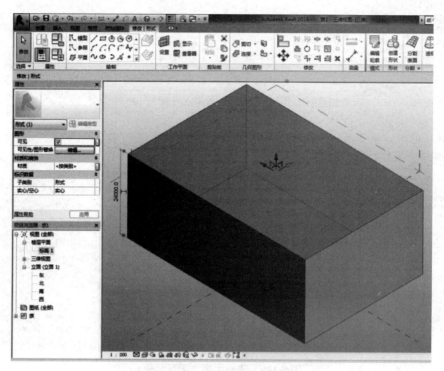

图 8-147　创建大厦方形部分

（3）创建大厦的圆柱形部分。绘制圆柱底部轮廓，创建形状时，会提示是创建圆柱体还是球体，点击左边的"圆柱体"图标即可，如图 8-148 所示。

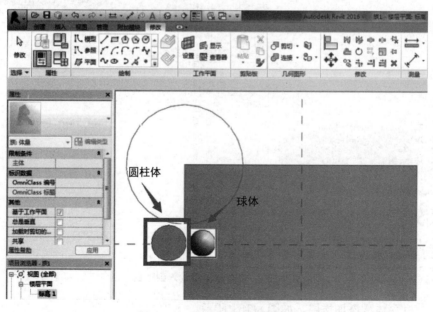

图 8-148　创建大厦圆柱体部分

（4）连接方圆两部分，如图 8-149 所示。连接后，在创建楼板时，就可以在大厦方圆两部分生成连续一体的楼板了。

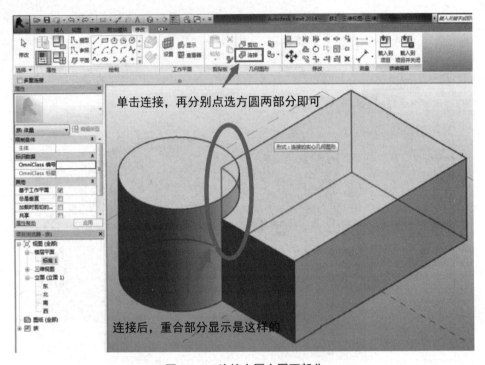

图 8-149　连接大厦方圆两部分

（5）将概念体量载入前面保存的项目中，如图 8-150 所示。单击"载入到项目"后，再单击页面空白处即可。因比例尺寸很大，缩小一些可以观察到完整的平面形状。

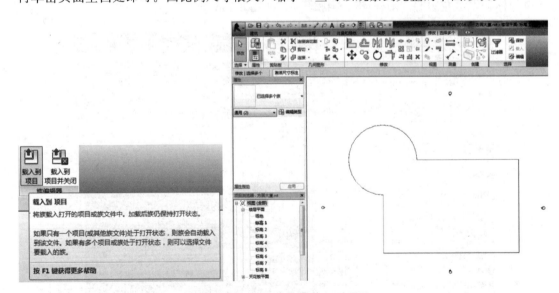

图 8-150　将概念体量载入到项目

（6）为概念体量添加楼层，如图 8-151 所示。

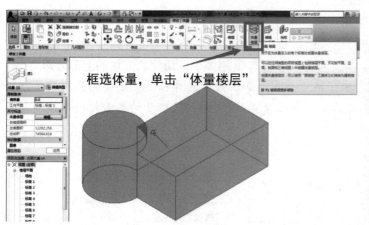

图 8-151 添加楼层

（7）后续操作包括为大厦创建墙、幕墙系统、屋顶和楼板。这与【实例 8-14】体量楼层的操作方法一样，不再赘述。

2. 实训

【实训 8-12】某建筑形体如图 8-152 所示，请依据图纸尺寸，创建其三维模型，并以"棋盘大厦"为文件名保存。

该体量模型包括幕墙、楼板和屋顶，其中幕墙网格尺寸为 1500mm×3000mm，屋顶厚度为 125mm，楼板厚度为 150mm。

码8-10
棋盘大厦

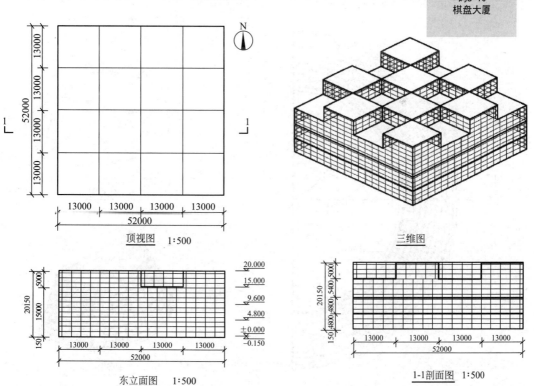

图 8-152 棋盘大厦

【任务分析】

对于体量部分可以先生成 1 个实体形状（底面正方形的 1 个长方体），再生成 1 个空心形状（即底面正方形的长方体），按图样位置，复制多个，切掉大方块的上部分即可。

注意：观察"东立面图"，确定第 1 个空心形状切掉的部位。其他被切掉的部位，与此交错排列，复制多个即可。之后就是参照【实例 8-14】，将体量的各面转换为幕墙、楼板和屋顶。

【操作步骤】

操作步骤如图 8-153 所示。

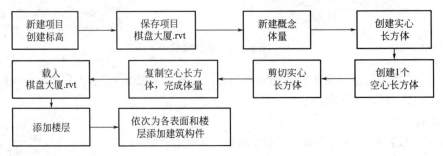

图 8-153　操作步骤

【实训 8-13】某体量幕墙如图 8-154、图 8-155 所示，请依据图纸尺寸，创建其三维模型，并以"体量幕墙"为文件名保存。

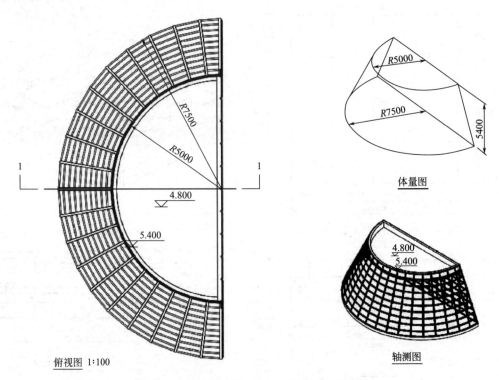

图 8-154　体量幕墙的俯视图、体量图、轴测图

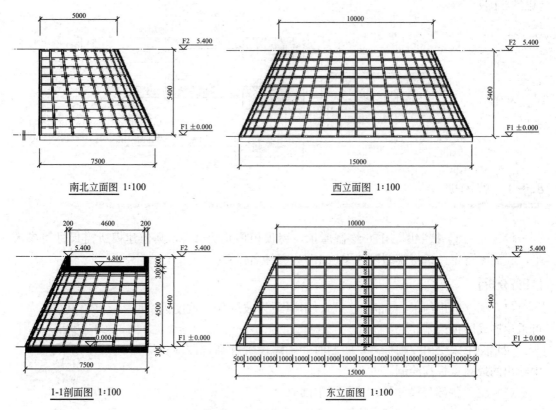

图 8-155 体量幕墙的立面图和剖面图

该体量模型半圆圆心对齐。幕墙系统的网格布局为 1000mm×600mm（横向竖梃间距为 600mm，竖向竖梃间距为 1000mm）；幕墙的竖向网格中心对齐，横向网格起点对齐；网格上均设置竖梃，竖梃均为圆形竖梃，半径为 50mm。创建屋面女儿墙，以及底层和顶层楼板。

【任务分析】

该实训的体量部分通过融合形成，即分别在两个标高处的平面上做半圆，圆心竖向对齐，创建实心融合。从图 8-154、图 8-155 可知，该体量为半个圆台。然后将侧面（包括弧形面和垂直面）转换为幕墙。再将底部和顶部转换为楼板和屋顶。最后在屋顶上添加女儿墙。

注意：这个半圆台屋顶的标高要低一些。

任务 8.3 屋顶专项

本任务进行屋顶专项训练，应注意分析图纸，用合适的方法建模，通过实例演示分析和操作，加强屋顶建模能力培养。

【思维导图】

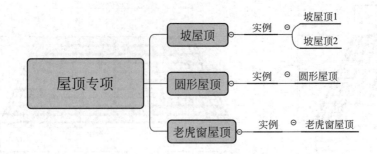

8.3.1 坡屋顶

【实例 8-16】按照图 8-156 绘制屋顶，屋顶板厚均为 400，其他建模所需尺寸可参考平、立面图自定，请将模型以"屋顶 1"为文件名保存。

【任务分析】

（1）根据给出的平、立面图可知，本屋顶为坡屋顶，坡度为 20°，可采用迹线屋顶绘制。

（2）图中未给出屋顶标高，绘制时，不需设置标高，按项目样板中给出的最高点标高绘制。

（3）屋顶各部分尺寸可在平面图中读取。

（4）保存文件名为"屋顶 1"。

码8-11
坡屋顶的绘制

【操作步骤】

操作步骤见图 8-157。

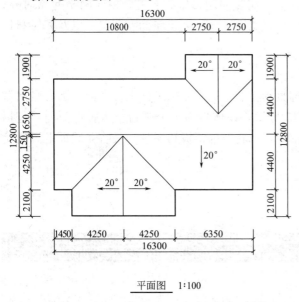

平面图　1:100

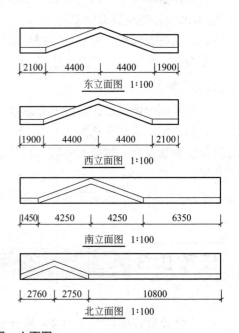

图 8-156　某坡屋顶平面图、立面图

图 8-157　操作步骤

【操作过程】

（1）新建项目

启动 Revit，在项目区域选择"新建"命令，弹出"新建项目"选项卡。在"样板文件"中选择"构造样板"（也可选择"建筑样板"），确认"新建"类型为项目，单击"确定"按钮，完成新建项目，如图 8-158 所示。

也可通过左上角"应用程序菜单"按钮完成新建项目。

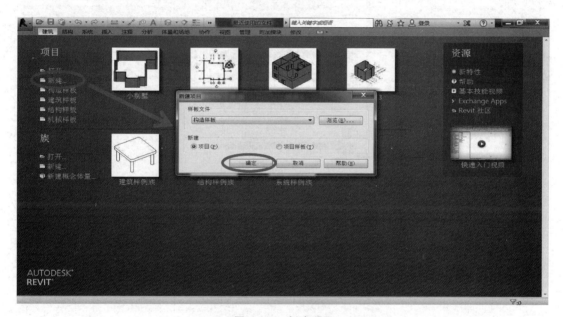

图 8-158　新建项目

（2）选择楼层平面

在项目浏览器中，展开"楼层平面"视图，双击"标高 2"，切换至标高 2 的楼层平面，如图 8-159 所示。

（3）绘制屋顶

在建筑选项卡下"构件"面板中，单击"屋顶"工具，在下拉列表中选择"迹线屋顶"工具，进入"修改｜创建屋顶迹线"模式，如图 8-160 所示。

点击"属性"面板上的"编辑类型"按钮，弹出"类型属性"对话框，如图 8-161 所示。

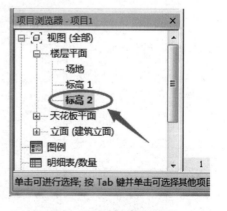

图 8-159　选择楼层平面

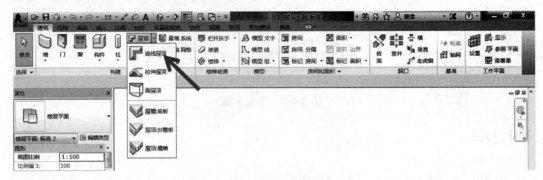

图 8-160　选择"迹线屋顶"工具

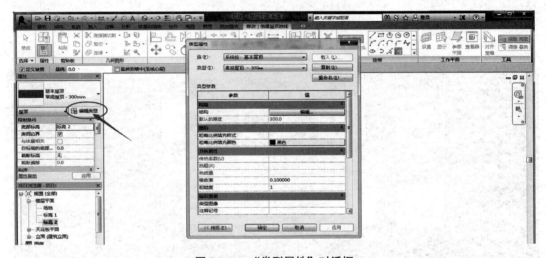

图 8-161　"类型属性"对话框

复制新的屋顶类型，命名为"屋顶-400mm"，点击"类型属性"中"结构"参数右侧的编辑按钮，修改屋顶结构厚度为 400mm，点击"确定"，完成屋顶设置，如图 8-162 所示。

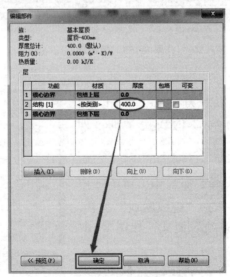

图 8-162　设置屋顶属性

在功能区"绘制"面板中，选用边界线中的直线绘制屋顶轮廓，如图 8-163 所示。

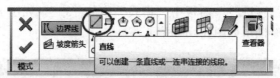

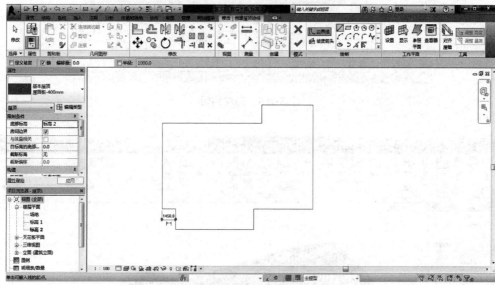

图 8-163 绘制屋顶轮廓

（4）设置屋顶坡度

根据平面图及四个立面图所示坡度，选择需要设置坡度的边（按住 Ctrl 键，用鼠标左键选择要设置坡度的边），在"属性"面板"限制条件"中勾选"定义屋顶坡度"，将坡度设置为 20°，如图 8-164 所示。

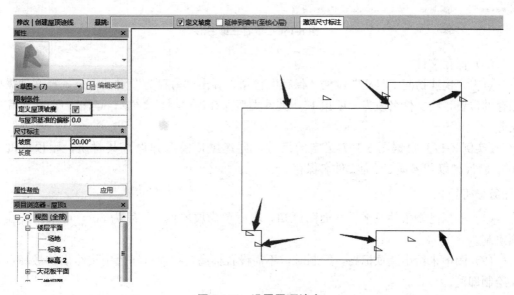

图 8-164 设置屋顶坡度

（5）完成编辑

点击"修改｜创建屋顶迹线"面板中"模式"中的"√"，如图 8-165 所示。坡屋顶绘制完成。完成后的三维图形如图 8-166 所示。

图 8-165　完成编辑

图 8-166　查看三维图形

（6）保存文件

点击"快速访问工具栏"中的"保存"按钮，弹出"另存为"对话框，选择文件需要保存的位置，将文件名改为"屋顶1"，文件类型保存为"项目文件"，点击"保存"，完成任务。

【实例 8-17】根据图 8-167 给定的尺寸，创建屋顶模型并设置其材质，屋顶坡度为 30°。将模型以"屋顶2"为文件名保存。

【任务分析】

（1）根据已知条件及平、立面图可知，本屋顶为坡屋顶，坡度为 30°，可采用迹线屋顶绘制。

（2）图中未给出屋顶标高，绘制时，不需设置标高，在项目样板中按给出的最高点标高绘制即可。

（3）屋顶各部分尺寸可在平面图中读取。

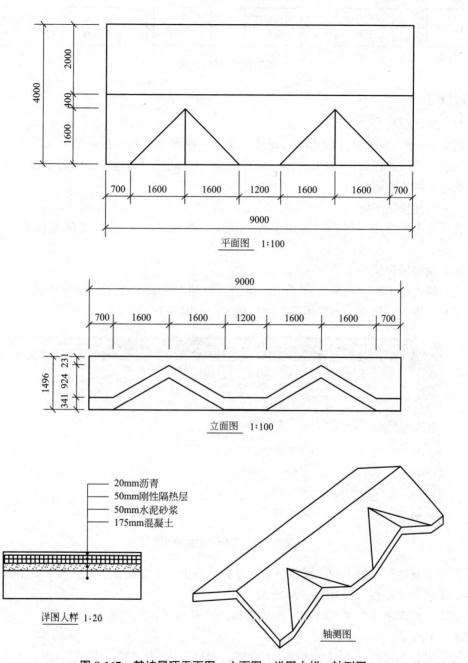

图 8-167 某坡屋顶平面图、立面图、详图大样、轴测图

（4）屋顶做法及材质可在详图大样中读取，从下至上依次为 175mm 厚混凝土，50mm 厚水泥砂浆，50mm 厚刚性隔热层，20mm 厚沥青。

（5）以文件名"屋顶 2"保存。

【操作步骤】

操作步骤见图 8-168。

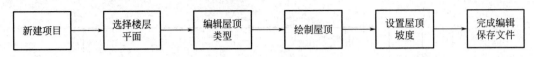

图 8-168　操作步骤

【操作过程】

（1）新建项目

启动 Revit，在项目区域选择"新建"命令，弹出"新建项目"选项卡。在"样板文件"中选择"构造样板"（也可选择"建筑样板"），确认"新建"类型为项目，单击"确定"按钮，完成新建项目。

（2）选择楼层平面

在项目浏览器中，展开"楼层平面"视图，双击"标高 2"，切换至标高 2 的楼层平面。

（3）编辑屋顶类型

在建筑选项卡下"构件"面板中，单击"屋顶"工具，在下拉列表中选择"迹线屋顶"工具，进入"修改｜创建屋顶迹线"模式，如图 8-169 所示。

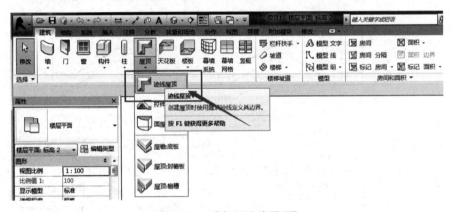

图 8-169　选择"迹线屋顶"

点击"属性"面板上的"编辑类型"按钮，弹出"类型属性"对话框。复制新的屋顶类型，命名为"屋顶"，如图 8-170 所示。

点击"类型属性"中"结构"参数右侧的编辑按钮，设置屋顶构造层、材质及厚度，如图 8-171 所示。

设置屋顶构造时，选定结构层上方"核心边界"，点击"插入"，在结构层上方插入构造层。按照详图大样所示，设置构造层功能、材质及厚度，从下至上依次为结构层（材质为混凝土，厚度为 175mm）、衬底（材质为水泥砂浆，厚度为 50mm）、保温层/空气层（材质为刚性隔热层，厚度为 50mm）、面层 1（材质为沥青，厚度为 20mm），如图 8-172 所示。

（4）绘制屋顶

按照平面图尺寸绘制屋顶轮廓。绘制屋顶轮廓线可采用"直线"命令，也可采用"矩形"命令。

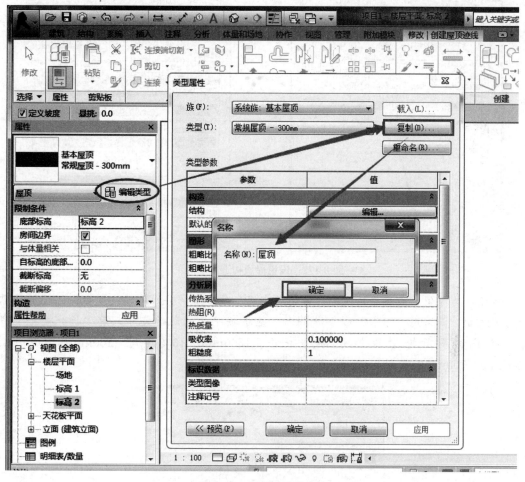

图 8-170　编辑屋顶类型

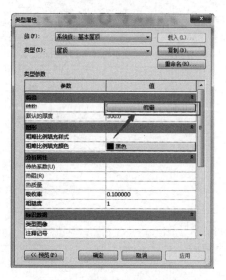

图 8-171　屋顶结构的编辑按钮

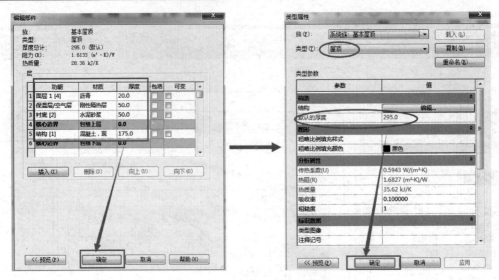

图8-172　设置屋顶构造层功能

注意：为了便于设置屋顶坡度，采用"直线"命令绘制时，屋顶坡度方向不同的边需要分开绘制；而采用"矩形"命令绘制时，应根据平面图所示尺寸，用"拆分图元"命令，将下方屋顶轮廓线拆分为700mm、1600mm、1600mm、1200mm、1600mm、1600mm、700mm，如图8-173所示。

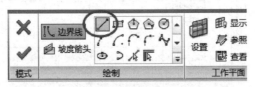

(a)用直线命令绘制屋顶轮廓

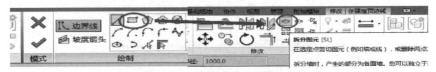

(b) 矩形命令(绘制屋顶轮廓)和拆分图元命令

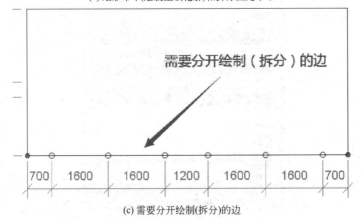

(c) 需要分开绘制(拆分)的边

图8-173　绘制屋顶轮廓命令及需要分开绘制的边

（5）设置屋顶坡度

根据题意可知，屋顶坡度为 30°，选择需要设置坡度的边（按住 Ctrl 键，鼠标左键选择要设置坡度的边），在"属性"面板"限制条件"中"定义屋顶坡度"后打钩，将坡度设置为 30°，如图 8-174 所示。

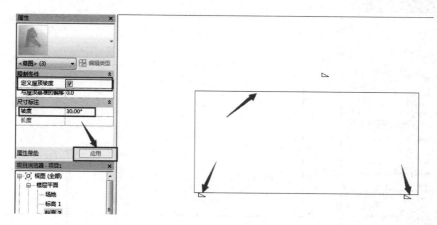

图 8-174　设置屋顶坡度

选择"绘制"区域中的"坡度箭头"工具，沿屋顶上坡度方向不同处绘制坡度箭头，如图 8-174 所示。

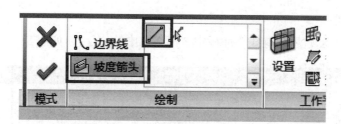

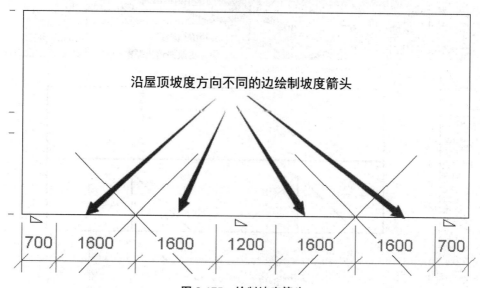

图 8-175　绘制坡度箭头

绘制完成后，选中所有的坡度箭头，将"属性"面板下"限制条件"中的"指定"改为"坡度"，"尺寸标准"中的"坡度"设置成30°。点击"应用"，完成坡度箭头的设置，如图8-176所示。

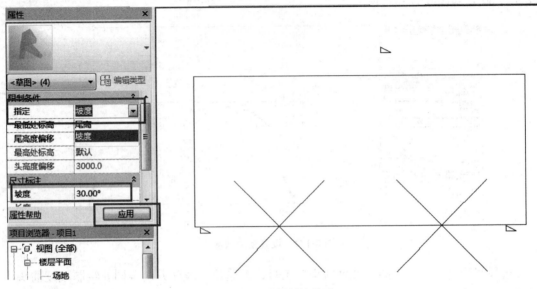

图8-176　设置坡度箭头

（6）完成编辑

点击"修改│创建屋顶迹线"面板中"模式"中的"√"，如图8-177所示。

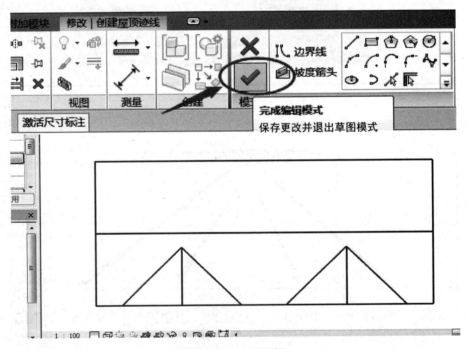

图8-177　完成编辑

坡屋顶绘制完成。完成后的三维图形如图 8-178 所示。

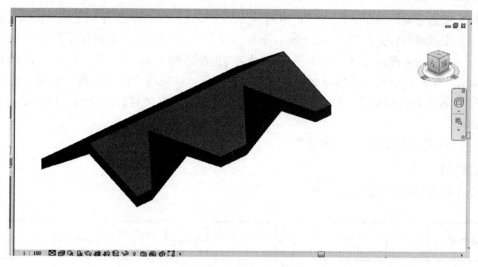

图 8-178　屋顶三维图形

（7）保存文件

点击"快速访问工具栏"中的"保存"按钮，弹出"另存为"对话框，选择文件需要保存的位置，将文件名改为"屋顶2"，文件类型保存为"项目文件"，点击"保存"，完成任务。

8.3.2　圆形屋顶

【实例 8-18】 根据图 8-179 给定数据创建屋顶，i 表示屋顶坡度，请将模型以"圆形屋顶"为文件名保存。

码8-12
圆形屋顶的绘制

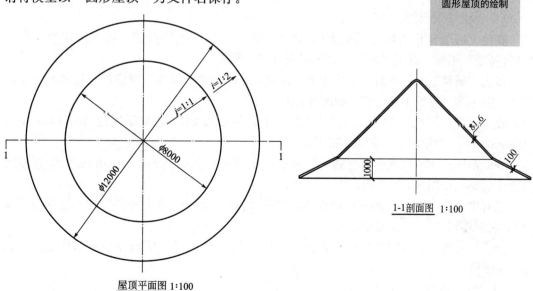

图 8-179　某圆形屋顶

311

【任务分析】

（1）根据平面图及剖面图可知，本屋顶为圆形屋顶，分为两部分，底部屋面板可以视为一个空心的圆台，其厚度为 100mm，下底面半径为 6000mm，上顶面半径为 4000mm，坡度 $i=1/2$；顶部屋面板可以视为一个空心的圆锥，其厚度为 81.6mm，半径为 4000mm，坡度 $i=1/1$。底部屋面板高度为 1000mm。可采用"迹线屋顶"绘制。

（2）图中未给出屋顶标高，绘制时，不需设置标高，在项目样板中给出的最高点标高绘制即可。

（3）保存文件名为"圆形屋顶"。

【操作步骤】

操作步骤如图 8-180 所示。

图 8-180　操作步骤

【操作过程】

（1）新建项目

启动 Revit，点击左上角"应用程序菜单"，鼠标单击"新建"按钮，选择"项目"，弹出"新建项目"选项卡。在"样板文件"中选择"建筑样板"（也可选择"构造样板"），确认"新建"类型为项目，单击"确定"按钮，完成新建项目。

（2）选择楼层平面

在项目浏览器中，展开"楼层平面"视图，双击"标高 2"，切换至标高 2 的楼层平面。

（3）绘制圆形屋顶底部

在建筑选项卡下"构件"面板中，单击"屋顶"工具下拉按钮，在下拉列表中选择"迹线屋顶"工具，进入"修改｜创建屋顶迹线"模式。

点击"属性"面板上的"编辑类型"按钮，弹出"类型属性"对话框。复制新的屋顶类型，命名为"屋顶 100mm"，如图 8-181 所示。

点击"类型属性"中"结构"参数右侧的编辑按钮，修改屋顶底部结构厚度为 100mm，点击"确定"，如图 8-182 所示。

在绘制区选用边界线中的"圆形"命令，分别按半径 4000mm、6000mm 绘制屋面底部上下轮廓，如图 8-183 所示。

选择半径为 6000mm 的底部轮廓线，勾选"属性"面板"限制条件"中"定义屋顶坡度"，将坡度设置为 1/2，如图 8-184 所示。

点击"修改｜创建屋顶迹线"面板中"模式"中的"√"，完成屋顶底部的创建，如图 8-185 所示。

（4）绘制圆形屋顶顶部

在建筑选项卡的"构件"面板中，单击"屋顶"工具，在下拉列表中选择"迹线屋

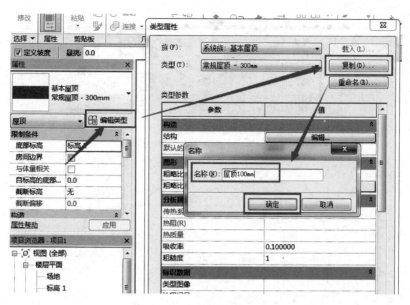

图 8-181 编辑屋顶底部类型

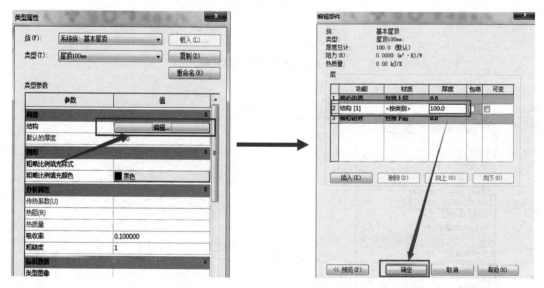

图 8-182 设置屋顶底部结构厚度

顶"工具，进入"修改｜创建屋顶迹线"模式。

点击"属性"面板上的"编辑类型"按钮，弹出"类型属性"对话框。复制新的屋顶类型，命名为"屋顶81.6mm"。

点击"类型属性"中"结构"参数右侧的"编辑"按钮，修改屋顶板结构厚度为81.6mm，点击"确定"，完成屋顶板的设置，如图8-186所示。

在绘制区选择"边界线"的"直线"命令，在已绘制的屋顶底部绘制两条辅助线，找到圆心，如图8-187所示。

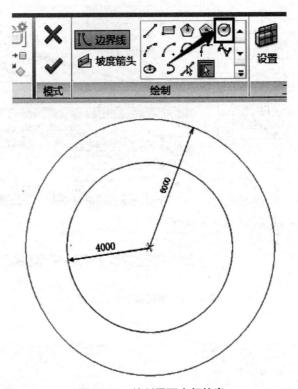

图 8-183　绘制屋面底部轮廓

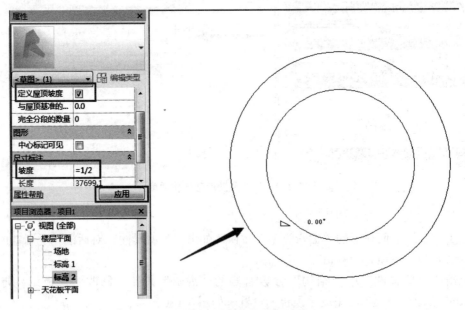

图 8-184　设置底部屋顶坡度

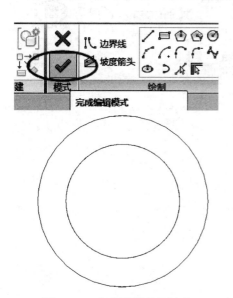

图 8-185　完成屋顶底部创建

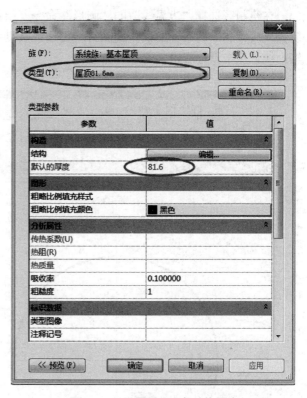

图 8-186　设置屋顶顶部结构厚度

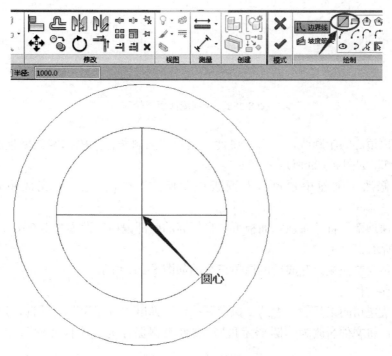

图 8-187　绘制辅助线

在绘制区选择"边界线"的"圆形"命令，绘制屋顶顶部轮廓，如图8-188所示。绘制完成后，删除两条辅助线。删除时，可选择辅助线，再按"Delete"键删除，也可选择辅助线，点击鼠标右键，选择"删除"。

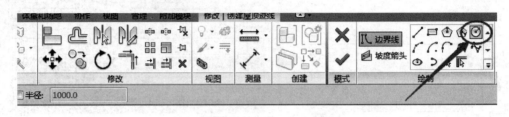

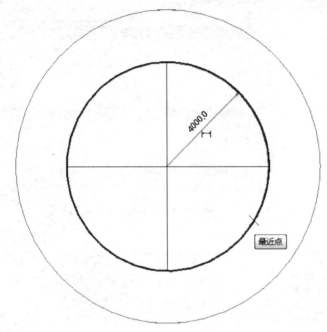

图8-188　绘制屋顶顶部轮廓

选择屋顶顶部的轮廓线，勾选"属性"面板"限制条件"中"定义屋顶坡度"，将坡度设置为1/1，如图8-189所示。

点击"修改｜创建屋顶迹线"面板中"模式"中的"√"，完成屋顶底部的编辑。

选择屋顶顶部，将"属性"面板下"自标高的底部偏移"设置为1000，点击"应用"，如图8-190所示。

圆形屋顶绘制完成。完成后的屋顶三维图如图8-191所示。

（5）保存文件

点击"快速访问工具栏"中的"保存"按钮，弹出"另存为"对话框，选择文件需要保存的位置，将文件名改为"圆形屋顶"，文件类型保存为"项目文件"，点击"保存"，完成任务。

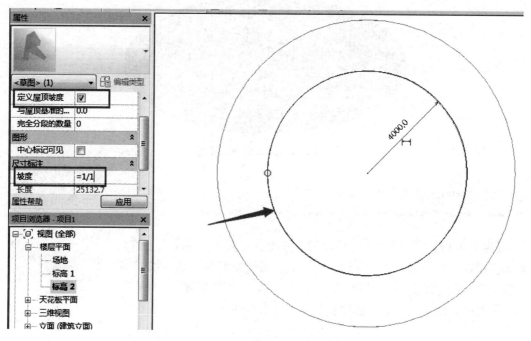

图 8-189　设置屋顶顶部的坡度

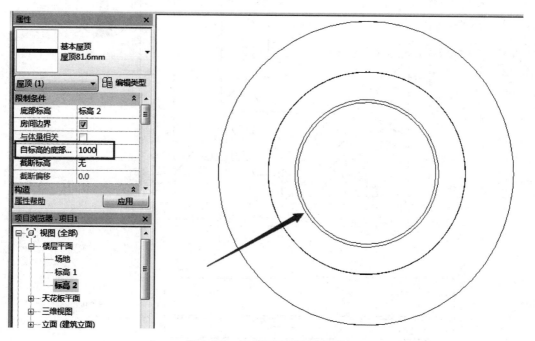

图 8-190　设置屋顶顶部底标高

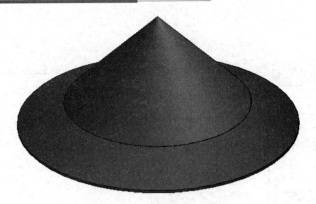

图 8-191　圆形屋顶三维图

8.3.3　老虎窗屋顶

码8-13
老虎窗屋顶的
绘制

【**实例 8-19**】按照图 8-192 给出的平面图、立面图，在屋顶上绘制老虎窗屋顶。屋顶类型为"常规-125mm"，墙体类型为"基本墙-常规200mm"，老虎窗墙外边线对齐小屋顶边线。窗户类型为"固定-0915"类型。结果以"老虎窗屋顶"为文件名保存。

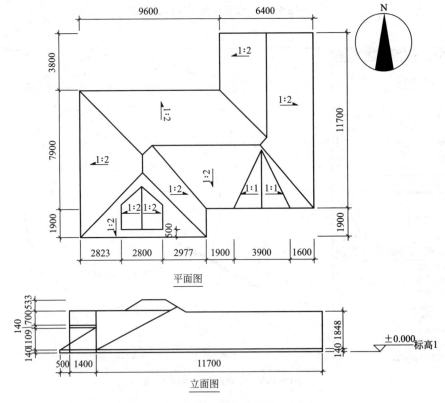

图 8-192　老虎窗屋顶平面图、立面图

【任务分析】

（1）根据给定的条件及平面图可知，老虎窗屋顶类型为常规-125mm，屋顶坡度为1：2。

（2）老虎窗墙类型为"基本墙-常规200mm"，墙外边线对齐屋顶外边，南面墙底部与屋顶底部距离为500mm，西面墙外边线距屋顶左侧边2823mm，东面墙外边线距屋顶右侧边2977mm。

（3）根据立面图，屋顶底部标高为±0.000，老虎窗墙高度为1109＋140＝1249mm。

（4）窗户类型为"固定-0915"类型。

（5）保存文件名为"老虎窗屋顶"。

【操作步骤】

操作步骤如图8-193所示

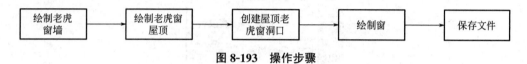

图8-193 操作步骤

【操作过程】

（1）绘制老虎窗墙

双击打开原有屋顶文件，在项目浏览器中展开"楼层平面"视图类别，双击"标高1"视图，切换至标高1楼层平面。

在图8-192所示老虎窗屋顶的位置，按图示尺寸，绘制参照平面。在"建筑"选项卡下，选择"参照平面"工具，进入参照平面绘制状态。选择"拾取线"命令，如图8-194所示。

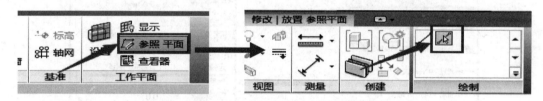

图8-194 选择"拾取线"命令绘制参照平面

绘制完成的参照平面如图8-195所示。

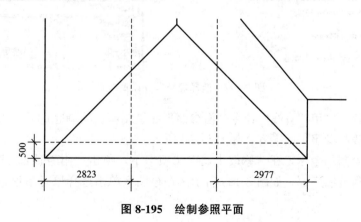

图8-195 绘制参照平面

在"建筑"选项卡下，选择"墙"工具下拉列表中的"墙：建筑"工具。进入墙绘制状态，如图 8-196 所示。

图 8-196　选择"墙：建筑"工具

在"属性"面板"类型选择器"下拉菜单中选择"基本墙：常规-200mm"，将限制条件中的无连接高度修改为 1249.0，如图 8-197 所示。

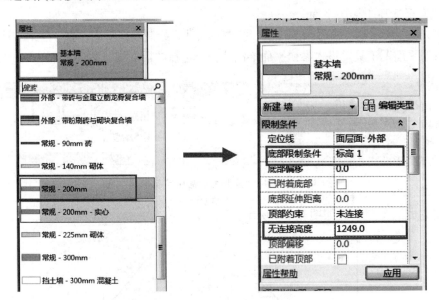

图 8-197　选择墙类型并设置属性

设置完成后，采用"直线"命令，沿参照平面绘制墙。绘制完成后，采用"对齐"命令，使墙外边线与参照平面平齐，如图 8-198 所示。

选择全部绘制的墙体，在"修改｜墙"选项卡下，单击"附着顶部/底部"按钮，在选项栏中选择附着墙底部，如图 8-199 所示。在绘图区单击选择原有屋顶，墙底部就附着在屋顶上了。

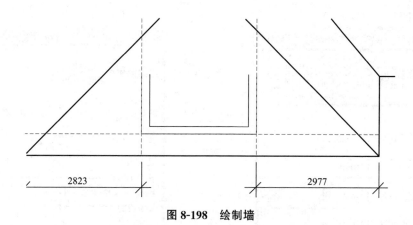

图 8-198　绘制墙

图 8-199　墙"附着顶部/底部"命令

（2）绘制老虎窗屋顶

在"建筑"选项卡下"构件"面板中，单击"屋顶"工具，在下拉列表中选择"迹线屋顶"工具，进入"修改｜创建屋顶迹线"模式。选择"迹线屋顶"工具时，会弹出"最低标高提示"，根据图纸所示，屋顶底标高为标高 1，因此选择"否"，如图 8-200所示。

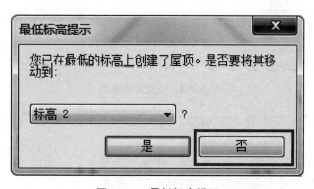

图 8-200　最低标高提示

在"属性"面板"类型选择器"下拉菜单中选择"基本屋顶：常规-125mm"，将限制条件中的自底部标高偏移修改为 1249.0，如图 8-201 所示。

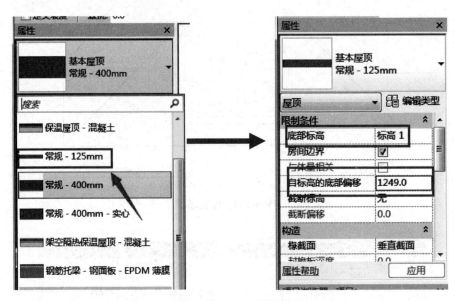

图 8-201　设置屋顶类型属性

采用"矩形"命令，在墙的位置绘制屋顶边界线。绘制时，取消勾选选项栏中的"定义坡度"。绘制完成后，选择左右两侧的屋顶边界线，在"属性"面板下，勾选"定义屋顶坡度"，在"坡度"一栏中，输入"＝1：2"，点击应用，屋顶坡度设置完成，如图 8-202 所示。

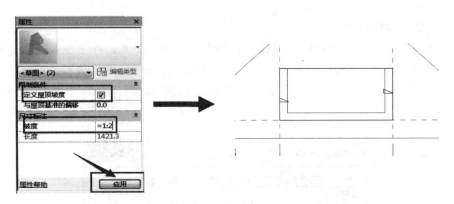

图 8-202　设置屋顶坡度

点击"完成编辑模式"，弹出对话框，询问是否希望将高亮显示的墙附着到屋顶，点击"否"。

选择新绘制的老虎窗屋顶，在"修改｜屋顶"选项卡下，选择"连接/取消连接屋顶"命令，将老虎窗屋顶与原有屋顶连接，如图 8-203 所示。

完成屋顶的连接后，切换至三维视图，选中老虎窗所有的墙，进入"修改｜墙"状态，选择"附着顶部/底部"命令，在状态栏中，选择"顶部"，在绘图区单击老虎窗屋顶，老虎窗墙就与老虎窗屋顶连接上了，如图 8-204 所示。

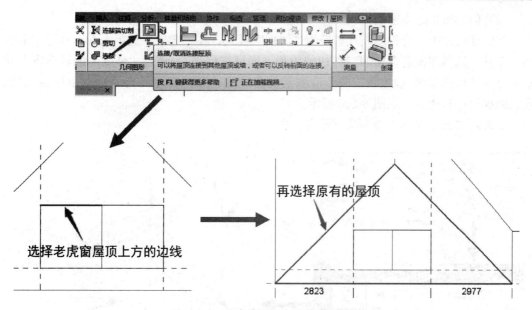

图 8-203 老虎窗屋顶与原有屋顶连接

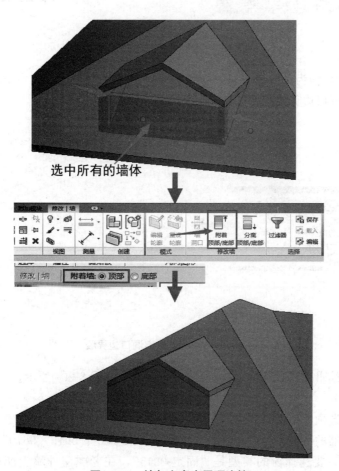

图 8-204 墙与老虎窗屋顶连接

（3）创建屋顶老虎窗洞口

在三维视图中，将视图模式切换为"线框"模式，在"建筑"选项卡下，选择"老虎窗"工具。选择要被老虎窗洞口剪切的屋顶（即原有屋顶），进入"修改｜编辑草图"状态，点击"拾取屋顶/墙边缘"命令拾取老虎窗外墙、老虎窗屋顶与原有屋顶连接的线，定义老虎窗洞口边界，如图 8-205 所示。

注意：这里需要选择墙和屋顶的内边线。

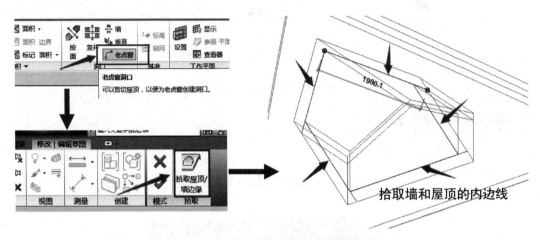

图 8-205　拾取老虎窗洞口边界线

选择"修剪/延伸为角"命令对边界线进行修剪，使边界线围成一个闭合的区域。修剪完成的老虎窗洞口边界线如图 8-206 所示。

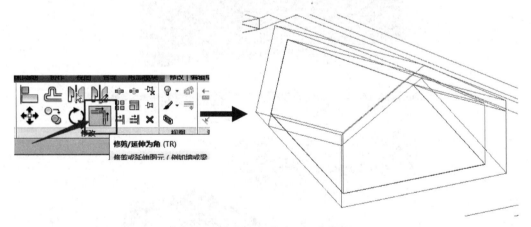

图 8-206　修剪老虎窗洞口边界线

点击"完成编辑模式"，完成老虎窗洞口的创建，如图 8-207 所示。

（4）绘制窗

在"建筑"选项卡中选择"窗"工具，进入"修改｜放置 窗"状态，在"属性"面板下的类型选择器的下拉菜单中，选择窗类型为"M-固定：0915×0610"（因题目未给出窗的具体尺寸，只要选择窗的类型是"固定-0915"，在老虎窗外墙上能放置的位置都可以），将窗放置在老虎窗南面外墙上即可，如图 8-208 所示。

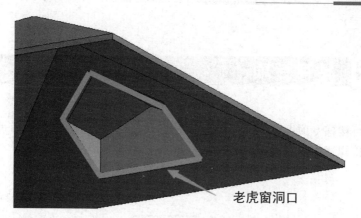

图 8-207　完成后的老虎窗洞口

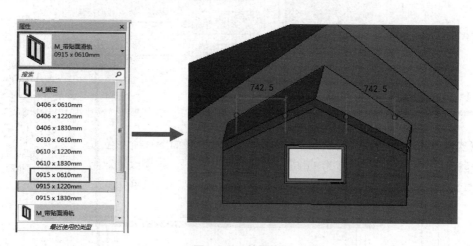

图 8-208　放置窗

老虎窗屋顶就绘制完成了，完成后的老虎窗屋顶三维模型如图 8-209 所示。

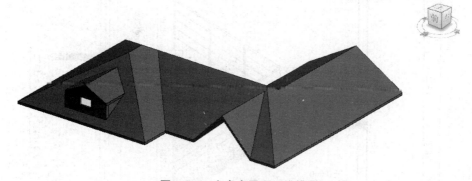

图 8-209　老虎窗屋顶三维模型

（5）保存文件

点击"应用程序菜单"，在列表中选择"另存为→项目"，弹出"另存为"对话框，选择文件需要保存的位置，将文件名改为"老虎窗屋顶"，文件类型保存为"项目文件"，点击"保存"，完成任务。

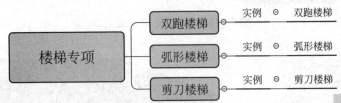

任务 8.4　楼梯专项

本任务进行楼梯专项训练，应注意分析图纸，用合适的方法建模，通过实例演示分析和操作，加强楼梯建模能力培养。

【思维导图】

8.4.1　双跑楼梯

码8-14
双跑楼梯的
绘制

【实例 8-20】按照图 8-210 创建楼梯模型，并参照平面图在所示位置建立楼梯剖面模型，栏杆高度为 1100mm，栏杆样式不限。结果以"双跑楼梯"为文件名保存。其他建模所需尺寸可参考给定的平、剖面图自定。

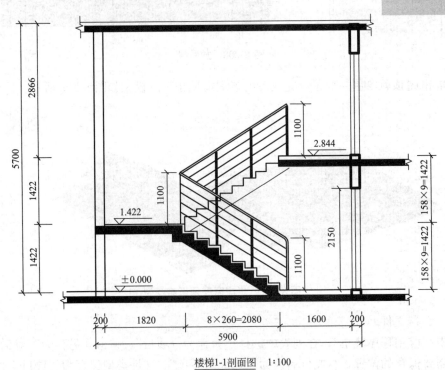

楼梯1-1剖面图　1:100

图 8-210　楼梯平面图、剖面图（一）

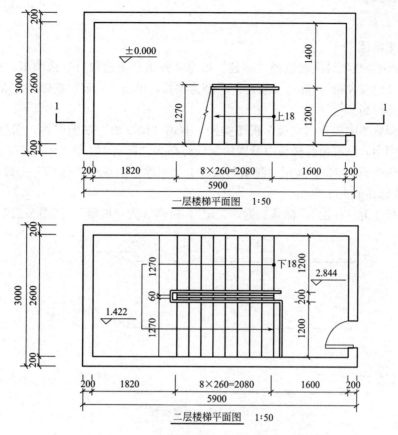

图 8-210　楼梯平面图、剖面图（二）

【任务分析】

（1）该楼梯为双跑楼梯，楼梯踏步高度为 158mm，踏步宽为 260mm，每跑楼梯级数为 9 级。楼梯栏杆高度为 1100mm，梯段宽度为 1270mm，梯井宽度为 60mm，楼梯休息平台宽度为 1820mm，楼层平台宽度为 1600mm。楼梯间外墙厚度为 200mm。休息平台板、楼板、梯板厚度自定。

（2）该楼梯休息平台标高为 1.422m，二层楼层平台标高为 2.844m，屋面标高为 5,700m。

（3）进楼梯间门的高度为 2.15m，门宽自定。

（4）保存文件名为"双跑楼梯"。

【操作步骤】

操作步骤见图 8-211。

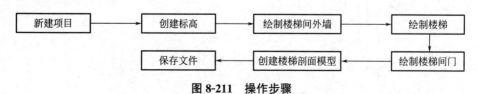

图 8-211　操作步骤

【操作过程】

(1) 新建项目

启动 Revit，在项目区域选择"新建"命令，弹出"新建项目"选项卡。在"样板文件"中选择"建筑样板"，确认"新建"类型为项目，单击"确定"按钮，完成新建项目。

(2) 创建标高

在项目浏览器中展开"立面"视图类别，双击"南立面"视图名称，切换至南立面。在南立面视图中，已有项目样板中设置的默认标高为"标高 1"和"标高 2"，双击标高 2 的标高值，修改为 2.844。运用"建筑"选项卡"基准"面板中"标高"工具，绘制标高 3，标高 3 的标高值为 5.700。

修改标高 1 为"一层"，标高 2 为"二层"，标高 3 为"屋面"，如图 8-212 所示。

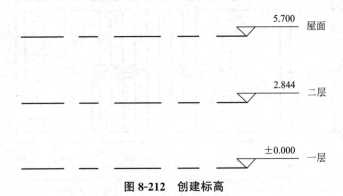

图 8-212　创建标高

(3) 绘制楼梯间外墙

在项目浏览器中展开"楼层平面"视图类别，双击"一层"视图名称，切换至一层楼层平面。

选择建筑选项卡中"墙"下"墙：建筑"工具，选择"矩形"绘制命令，绘制楼梯间外墙，如图 8-213 所示。

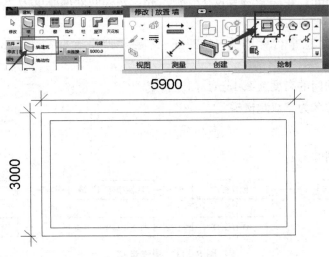

图 8-213　绘制楼梯间外墙

（4）绘制楼梯

选择建筑选项卡楼梯坡道中"楼梯→楼梯（按构件）"工具，在属性面板"类型选择器"中选择"整体浇筑楼梯"，如图 8-214 所示。

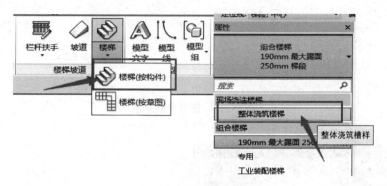

图 8-214　选择楼梯类型

点击"属性"面板上的"编辑类型"按钮，弹出"类型属性"对话框。复制新的楼梯类型，命名为"楼梯"。编辑楼梯参数：最大梯面高度 158.0mm，最小踏板深 260.0mm，最小梯段宽度 1270.0mm。点击"确定"，完成楼梯类型编辑，如图 8-215 所示。

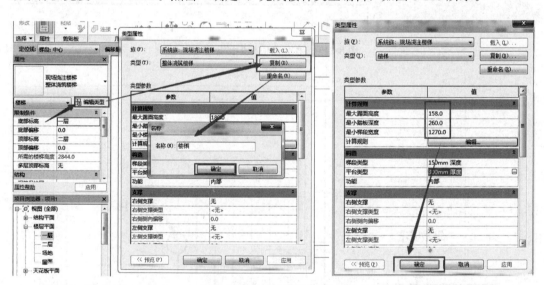

图 8-215　编辑楼梯类型属性

确定"属性"面板中，底部标高为"一层"，顶部标高为"二层"，所需梯面数为 18。绘制参照平面，如图 8-216 所示。

点击"梯段"，选择"直梯"命令。在属性面板上方的选项栏中，"定位线"为"梯段：中心"，"实际梯段宽度"为 1270.0mm，勾选"自动平台"，如图 8-217 所示。

单击下方梯段位置的中点，开始绘制楼梯。旁边有灰色字提示绘制台阶的级数，绘制 9 级台阶后，完成下方梯段绘制，如图 8-218 所示。

再点击上方梯段中点，同样方法绘制上方梯段的 9 级台阶，如图 8-219 所示。

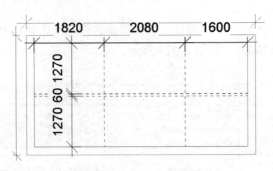

图 8-216　绘制参照平面

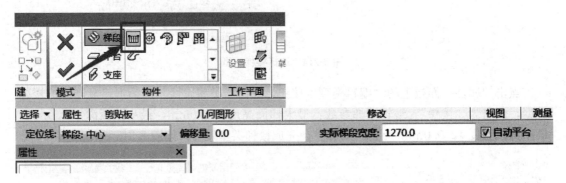

图 8-217　确定选项栏中数据参数

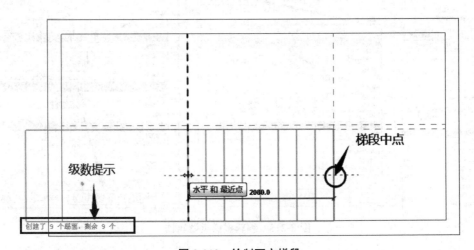

图 8-218　绘制下方梯段

　　绘制完梯段后，单击选择自动生成的休息平台，鼠标左键选择拖拽点，将平台拖拽到左侧外墙的内边，如图 8-220 所示。

　　完成梯段及休息平台绘制后，选择工具中的"栏杆扶手"。弹出"栏杆扶手"对话框，点击默认栏的下拉键，选择 1100mm，位置选择"踏板"，单击确定，完成栏杆扶手的设置，自动生成栏杆扶手，如图 8-221 所示。

　　最后点击模式中的"√"，完成编辑模式。

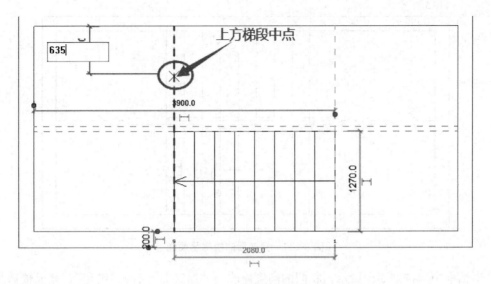

图 8-219　绘制上方梯段

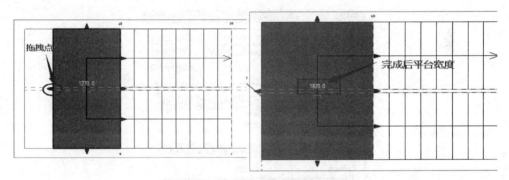

图 8-220　修改楼梯休息平台宽度

图 8-221　设置栏杆扶手

在一层楼层平面图中，鼠标左键单击选择靠墙的栏杆扶手，点击"Delete"键，删除靠墙的栏杆扶手。

完成后的楼梯，如图 8-222 所示。

（5）绘制楼梯间门

在"建筑"选项卡中，选择"门"命令，在"属性"面板下，点击"编辑类型"，弹出"类型属性"对话框，点击复制，修改名称为"楼梯门"，点击"确定"。在"类型属

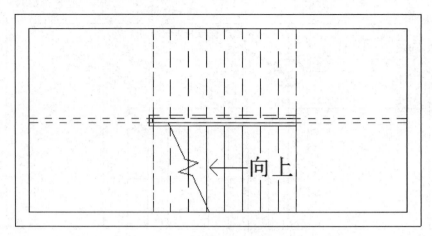

图 8-222　完成后的楼梯平面图

性"对话框中，按剖面图所示，将门的高度修改为"2150"，点击"确定"，完成楼梯间门的设置，如图 8-223 所示。

图 8-223　楼梯间门设置

　　按照楼梯平面图所示，将门放置在楼梯间右侧外墙上的对应位置。放置时，可通过空格键切换门的方向，如图 8-224 所示。

　　（6）创建楼梯剖面模型

　　在"快速访问工具栏"中，点击"默认三维视图"命令，进入三维视图模式。在"属性"面板下，勾选"剖面框"。在"绘图区"选中剖面框，将剖面框拖拽到平面图所示的对应位置，如图 8-225 所示。楼梯剖面模型建立完成。

　　（7）保存文件

　　点击"快速访问工具栏"中的"保存"按钮，弹出"另存为"对话框，选择文件需要

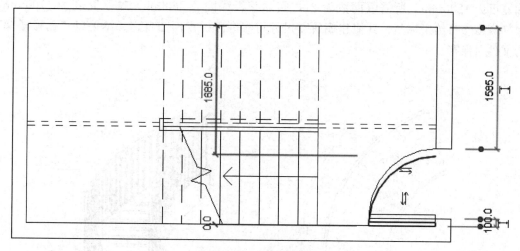

图 8-224　绘制楼梯间门

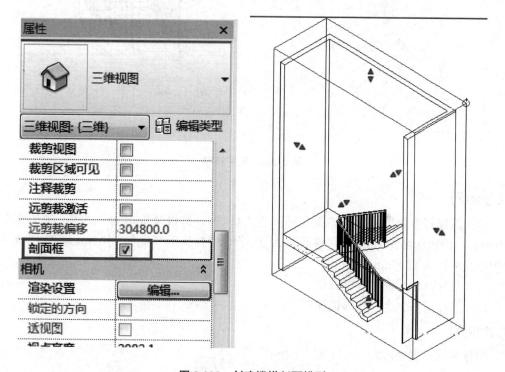

图 8-225　创建楼梯剖面模型

保存的位置，将文件名改为"双跑楼梯"，文件类型保存为"项目文件"，点击"保存"，完成任务。

8.4.2　弧形楼梯

【实例 8-21】按照图 8-226 给出的弧形楼梯平面图和立面图，创建楼梯模型，其中楼梯宽度为1200mm，所需踢面数为21，实际踏板深度为260mm，扶手高度为1100mm，楼梯高度参考给定标高，其他建模所需尺寸可参考平、立面图自定。结果以"弧形楼梯"为文件名保存。

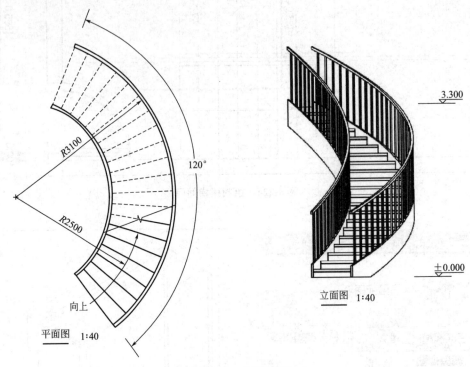

图 8-226　弧形楼梯

【任务分析】

（1）该楼梯为弧形楼梯，梯段底标高为±0.000，梯段顶标高为3.300。楼梯宽度为1200mm，踏板深度为260mm，踢面数为21个，栏杆扶手高度为1100mm。弧形楼梯梯段中心线半径为2500mm。

（2）楼梯其他建模尺寸可自定。

（3）保存文件名为"弧形楼梯"。

【操作步骤】

操作步骤见图8-227。

图 8-227　操作步骤

【操作过程】

（1）新建项目

启动Revit，在项目区域选择"新建"命令，弹出"新建项目"选项卡。在"样板文件"中选择"建筑样板"，确认"新建"类型为项目，单击"确定"按钮，完成新建项目。

（2）创建标高

在项目浏览器中展开"立面"视图类别，双击"南立面"视图名称，切换至南立面。在南立面视图中，已有项目样板中设置的默认标高为"标高1"和"标高2"，双击标高2的标高值，修改为3.300，如图8-228所示。

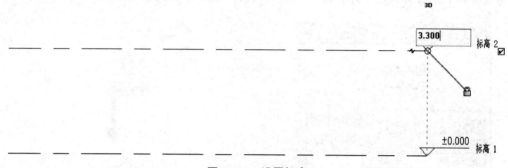

图 8-228　设置标高

（3）绘制弧形楼梯

在项目浏览器中展开"楼层平面"视图类别，双击"标高1"视图名称，切换至标高1平面。

选择"建筑"选项卡下楼梯坡道中"楼梯"→"楼梯（按构件）"工具。

点击"属性"面板上的"编辑类型"按钮，弹出"类型属性"对话框。复制新的楼梯类型，命名为"弧形楼梯"。编辑楼梯参数：最小踏板深260.0mm，最小梯段宽度1200.0mm，点击确定，完成楼梯类型编辑，如图8-229所示。

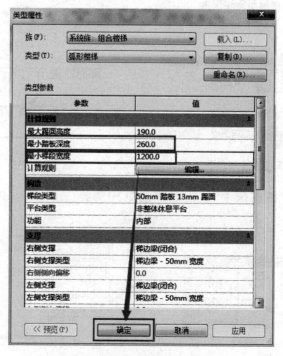

图 8-229　编辑楼梯类型属性

确定"属性"面板中，底部标高为"标高 1"，顶部标高为"标高 2"，修改所需踢面数为 21，如图 8-230 所示。

选择"圆心-端点螺旋"命令，绘制楼梯，如图 8-231 所示。

绘制时，选择一点作为圆心，输入半径尺寸为 2500mm，单击确定楼梯底部位置，绘制梯段时，下方会有灰色字体，提示创建踢面数，如图 8-232 所示。

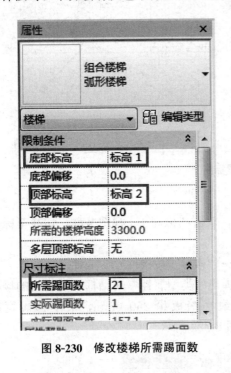

图 8-230　修改楼梯所需踢面数

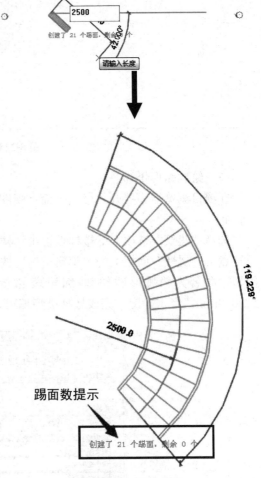

图 8-232　绘制楼梯

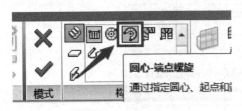

图 8-231　选择楼梯绘制命令

在工具中选择"栏杆扶手"，在下拉菜单中选择 1100mm，位置选择梯梁边，如图 8-233 所示。

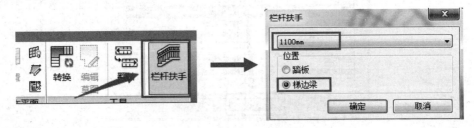

图 8-233　设置栏杆扶手

完成栏杆扶手设置后，点击"完成编辑模式"，完成弧形楼梯的绘制。通过三维模式查看弧形楼梯，如图 8-234 所示。

图 8-234　弧形楼梯三维模型

（4）保存文件

点击"快速访问工具栏"中的"保存"按钮，弹出"另存为"对话框，选择文件需要保存的位置，将文件名改为"楼梯"，文件类型为"项目文件"，点击"保存"，完成任务。

8.4.3　剪刀楼梯

码8-15
剪刀楼梯的
绘制

【实例 8-22】根据图 8-235 中给定数值创建楼梯与扶手，扶手截面尺寸为 50mm×50mm，高度为 900mm，栏杆截面为 20mm×20mm，栏杆间距为 280mm，未标注尺寸不作要求，楼梯整体材质为混凝土，请将模型以"剪刀楼梯"为文件名保存。

【任务分析】

（1）该楼梯为剪刀楼梯，材质为混凝土。楼梯底标高为＋0.000，休息平台标高为 1.700，楼梯顶标高为 3.230。楼梯总宽度为 4000mm，每段楼梯宽度为 1500mm，梯井宽度为 1000mm，休息平台长度为 4000mm，休息平台板厚度为 300mm，休息平台中部弧形半径为 500mm。楼梯梯面高度为 170mm，踏板深度为 280mm，第一跑楼梯 10 级，踢面数为 10 个，第二跑楼梯 9 级，踢面数为 9 个，合计踢面数为 19 个。

（2）楼梯栏杆高度为 900mm，扶手截面尺寸为 50mm×50mm，栏杆截面尺寸为 20mm×20mm，栏杆间距为 280mm。

（3）其他未标注尺寸自定。

（4）保存文件名为"剪刀楼梯"。

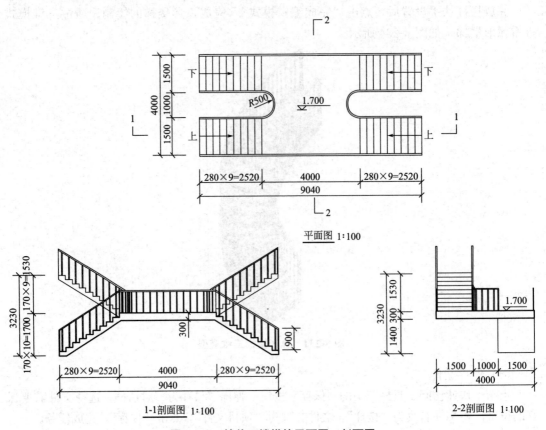

图 8-235 某剪刀楼梯的平面图、剖面图

【操作步骤】

操作步骤见图 8-236。

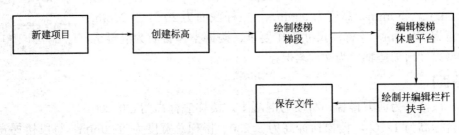

图 8-236 操作步骤

【操作过程】

（1）新建项目

启动 Revit，在项目区域选择"新建"命令，弹出"新建项目"选项卡。在"样板文件"中选择"建筑样板"，确认"新建"类型为项目，单击"确定"按钮，完成新建项目。

（2）创建标高

在项目浏览器中展开"立面"视图类别，双击"南立面"视图名称，切换至南立面。在南立面视图中，已有项目样板中设置的默认标高"标高 1"和"标高 2"，双击标高 2 的标高值，修改为 3.230，如图 8-237 所示。

图 8-237　创建标高

（3）绘制楼梯梯段

在项目浏览器中展开"楼层平面"视图类别，双击"标高 1"视图名称，切换至标高 1 平面。

绘制楼梯参照平面，如图 8-238 所示。

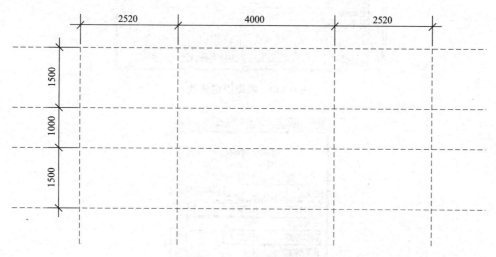

图 8-238　绘制参照平面

选择"建筑"选项卡楼梯坡道中"楼梯"→"楼梯（按构件）"工具，在"属性"面板"类型选择器"中选择"整体浇筑楼梯"，如图 8-239 所示。

点击"属性"面板上的"编辑类型"按钮，弹出"类型属性"对话框。复制新的楼梯类型，命名为"楼梯"。编辑楼梯参数：最大踢面高度 170mm，最小踏板深 280.0mm，最小梯段宽度 1500.0mm，平台厚度 300mm，点击"确定"，完成楼梯类型编辑，如图 8-240 所示。

在"属性"面板下，确定楼梯底部标高为"标高 1"，顶部标高为"标高 2"，所需踢面数为"19"，如图 8-241 所示。

选择"直梯"命令开始绘制楼梯，如图 8-242 所示。

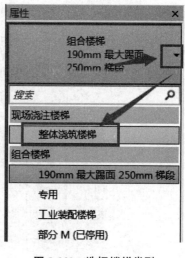

图 8-239　选择楼梯类型

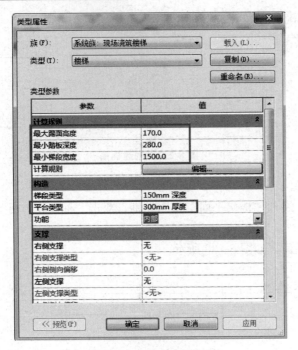

图 8-240　编辑楼梯属性

图 8-241　确定楼梯属性

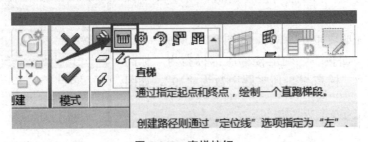

图 8-242　直梯按钮

先绘制下方左侧梯段，选择梯段中点开始绘制，踢面数为 10 个，如图 8-243 所示。

图 8-243　选择梯段中点

同样的方法，再绘制上方右侧梯段，如图 8-244 所示。

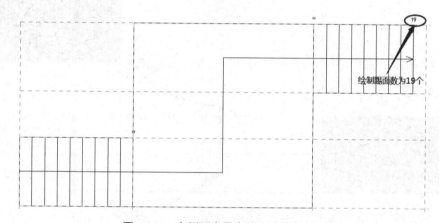

图 8-244　左侧下方及右侧上方梯段绘制

单击选择右侧上方楼梯，在"属性"面板中，取消勾选"以踢面结束"选项。再将梯段拖拽至最右侧的参照平面处。完成后，踢面数仍为 19 个，如图 8-245 所示。

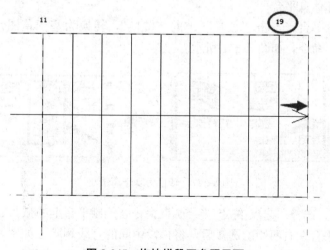

图 8-245　拖拽梯段至参照平面

采用"镜像"命令，将已经绘制的梯段镜像，完成另外两个梯段的绘制，如图 8-246 所示。

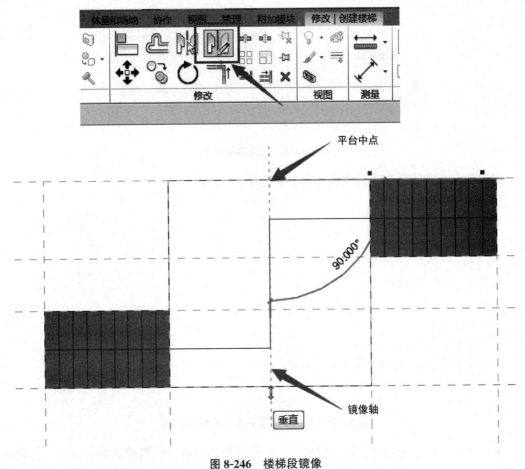

图 8-246　楼梯段镜像

（4）编辑楼梯休息平台

选择楼梯休息平台，点击"工具"中的"转换"，转换为基于草图，再点击"工具"中的"编辑草图"命令，如图 8-247 所示。

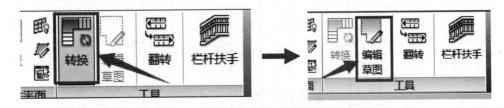

图 8-247　转换为基于草图

点击"边界"，选择"起点-终点-半径弧"命令，绘制平台上的弧，如图 8-248 所示。

绘制完休息平台左右两侧的圆弧后，将梯段中间的直线删除，如图 8-249 所示。点击"完成编辑模式"，完成编辑。编辑完成后的休息平台如图 8-250 所示。

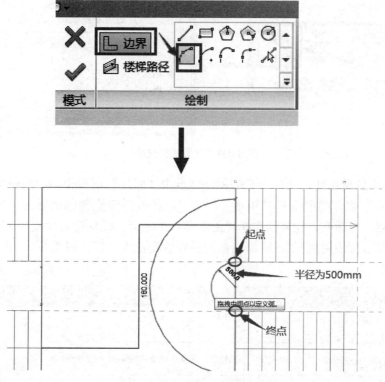

图 8-248　绘制休息平台的圆弧

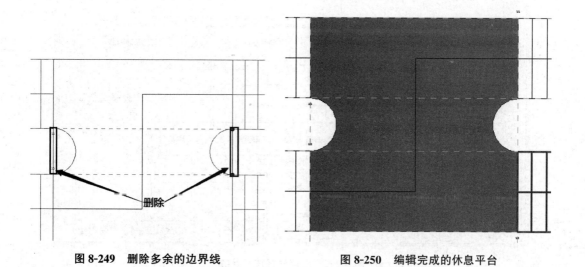

图 8-249　删除多余的边界线　　　　　　　图 8-250　编辑完成的休息平台

（5）绘制并编辑栏杆扶手

在工具中选择"栏杆扶手"，在下拉菜单中选择"900mm"，位置选择"踏板"，如图 8-251 所示。点击"确定"，完成栏杆扶手设置。

此时，楼梯梯段、平台、栏杆扶手都完成了创建，点击"完成编辑模式"，完成楼梯绘制。

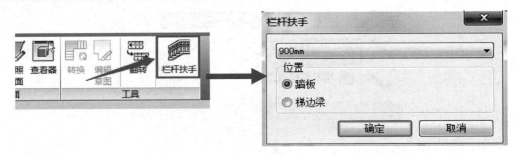

图 8-251 设置栏杆扶手

按任务要求编辑栏杆，选择所有的栏杆，点击"属性"面板中的"编辑类型"，弹出"类型属性"对话框，类型选择"矩形-50×50"，点击栏杆位置选项后的"编辑"，弹出"编辑栏杆位置"对话框，栏杆族选择"正方形：20mm"，栏杆距离设置为280mm，勾选"楼梯上每个踏板都使用栏杆"，将每踏板的栏杆数设置为"1"，如图 8-252 所示，点击确定，完成编辑。

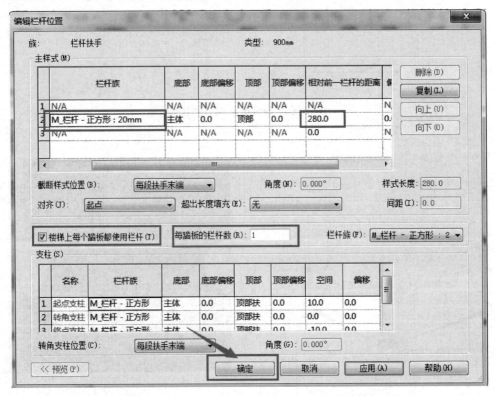

图 8-252 编辑栏杆扶手参数

完成后的楼梯三维模型如图 8-253 所示。

（6）保存文件

点击"快速访问工具栏"中的"保存"按钮，弹出"另存为"对话框，选择文件需要保存的位置，将文件名改为"楼梯扶手"，文件类型为"项目文件"，点击"保存"，完成任务。

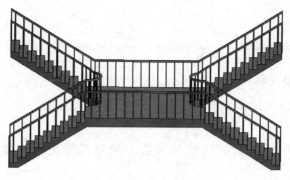

图 8-253　楼梯三维模型

任务 8.5　项目专项

本任务进行项目专项训练，包括坡屋顶项目和平屋顶项目，各选择了比较典型的两套项目，进行考核训练，每套项目都做了考点分析，提示了工作流程，对一些重难点的操作步骤进行了说明，演示了模型成果，请注意分析图纸，独立按照工作页的要求建模，加强项目建模的综合能力。

【思维导图】

```
                                               ┌ 工作页
                                               │ 考点分析
                                               │ 工作流程                    ┌ 坡道的绘制
                              ┌ 二层小别墅 ──┤                           │ 门窗标记及门窗表创建
                              │                │ 操作提示及模型成果 ──┤ 尺寸标注及高程注释
                              │                                             │ 创建图纸
              ┌ 坡屋顶项目 ──┤                                             └ 模型渲染及成果
              │               │                ┌ 工作页
              │               │                │ 考点分析
              │               └ 三层小别墅 ──┤ 工作流程                    ┌ 不通长轴线的修改
              │                                │ 操作提示及模型成果 ──┤ 创建多层楼梯
  项目专项 ──┤                                                             └ 模型渲染及成果
              │                                ┌ 工作页
              │                                │ 考点分析
              │               ┌ 办公楼 ──────┤ 工作流程                    ┌ 玻璃雨篷
              │               │                │                           │ 创建剖面图
              │               │                └ 操作提示及模型成果 ──┤ 导出AutoCAD.dwg文件
              └ 平屋顶项目 ──┤                                             └ 模型及成果
                              │                ┌ 工作页
                              │                │ 考点分析
                              └ 教学楼 ──────┤ 工作流程
                                               │                           ┌ 操作提示
                                               └ 操作提示及模型成果 ──┤ 模型及成果
```

8.5.1 坡屋顶项目

8.5.1.1 二层小别墅

1. 工作页

【任务情境】

根据任务要求及项目图纸创建某二层小别墅三维模型。要求 1.5 小时内完成建模。

【任务要求】综合建模（40 分）

根据以下要求及图纸给定的参数，创建模型并将结果输出。在桌面新建名为"第三题输出结果＋本人姓名"的文件夹，并将结果文件保存在该文件夹内。

（1）BIM 建模环境设置（1 分）

设置项目信息：①项目发布日期：2021 年 6 月 28 日；②项目编号：2021001-1。

（2）BIM 参数化建模（30 分）

1）布置墙体、楼板、屋面

建立墙体模型：

①"外墙-240-红砖"，结构厚 200mm，材质"砖，普通，红色"，外侧装饰面层材质"瓷砖，机制"，厚度 20mm；内侧装饰面层材质"涂料，米色"，厚度 20mm；

②"内墙-200-加气块"，结构厚 200mm，材质"混凝土砌块"。

建立各层楼板和屋面模型：

①"楼板-175-混凝土"，结构厚 175mm，材质"混凝土，现场浇筑-C30"，顶部均与各层标高平齐；

②"屋面-200-混凝土"，结构厚 200mm，材质"混凝土，现场浇筑-C30"，各坡面坡度均为 30°，边界与外墙外边缘平齐。

2）布置门窗

按平、立面图要求，精确布置外墙门窗，内墙门窗位置合理布置即可，不需要精确布置。

门窗规格如下：

① M1527：双扇推拉门-带亮窗，宽 1500mm，高 2700mm；

② M1521：双扇推拉门，宽 1500mm，高 2100mm；

③ M0921：单扇平开门，宽 900mm，高 2100mm；

④ JLM3024：水平卷帘门，宽 3000mm，高 2400mm；

⑤ C2425：组合窗双层三列-上部双窗，宽 2400mm，高 2500mm，窗台高度 500mm；

⑥ C2626：单扇平开窗，宽 2600mm，高 2600mm，窗台高度 600mm；

⑦ C1515：固定窗，宽 1500mm，高 1500mm，窗台高度 800mm；

⑧ C4533：凸窗-双层两列，窗台外挑 140mm，宽 4500mm，高 3300mm，框架宽度 50mm，框架厚度 80mm，上部窗扇宽度 600mm，窗台外挑宽度 840mm，首层窗台高度 600mm，二层窗台高度 30mm。

3）布置楼梯、栏杆扶手、坡道

① 按平、立面要求布置楼梯，采用系统自带构件，名称为"整体现浇楼梯"，并设置最大踢面高度 210mm，最小踏板深度 280mm，梯段宽度 1305mm；

② 楼梯栏杆：栏杆扶手 900mm；

③ 露台栏杆：玻璃嵌板-底部填充，高度 900mm；

④ 坡道：按图示尺寸建立。

（3）建立门窗明细表：均应包含"类型、类型标记、宽度、高度、标高、底高度、合计"字段，按类型和标高进行排序（2 分）

（4）添加尺寸、创建门窗标记、高程注释（2 分）

1）尺寸标记：尺寸标记类型为：对角线 3mm RomanD，并修改文字大小为 4mm；

2）门窗标记：修改窗标记：编辑标记，编辑文字大小为 3mm，完成后载入项目中覆盖；

3）标高标记：对窗台、露台、屋顶进行标高标记。

（5）创建图纸：创建一层平面布置图及南立面布置图两张图纸（2 分）

1）图框类型：A2 公制图框；

2）类型名称：A2 视图；

3）标题要求：视图上的标题必须与考题图纸一致；

4）图纸名称：与考题图纸一致。

（6）模型渲染（2 分）

对房屋的三维模型进行渲染，设置背景为"天空：少云"，照明方案为"室外：日光和人造光"，质量设置为"中"，其他未标明选项不做要求，结果以"二层小别墅渲染＋姓名.jpg"为文件名保存至本题文件夹中。

（7）将模型以"二层小别墅＋姓名"命名保存至桌面文件夹中（1 分）

【任务图纸】

主要图纸如下：

（1）一层平面图如图 8-254 所示；

（2）二层平面图如图 8-255 所示；

（3）屋顶平面图如图 8-256 所示；

（4）南立面图、北立面图如图 8-257 所示；

（5）东立面图、西立面图如图 8-258 所示；

（6）楼梯详图如图 8-259 所示。

2. 考点分析

本项目为坡屋顶别墅建模，总分为 40 分，要求考生在 1.5 小时（90 分钟）内完成建模内容，具体考点分析如下：

（1）BIM 建模环境设置

此为必考项，且操作简单，要求考生必须掌握，具体方法如下：在"管理"选项卡下，点击"项目信息设置"，根据题目要求输入对应的信息即可。

（2）创建标高轴网

标高轴网的绘制在任务 3.3 和任务 3.4 中已有详细步骤，可参考相关内容进行绘制。

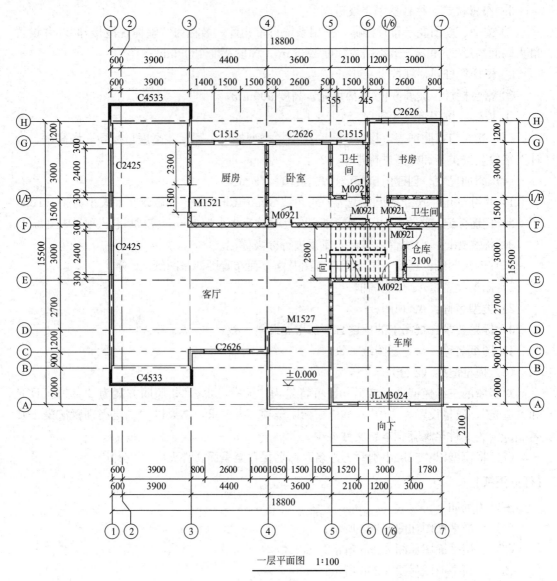

一层平面图　1:100

图 8-254　某二层小别墅一层平面图

轴网绘制完毕后建议考生们先对轴网进行尺寸标注，以免后期发现轴网有误造成返工，标高轴网的绘制方法属于必考项，且操作简单，要求考生必须掌握。

（3）绘制墙体（含内外墙）

墙体绘制方法在任务 3.6 中已有详细步骤，此处不再赘述。

考生在进行参数设置时，需注意区分墙体结构层的内外侧，绘制外墙时，建议按"顺时针"方向进行绘制，这样绘制的外墙，其内外面就不会反向。

此项目为二层别墅，建议考生按楼层分别绘制墙体，以免后期更改，绘制墙体为必考项，要求考生必须掌握。

（4）绘制楼板和台阶

楼板绘制的方法在任务 3.8 中有详细步骤，楼板绘制属于必考项，要求考生必须掌握。

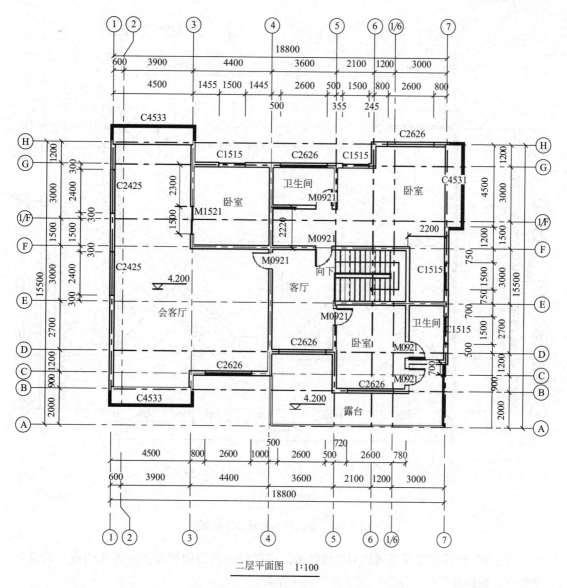

二层平面图 1:100

图 8-255 某二层小别墅二层平面图

台阶的绘制方法在任务8.4中有详细步骤，可参考相关内容完成本项目的绘制。

（5）绘制坡屋顶

屋顶绘制的方法在任务3.8、任务4.2、任务8.3中有详细分析方法及操作步骤，可参考相关内容分析本项目的情况，完成坡屋顶绘制。

坡屋顶绘制时需要仔细识读屋顶平面图，观察是否存在悬挑，对于不存在放坡的边需要取消定义坡度，屋顶绘制是否准确，直接影响建筑模型的外立面、坡屋顶的绘制方法，要求考生必须掌握。

（6）绘制楼梯、露台栏杆

楼梯、栏杆的绘制方法，分别在任务3.9和任务3.10中有详细步骤，可参考相关内容完成本项目的绘制。

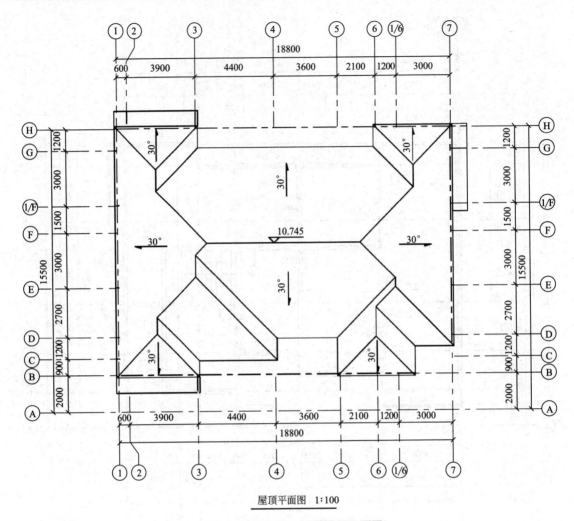

屋顶平面图 1:100

图 8-256 某二层小别墅屋顶平面图

"1+X"建筑信息模型（BIM）初级考证中以整体现浇楼梯为重点考查内容，需要加强练习。楼梯和栏杆的操作，要求考生基本掌握。

另外，提醒考生注意审题，本项目楼梯为双跑楼梯，本项目二层露台栏杆非软件默认类型，根据题目要求需要设置为"露台栏杆：玻璃嵌板-底部填充，高度900mm"，绘制时注意做好参数设置。

（7）绘制坡道

坡道的创建，在之前的任务中还没有练习过，因此为考生新遇到的构件，在本任务"4.操作提示及模型成果"模块，会演示具体操作步骤供大家参考，坡道的操作较为简单，考生多加练习，应能基本掌握。

（8）绘制门窗

门窗的创建方法在任务3.7中已有详细步骤，此处不再赘述。

在考核训练时，虽然门窗的创建方法并不难，但是在创建过程中需要考生不断对比平面图与立面图，找到符合的门窗类型，在有限的时间里，绘制门窗将花费较多的时间，并

图 8-257 某二层小别墅南、北立面图

且分值也非最大，所以建议考生，完成了模型主体后再开始绘制门窗，绘制门窗时以外门窗为主，外立面的门窗必须要整齐美观，内门窗在时间有限的情况下放置在大概位置即可。

门窗的绘制较为简单，但是需要考生大量做题积累经验，要求考生基本掌握。

（9）门窗标记及创建门窗表

关于门窗标记及门窗表，在之前的项目中还没有做过详细介绍，因此，在本任务"4.操作提示及模型成果"模块，将演示具体操作步骤。

创建门窗表在"1＋X"建筑信息模型（BIM）初级考试中属于必考项，操作简单，容

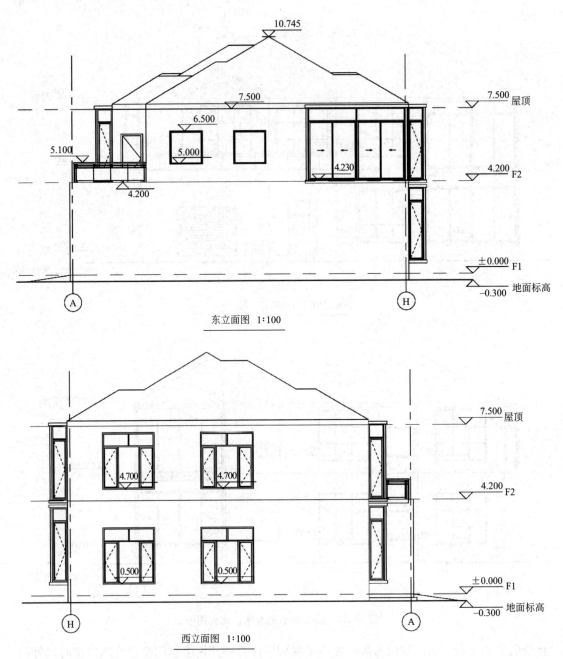

图 8-258 某二层小别墅东、西立面图

易得分，考生多加练习，均可掌握。

（10）模型渲染

完成外门窗绘制后，即可进行模型渲染，此步骤不影响尺寸标注及创建图纸的过程，可提高做题速度；模型渲染操作简单且易得分，要求考生必须掌握。

（11）尺寸标注及高程注释

添加高程注释在之前的项目中没有介绍，在本任务"4. 操作提示及模型成果"模块，

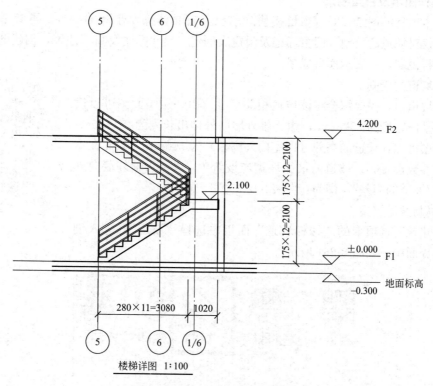

图 8-259　某二层小别墅楼梯详图

会演示具体操作步骤供大家参考，考生多加练习，均可基本掌握。

（12）创建图纸

图纸创建方法在任务 3.13 中有具体操作步骤，操作较为简单，考生多加练习，均可基本掌握。

3. 工作流程

本项目的工作流程如图 8-260 所示。

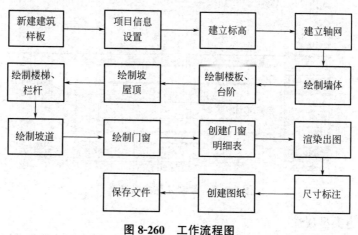

图 8-260　工作流程图

4. 操作提示及模型成果

根据本项目的图纸，对本项目模块之前已经有具体操作步骤的构件，可参考相关内容，本节仅对坡道的绘制，门窗标记及门窗表创建，尺寸标注及高程注释，创建图纸的操作步骤进行说明，并展示模型成果。

（1）坡道的绘制

绘制坡道前，需要综合识读坡道相关尺寸，由一层平面图可以读出：坡道平面宽度为 6300mm，由Ⓐ轴外墙向外伸出长度为 2100mm，由东立面图可知：坡道的高差（即室内外高差）为 300mm，因此在本项目坡道参数设置时，坡道的最大坡道应设置为："＝Ⓐ轴外墙向外伸出长度/坡道的高差"，即为："＝2100/300"。

码8-16
二层小别墅
实训提示1

1）复制坡道类型

在"建筑"选项卡的"楼梯坡道"面板中选择"坡道"，进入创建坡道的界面中，如图 8-261 所示。

图 8-261　坡道命令

开始绘制坡道模式，在"属性"面板中单击"编辑类型"，在弹出的"类型属性"对话框中对"坡道 1"进行复制并命名为"坡道 2"，如图 8-262 所示。

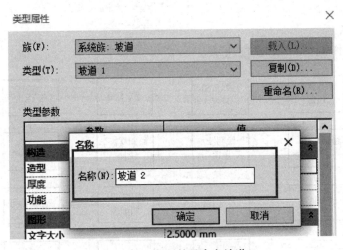

图 8-262　复制并重命名坡道

2）编辑坡道类型属性

坡道的类型属性中，主要需要编辑的是"构造""图形""材质和装饰"和"尺寸标注"这四个选项组。

① 构造

在构造选项组可以设定坡道的造型为"结构板"或"实体",如图 8-263 所示。当造型为板式时,才能设置坡道的厚度尺寸。本项目的室外坡道应设为"实体",功能为"外部"。

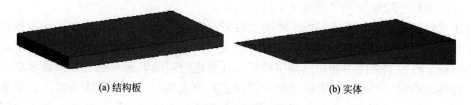

(a) 结构板   (b) 实体

图 8-263 坡道构造

② 图形

在图形选项组中,控制的是坡道标注的字体大小和样式。

③ 材质和装饰

这个选项组可以为坡道设置外观材质。

④ 尺寸标注

在尺寸标注选项组中,设定的是坡道的坡度、坡道水平的极限值,保证绘制的坡道满足规范要求。"最大斜坡长度"用于定义坡道最大长度;"坡道最大坡度(1/x)"用于定义坡道的坡度值,如图 8-264 所示。

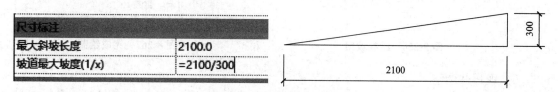

图 8-264 坡道坡度参数设置

3)设置坡道实例属性

坡道的实例属性需要设置坡道在高度方向上的约束条件和坡道的宽度。本项目的坡道为地面标高的-0.300m 至一层的±0.000m 处,坡道的水平宽度为 6300mm,坡道的实例属性设置如图 8-265 所示。

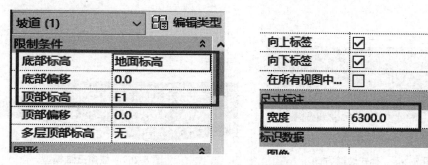

图 8-265 修改坡道实例属性

4）绘制坡道

坡道的绘制是在草图模式中编辑坡道轮廓生成的。草图模式中提供三种工具，使用"梯段"工具直接绘制坡道最为快捷，但是"梯段"工具会将坡道设计限制为直梯段、带平台的直梯段和螺旋梯段。因此可以结合使用"边界"和"踢面"工具分别绘制坡道的边界和起始线、终点线，坡道的"边界"和"踢面"的要求与楼梯相同。一般在绘制异形坡道时，才会使用"边界"和"踢面"工具。

在正式绘制坡道前，需用参照平面将坡道进行定位。本项目的坡道为直线形坡道，选择"梯段"中的"直线"工具，从坡道起始位置（即坡道的最低边的中点位置）单击，向上移动鼠标，在绘制视图中会用灰调字体显示计算应绘制的坡道长度，并预显示坡道长度矩形。在终点位置（即坡道的最高边的中点位置）再次单击，灰调字体会提示已创建长度梯段及剩余长度。当剩余为0时，表示坡道绘制完成，在"模式"面板上，单击"完成编辑模式"退出坡道编辑，如图8-266所示。

在"模式"界面中选择"√"，完成坡道绘制，如图8-267所示。

图 8-266 绘制坡道

图 8-267 完成绘制

5）观察并调整

完成坡道绘制后，切换到三维模型，如发现坡道方向是反向的，则需回到一层平面图中选中坡道，可以观察到坡道两端有箭头标识，将鼠标移动到箭头上，提示"向上翻转楼梯的方向"，单击箭头，坡道的方向就会翻转（翻转坡道只能在平面中进行），如图8-268所示。

绘制完成的坡道，会默认生成两侧栏杆扶手，根据图纸要求，本项目坡道不需要设置栏杆，考生点击两侧栏杆"删除"即可，完成后的坡道如图8-269所示。

图 8-268 翻转坡道方向

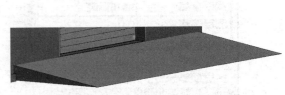

图 8-269 坡道三维模型

（2）门窗标记及门窗表创建

1）门窗标记

门窗表创建的前提是绘制的门窗必须有对应的门窗标记，本项目要求的门窗标记文字大小为 3mm，与软件默认的文字大小一致，无需进行更改。门窗标记常用的方法有两种，具体操作步骤如下：

方法一：在进行门窗类型设置时，除了要按照题目要求设置门窗类型及尺寸外，必须设置与其对应的"类型标记"，例如此项目中 C4533 的凸窗，如图 8-270 所示。如果没有正确设置类型标记，则门窗表所统计的量就会出问题。

图 8-270　类型标记设置

"类型标记"设置完成后，绘制门窗时，在工具栏选择"在放置时进行标记"，则绘制好的门窗就会自动进行标记，如图 8-271 所示。

图 8-271　在放置时进行标记

方法二：同方法一，前提是必须正确设置门窗的"类型标记"，考生在绘制门窗时，如忘记点选"在放置时进行标记"，可以在绘制完成后一次性标记所有门窗。

在"注释"选项卡中点选"全部标记"，如图 8-272 所示。

图 8-272　全部标记

在"全部标记"中选择"窗"标记，点击"应用"，在运用此命令时，要特别注意一点，一次只可标记一种构件，如需要标记窗户时只可选择窗户，标记门时只可选择门，每次选完后需要点击一次"应用"，每层平面图需分别进行一次操作，如图 8-273 所示。

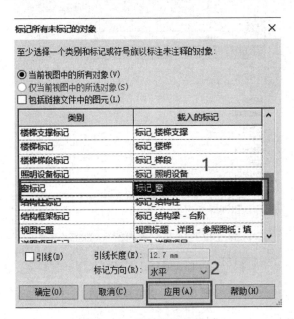

图 8-273　按构件进行标记

2）创建门窗表

完成门窗标记之后即可进行门窗表创建，在"视图"选项卡中选择"明细表"，点击"明细表/数量"，如图 8-274 所示。

图 8-274　创建门窗明细表

在"过滤器列表"中将"建筑"以外其他专业的"✓"取消,方便进行明细表的筛选,如图 8-275 所示。

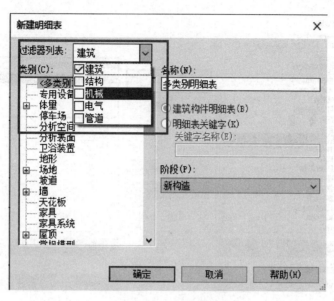

图 8-275 过滤器列表

在"类别"中选择"窗",即可创建窗明细表,在创建门窗明细表时,一次只可创建一种类别,如窗明细表,点击确定,如图 8-276 所示。

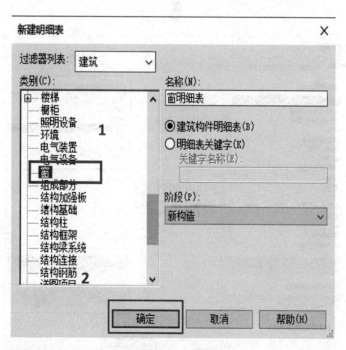

图 8-276 创建窗明细表

进入明细表属性设置,在"字段"中,按照题目要求把"类型、类型标记、宽度、高度、标高、底高度、合计"字段依次添加，并按照题目的字段顺序（从上到下）进行排序，如图 8-277 所示。

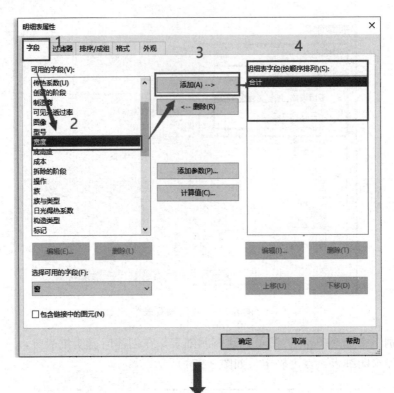

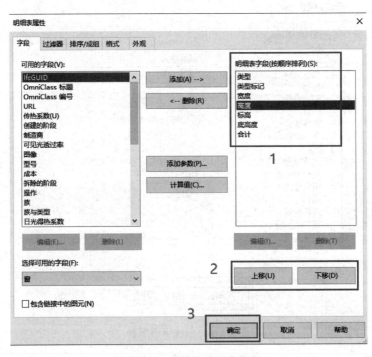

图 8-277　设置窗明细表字段

点击"排序/成组"，按类型和标高进行排序，如图 8-278 所示。

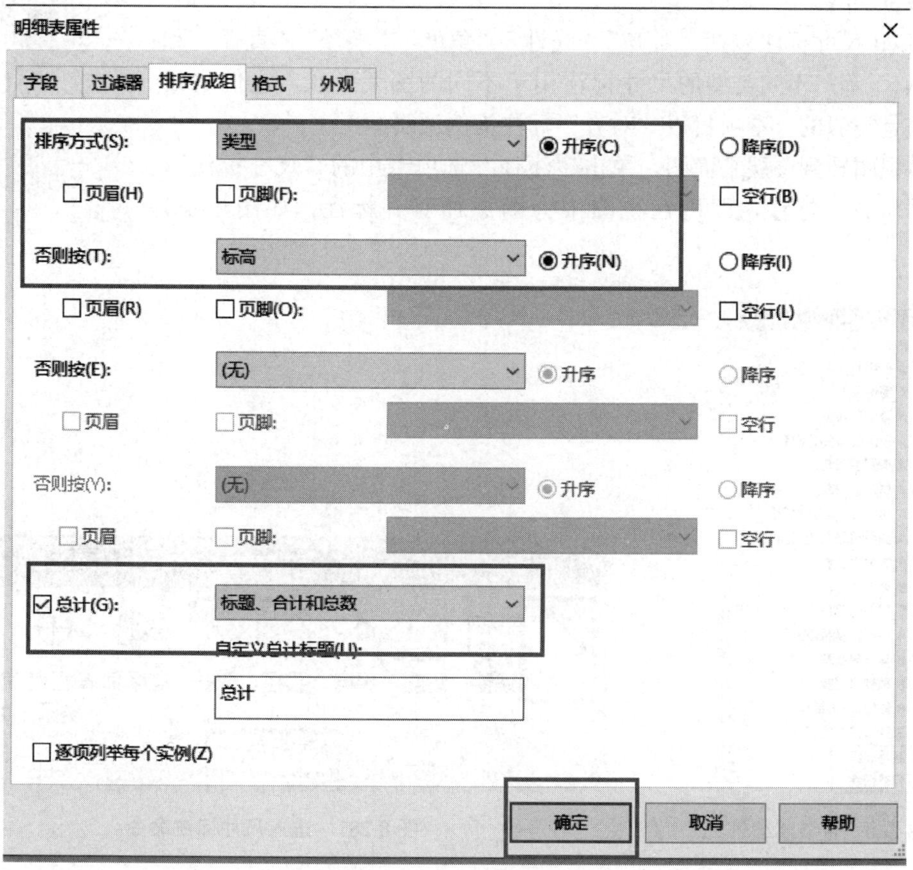

图 8-278　窗明细表排序/成组

点击"确定"后，生成的窗明细表如图 8-279 所示。

			<窗明细表>			
A	B	C	D	E	F	G
类型	类型标记	宽度	高度	标高	底高度	合计
C1515	C1515	1500	1500	F1	000	2
C1515	C1515	1500	1500	F2	800	4
C2425	C2425	2400	2500	F1	500	2
C2425	C2425	2400	2500	F2	500	2
C2626	C2626	2600	2600	F1	600	3
C2626	C2626	2600	2600	F2	600	5
C4533	C4533	4660	3300	F1	600	2
C4533	C4533	4660	3300	F2	30	3
总计: 23						

图 8-279　窗明细表

门明细表的创建方法同窗明细表，此处不再赘述。

明细表完成后，即可在"项目浏览器"中的"明细表/数量"查看，如图 8-280 所示。

（3）尺寸标注及高程注释

1）尺寸标注

Revit 尺寸标注包括"对齐""线性""角度""半径""直径"和"高程点"等。不同类型的尺寸标注用于不同的图元形状，它们的设置方法是类似的，本项目以"对齐"标注为例说明。

码8-17
二层小别墅
实训提示2

将视图转到一层平面图，单击"注释"选项卡中的"尺寸标注"，选择"对齐"标注，即可在视图中为图添加对齐标注，如图 8-281 所示。

图 8-280　查看明细表

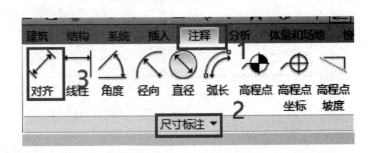

图 8-281　进入尺寸标注命令

单击"对齐"标注的类型属性，可进一步修改该对齐标注的类型，或创建新的对齐标注类型，如图 8-282 所示。根据题目要求，将尺寸标记类型更改为"对角线-3mm RomanD"，并修改文字大小为 4.000mm。

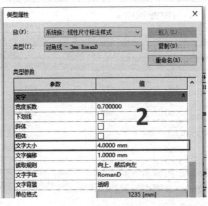

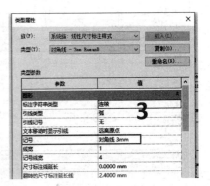

图 8-282　修改对齐标注类型属性

根据各层平面的尺寸进行对齐标注，Revit 中的尺寸标注可连续标注，此处以一层平面图为例进行介绍，标注完成后的平面图如图 8-283 所示。

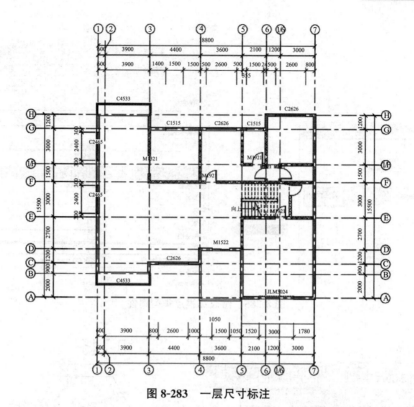

图 8-283　一层尺寸标注

因考试时间有限，尺寸标注在考试中所占的分值不高，建议考生合理安排，例如，此题中要求创建一层平面布置图，在考试中建议先完成一层尺寸标注，并建立图纸。

2）高程注释

根据题目要求，对窗台、露台、屋顶进行标高标记，将视图转到南立面图，单击"注释"→"尺寸标注"→"高程点"，如图 8-284 所示。

图 8-284　进入"高程点"命令

单击"编辑类型"，进入"类型属性"修改界面，因为高程注释属于尺寸标注的一部分，根据题目要求，需要将"高程点"的文字大小修改为"4.0000mm"，如图 8-285 所示。

完成"高程点"类型属性更改后，进入高程点放置界面，Revit 默认的高程点有"引线"和"水平段"，标注时需要单击鼠标 3 次（第 1 次为高程放置点，第 2 次为引线放置，第 3 次为水平段放置）方可放置成功，如图 8-286 所示。

识读南立面图可知，本项目的高程注释无需"引线"和"水平段"，所以在放置"高

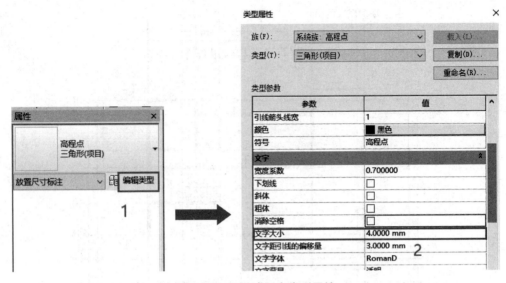

图 8-285　修改高程点类型属性

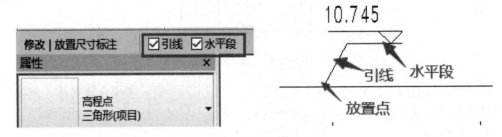

图 8-286　默认高程点样式

程点"时需将"引线"和"水平段"的"√"取消，取消后"高程点"的放置只需单击鼠标 2 次（第 1 次为高程放置点，第 2 次为标高左右方向）即可，如图 8-287 所示。

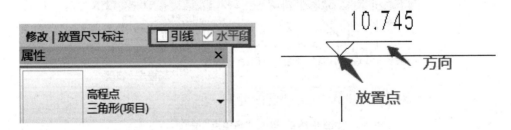

图 8-287　修改默认高程点样式

按照修改后的高程点样式，对南立面的窗台、露台、屋顶进行标高标记，标注完成，如图 8-288 所示。

因考试时间有限，高程注释在考试中所占的分值不高，建议考生合理安排，例如此题中要求创建南立面平面布置图，在考试中建议先完成南立面高程注释，并建立图纸。

（4）创建图纸

在楼层平面中，选中一层平面图，单击鼠标右键，选择"复制视图"→"带细节复

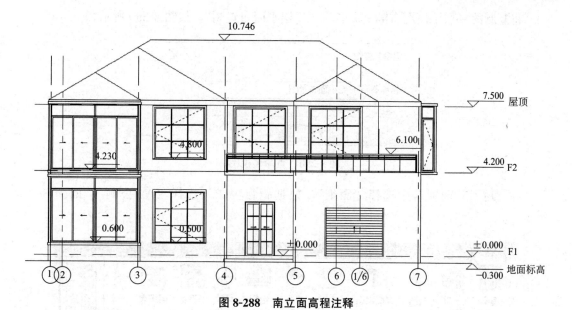

图 8-288　南立面高程注释

制"，如图 8-289 所示。

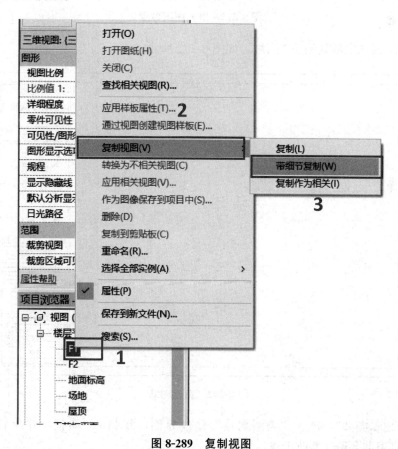

图 8-289　复制视图

将复制的一层平面图右键重命名为"一层平面布置图"，如图 8-290 所示。

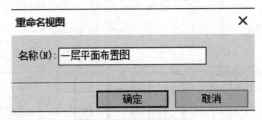

图 8-290　重命名视图

在"视图"选项卡中选择"图纸"，根据题目要求，选择"A2 公制"，如图 8-291 所示。

图 8-291　进入图纸命令

在绘图区域选中新建的 A2 图纸，如图 8-292 所示。

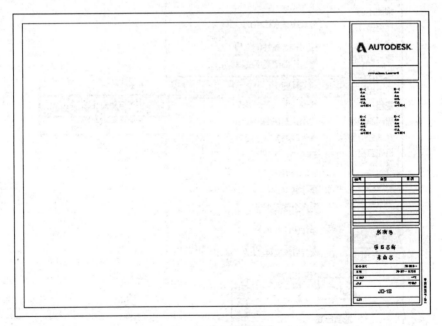

图 8-292　新建图纸

点击"编辑类型"，进入"类型属性"修改界面，复制 A2 图框，并命名为"A2 视图"，即完成类型名称的修改工作，如图 8-293 所示。

在"属性"栏中将图纸名称修改为"一层平面布置图"，即完成视图上的标题必须和

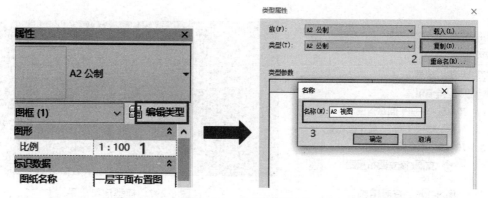

图 8-293　修改类型名称

考题图纸一致的创建工作，如图 8-294 所示。

　　将楼层平面中的一层平面布置图拖拽到 A2 图纸中，如图 8-295 所示，即完成一层平面布置图的创建。

　　南立面布置图的创建方法与一层平面布置图相同，此处不再赘述。

　　创建图纸完成后，即可在"项目浏览器"中的"图纸（全部）"查看，如图 8-296 所示。

　　（5）模型渲染及成果

　　模型按照任务要求进行渲染，成果如图 8-297 所示。

　　模型结果以"二层小别墅渲染＋本人姓名.jpg"为文件名保存至本题文件夹中。

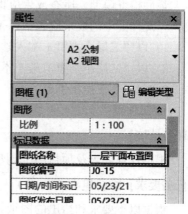

图 8-294　修改图纸名称

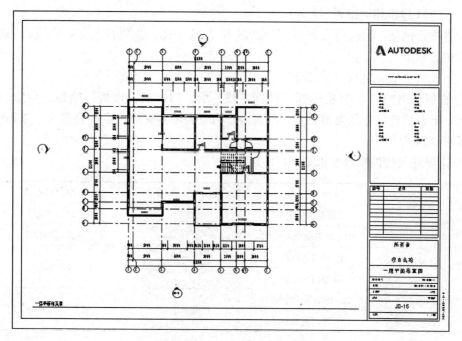

图 8-295　拖拽图纸

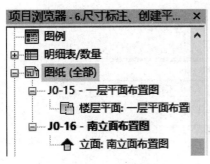

图 8-296　查看图纸

图 8-297　模型渲染成果

最后检查模型，所有成果应保存至电脑桌面的"第三题输出结果＋本人姓名"的文件夹中，文件夹中的成果应包括以下内容：

1）以"二层小别墅＋本人姓名"命名的 Revit 模型文件；

2）以"二层小别墅渲染＋本人姓名.jpg"为文件名保存的模型渲染图片。

8.5.1.2　三层小别墅

1. 工作页

【任务情境】

根据任务要求及项目图纸创建某三层小别墅三维模型。要求 1.5 小时内完成建模。

【任务要求】综合建模（40 分）

根据以下要求和给出的图纸，创建模型并将结果输出。在桌面新建名为"第三题输出结果＋姓名"的文件夹，将本题结果文件保存至该文件夹中。

（1）BIM 建模环境设置（2 分）

设置项目信息：①项目发布日期：2021 年 5 月 4 日；②项目名称：别墅；③项目地址：中国北京市。

（2）BIM 参数化建模（30 分）

① 根据给出的图纸创建标高、轴网、柱、墙、门、窗、楼板、屋顶、台阶、散水、楼梯等，阳台栏杆尺寸及类型自定。门窗需按门窗表尺寸完成，窗台自定义，未标明尺寸不做要求（24 分）。

② 主要建筑构件参数要求如下（6 分）：

外墙-350	10 厚灰色涂料	女儿墙	120 厚砖砌体
	30 厚泡沫保温板	楼板	150 厚混凝土
	300 厚混凝土砌块	屋顶	125 厚混凝土
内墙-240	10 厚白色涂料	柱子	300×300
	10 厚白色涂料		
	220 厚混凝土砌块	散水	宽度 600，厚度 50
	10 厚白色涂料		

（3）创建图纸（5 分）

① 创建门窗明细表，门明细表要求包含：类型标记、宽度、高度、合计字段；窗明细表要求包含：类型标记、底高度、宽度、高度、合计字段；并计算总数（3 分）。

门窗表			
类型	设计编号	洞口尺寸(mm)	数量
普通门	M0821	800×2100	17
	M1521	1500×2100	3
	M1221	1200×2100	1
卷帘门	M2520	2500×1800	1
普通窗	C1518	1500×1800	19
	C2424	2400×2400	3

② 创建项目一层平面图，创建 A3 公制图纸，将一层平面图插入，并将视图比例调整为"1∶100"（2 分）。

（4）模型渲染（2 分）

对房屋的三维模型进行渲染，质量设置为"中"，设置背景为"天空：少云"，照明方案为"室外：日光和人造光"，其他未标明选项不做要求，结果以"三层小别墅渲染＋姓名.jpg"为文件名保存至本题文件夹中。

（5）模型文件管理（1 分）

将模型文件命名为"三层小别墅＋姓名"，并保存至桌面文件夹中。

【任务图纸】

主要图纸如下：

（1）一层平面图如图 8-298 所示；

（2）二层平面图如图 8-299 所示；

（3）三层平面图如图 8-300 所示；

（4）屋顶平面图如图 8-301 所示；

（5）①-⑦轴、⑦-①轴立面图如图 8-302 所示；

（6）Ⓐ-Ⓖ轴、Ⓖ-Ⓐ轴立面图如图 8-303 所示；

（7）楼梯详图如图 8-304 所示。

2. 考点分析

此项目为坡屋顶别墅建模，总分为 40 分，要求考生在 1.5 小时内完成建模内容，具体考点分析如下：

（1）BIM 建模环境设置

此为必考项，要求考生必须掌握。具体方法如下：在"管理"选项卡，点击"项目信息设置"，根据题目要求输入对应的信息如下：

① 项目发布日期：2021 年 5 月 4 日；② 项目名称：别墅；③ 项目地址：中国北京市。

（2）创建标高轴网

标高轴网的绘制方法属于必考项，轴网绘制完毕后建议考生们先对轴网进行尺寸标

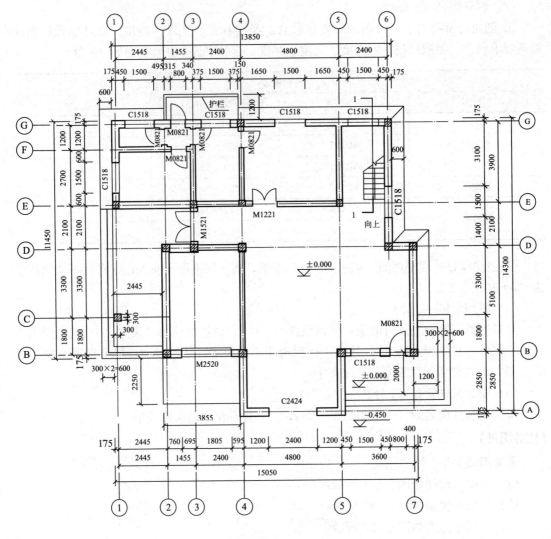

一层平面图 1:100

图 8-298 某三层小别墅一层平面图

注，以免后期发现轴网有误造成返工，标高轴网操作简单，要求考生必须掌握，此三层小别墅项目中的轴线存在不通长轴线的情况，属于本项目重点内容，将在后面的"4. 操作提示及模型成果"中描述具体操作步骤。

（3）绘制柱子

考生在绘制柱子的时候要注意题目要求，例如题目要求使用结构柱的就应该采用结构柱进行绘制，此项目中只要求了柱子的尺寸，对柱子的类型及材质均无要求，考生可根据自己的习惯选择建筑柱/结构柱进行绘制即可，绘制时要注意是否存在偏心。

（4）绘制墙体（含内外墙、女儿墙）

考生在进行参数设置时，需注意区分墙体结构层的内外侧，在绘制外墙时建议按"顺时针"进行绘制，否则外墙的内外会反向，此项目为三层别墅，建议考生按楼层分别绘制

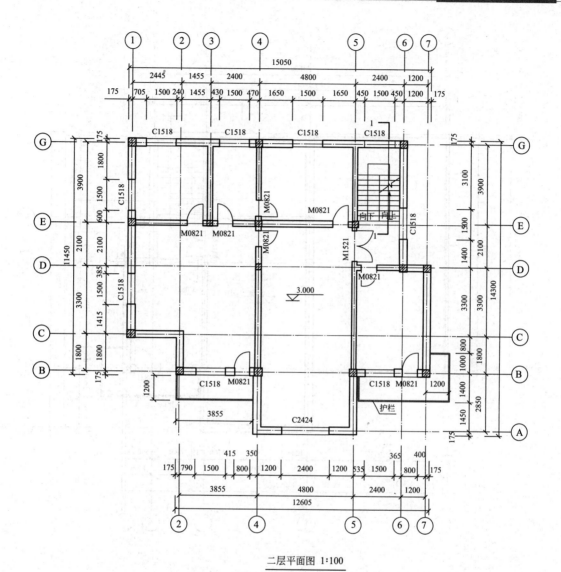

二层平面图 1:100

图 8-299 某三层小别墅二层平面图

墙体，以免后期更改，绘制墙体为必考项，要求考生必须掌握。

（5）绘制楼板

楼板绘制属于必考项，操作相对简单，要求考生必须掌握，绘制楼板时考生需要认真审题，此项目的二层及三层的阳台部分的悬挑板和三层露台部分均可采用楼板一次性绘制，认真审图，可以大大减少工作量。

（6）绘制坡屋顶

坡屋顶绘制时需要仔细识读屋顶平面图，观察是否存在悬挑，每条边的悬挑距离是否一致，此项目中Ⓐ轴往下部分的屋顶悬挑值为"275"，其余部分均为"675"，对于不存在放坡的边需要取消定义坡度，屋顶绘制的正确与否直接影响建筑模型的外立面，坡屋顶的绘制方法相对简单，要求考生必须掌握。

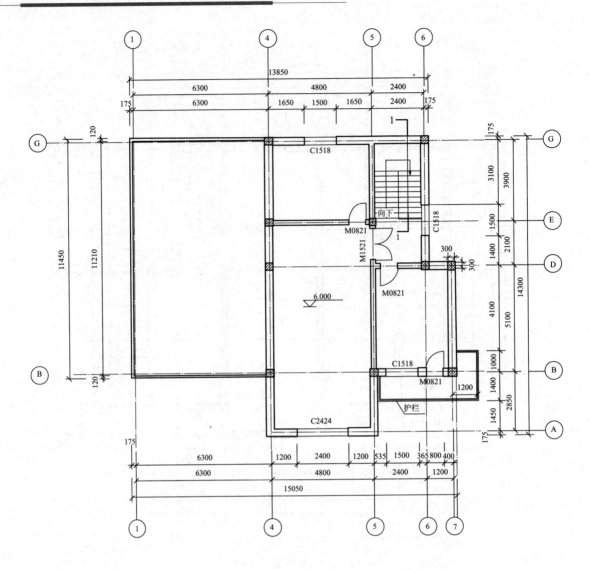

三层平面图 1:100

图 8-300 某三层小别墅三层平面图

（7）绘制阳台栏杆及台阶

此项目阳台栏杆在题目中虽没有要求，但是从立面图中可以看出阳台栏杆为非软件默认类型，需根据立面图选择对应的阳台栏杆类型。阳台栏杆及台阶的操作较为简单，要求考生基本掌握。

（8）绘制坡道

坡道的操作较为简单，考生多加练习，均可基本掌握。此项目中共有 2 个坡道，考生在绘制时需注意坡道的方向，以及有无栏杆，无栏杆的需要删除，有栏杆的注意保留。

（9）绘制散水

本项目的散水在一层的局部设置，其绘制范围，应注意查阅一层平面图，需按图进行

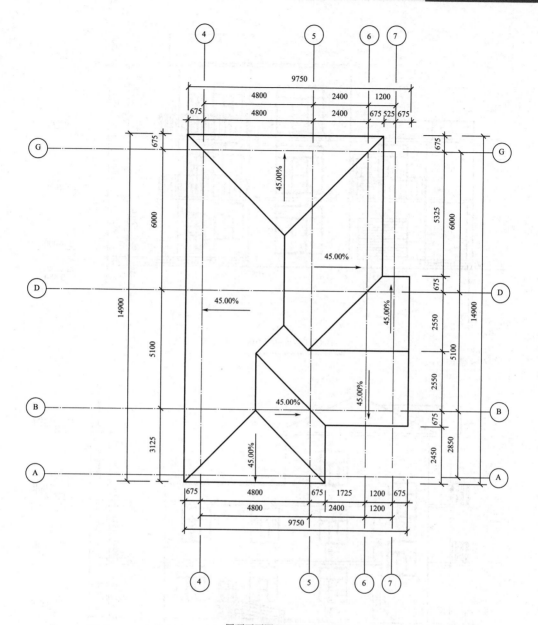

屋顶平面图 1:100

图 8-301 某三层小别墅屋顶平面图

绘制。

（10）绘制楼梯

此项目为多层楼梯（超过 1 层），在之前的项目中没有介绍，为本项目的重点内容，在"4. 操作提示及模型成果"中有具体操作步骤，多层楼梯的创建是"1＋X"建筑信息模型（BIM）初级考试的一个考点，有一定的难度，考生需多加练习。

（11）绘制门窗、门窗标记及门窗表

该部分内容在之前的项目中均有详细步骤，此处不再赘述。在考试中，虽然门窗的创

①-⑦轴立面图 1:100

⑦-①轴立面图 1:100

图 8-302　某三层小别墅①-⑦轴、⑦-①轴立面图

建方法并不难，但是在创建过程中需要考生不断地对比平面图与立面图，找到符合的门窗类型，在有限的时间里，绘制门窗所花费较多的时间，并且分值也非最大，所以一般建议考生在完成了模型主体后再开始绘制门窗，绘制门窗时以外门窗为主，外立面的门窗必须

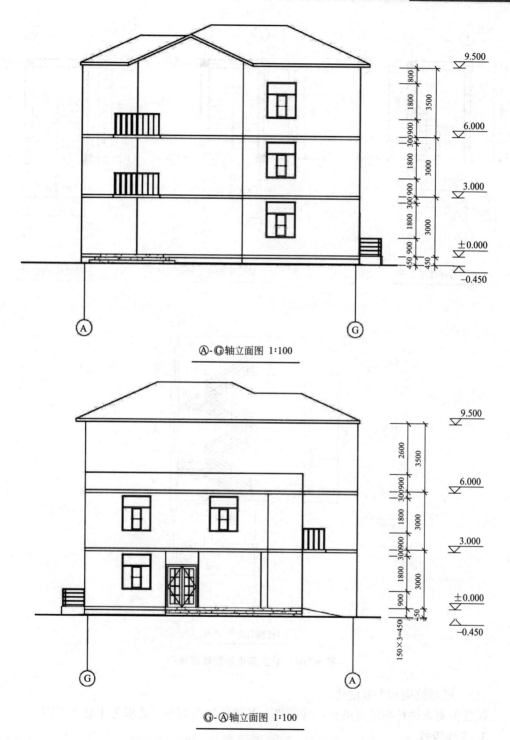

Ⓐ-Ⓖ轴立面图 1:100

Ⓖ-Ⓐ轴立面图 1:100

图 8-303　某三层小别墅Ⓐ-Ⓖ轴、Ⓖ-Ⓐ轴立面图

要整齐美观，内门窗在时间有限的情况下放置在大概位置即可。门窗的绘制较为简单，但是需要考生大量做题积累经验，要求考生基本掌握。

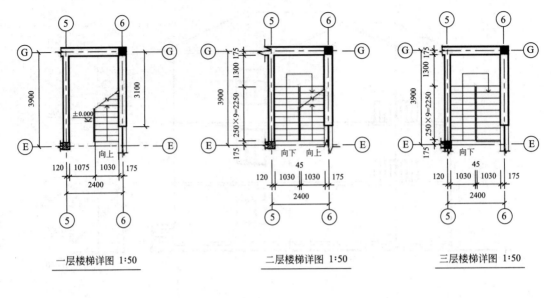

一层楼梯详图 1:50　　　　二层楼梯详图 1:50　　　　三层楼梯详图 1:50

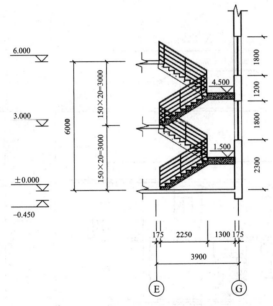

1-1楼梯剖面图 1:50

图 8-304　某三层小别墅楼梯详图

（12）模型渲染和图纸创建

按任务要求进行模型渲染和创建图纸。其操作较为简单，要求考生必须掌握。

3. 工作流程

本项目的工作流程如图 8-305 所示。

4. 操作提示及模型成果

根据本项目的图纸，本节重点对"不通长轴线的修改""创建多层楼梯"的操作步骤进行说明，并展示模型成果。

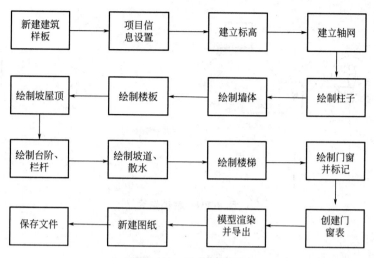

图 8-305　工作流程图

（1）不通长轴线的修改

此项目中存在轴线不通长的情况，对后期尺寸标注、创建图纸均有影响。

在轴网绘制完毕后，需对轴网按照图纸要求进行处理，以一层平面图中的下开间的⑦轴为例。

由图纸可知，下开间的⑦轴，从下往上与①轴相交处截断，所以上开间部分的轴号需要取消，并且需更改其长度，具体操作步骤如下：在绘制好的轴网中，在上开间部分选中⑦轴，将该轴上部方框内的"✓"取消掉，如图 8-306 所示。

码8-18
三层小别墅
实训提示

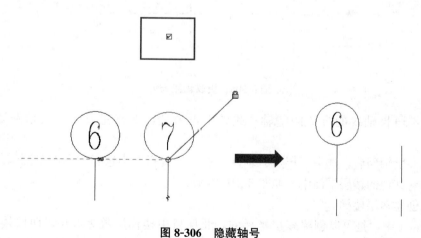

图 8-306　隐藏轴号

继续在上开间部分选中该轴线的端部，进行拖拽，更改其长度，此时发现上开间的所有轴线被一起拖动了，需要点击⑦轴右上方的锁进行解除，方可只拖动⑦轴而不影响其他的轴线，如图 8-307 所示。

将解锁后的⑦轴往下拖拽至与①轴相交处，如图 8-308 所示。

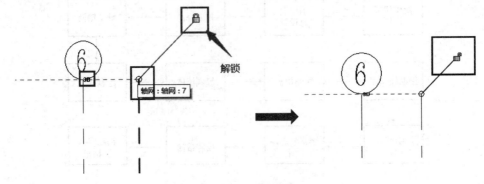

图 8-307　解锁轴线

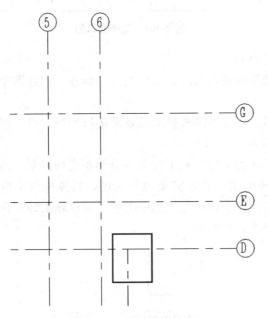

图 8-308　更改轴线长度

其余不通长轴线的方法同⑦轴，此处不再赘述，更改完成的一层轴网如图 8-309 所示。

完成一层轴网后，选中一层所有轴网，在"工具栏"中选择"影响范围"，可将一层轴网影响到其他的楼层平面中，如图 8-310 所示。

（2）创建多层楼梯

在 Revit 中，是可以创建多层楼梯的，此项目中楼梯层数为 2 层，两层楼梯的参数（层高、最小梯段宽度、最大踢面高度、最小踏板深度）均一致，可以利用"多层楼梯"命令进行一次性创建。另外，绘制楼梯之前，需要使用"竖井"命令对楼板进行剖切，留出楼梯洞口，接下来就可以创建多层楼梯了。

在"建筑"选项卡中选择"楼梯"→"楼梯（按构件）"，如图 8-311 所示。

在"属性"栏中选择"整体浇筑楼梯"，如图 8-312 所示。

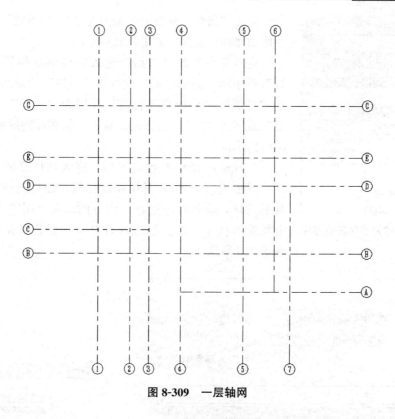

图 8-309 一层轴网

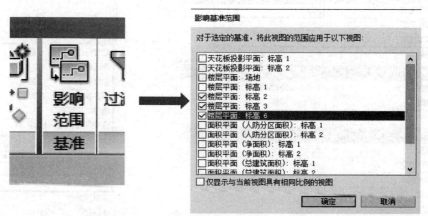

图 8-310 影响范围

图 8-311 进入楼梯命令

图 8-312　选择整体浇筑楼梯

点击"属性"栏中的"编辑类型"，根据题目要求，输入相应的楼梯参数值，如图 8-313 所示。

完成楼梯参数设置后，进入到楼梯绘制界面，在"属性"栏中将"底部标高"设置为"一层"，"顶部标高"设置为"二层"，"多层顶部标高"设置为"三层"，"所需踢面数"设置为"20"（这里只需输入一层楼梯的踢面数），如图 8-314 所示。

完成多层楼梯参数设置后，进入到任意楼层平面（一层/二层/三层均可），开始绘制楼梯，楼梯绘制方法同单层楼梯一样，绘制时应注意上楼方向，在绘制完多层楼梯后，删除沿墙扶手，在三层楼梯处补充一段栏杆扶手即可，如图 8-315 所示。

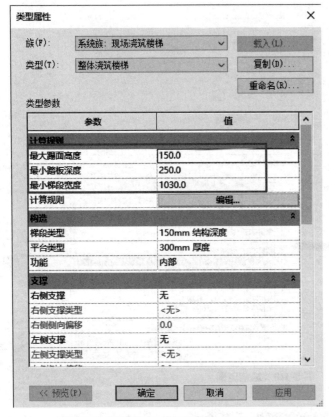

图 8-313　楼梯参数设置

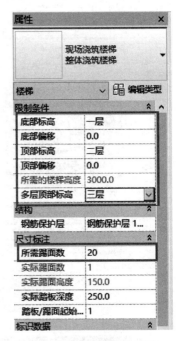

图 8-314　多层楼梯设置

"多层楼梯"命令在标准层的绘制中可以大大减少建模工作量，但在使用此命令前需要注意使用条件：①层高相同；②梯段宽度、踢面高度及踏板深度相同。

（3）模型渲染及成果

将模型按照任务要求进行渲染，结果如图 8-316 所示。

模型结果以"三层小别墅渲染＋本人姓名.jpg"为文件名保存至本题文件夹中。

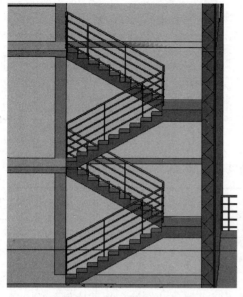

图 8-315　多层楼梯绘制完成　　　　　　图 8-316　模型渲染成果

最后检查，所有成果应保存至电脑桌面的"第三题输出结果＋本人姓名"的文件夹中，文件夹中的成果应包括以下内容：

①以"三层小别墅＋本人姓名"命名的 Revit 模型文件；

②以"三层小别墅渲染＋本人姓名.jpg"为文件名保存的模型渲染图片。

8.5.2　平屋顶项目

8.5.2.1　办公楼

1. 工作页

【任务情境】

根据任务要求及项目图纸创建某办公楼三维模型。要求 1.5 小时内完成建模。

【任务要求】（40 分）

根据以下要求和给出的图纸，创建模型并将结果输出。在桌面新建名为"第三题输出结果＋姓名"的文件夹，将结果文件保存在该文件夹中。

（1）BIM 建模环境设置（1 分）

设置项目信息：①项目发布日期：2021 年 9 月 2 日；②项目编号：2021001-1。

（2）BIM 参数化建模（29 分）

① 根据给出的图纸创建标高、轴网、墙、门、窗、柱、屋顶、楼板、楼梯、洞口、台阶、扶手等。其中，要求门窗尺寸、位置、标记名称正确。未标明的尺寸与样式不作要求（24 分）。

② 主要建筑构件参数要求（5 分）

外墙240	10 厚仿砖涂料	建筑柱	Z1：400×500
	220 厚加气混凝土		Z2：400×400
	10 厚白色涂料	楼板	10 厚瓷砖
内墙200	10 厚白色涂料		154 厚混凝土
	180 厚混凝土砌块	屋顶	150 厚，坡度 1％
	10 厚白色涂料		

（3）创建图纸（8 分）

① 创建门窗表，要求包含类型标记、宽度、高度、底高度、合计，并计算总量（2 分）。

门	M1	1800×2400	窗	C1	1600×1800
	M2	1500×2400		C2	2800×2000
	M3	750×2000		C3	3800×1200
	M4	600×1800			

② 建立 A3 尺寸图纸，创建"1-1 剖面图"，样式要求（尺寸标注；视图比例：1：100；图纸命名：1-1 剖图；轴头显示样式：在底部显示）（6 分）。

（4）模型文件管理（2 分）

① 用"办公楼＋姓名"为项目文件命名，并保存项目（1 分）。

② 将创建的"1-1 剖面图"图纸导出为 AutoCAD. dwg 文件，命名为"1-1 剖面图"（1 分）。

【任务图纸】

主要图纸如下：

（1）首层平面图如图 8-317 所示；

（2）二层平面图如图 8-318 所示；

（3）屋顶平面图如图 8-319 所示；

（4）南立面图、北立面图如图 8-320 所示；

（5）东立面图、西立面图如图 8-321 所示；

（6）1-1 剖面图如图 8-322 所示。

2. 考点分析

此项目为平屋顶办公楼建模，总分为 40 分，要求考生在 1.5 小时内完成建模内容，具体考点分析如下：

（1）BIM 建模环境设置

此为必考项，建模初始应按任务要求进行设置。

（2）创建标高轴网

此项目中有不通长轴线，创建时请注意按图调整。

（3）绘制柱子、墙体、楼板、平屋顶

绘制柱子、墙体、楼板、平屋顶构件，均为必考项，操作相对简单，要求考生必须掌握，绘制时请认真审图。

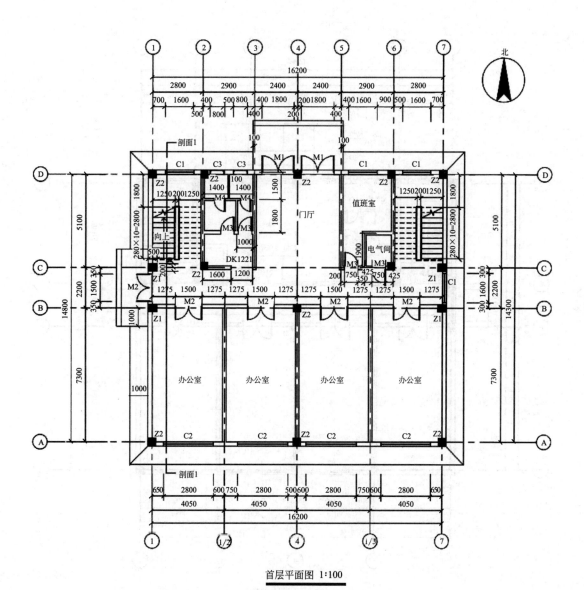

首层平面图 1:100

图 8-317　某办公楼首层平面图

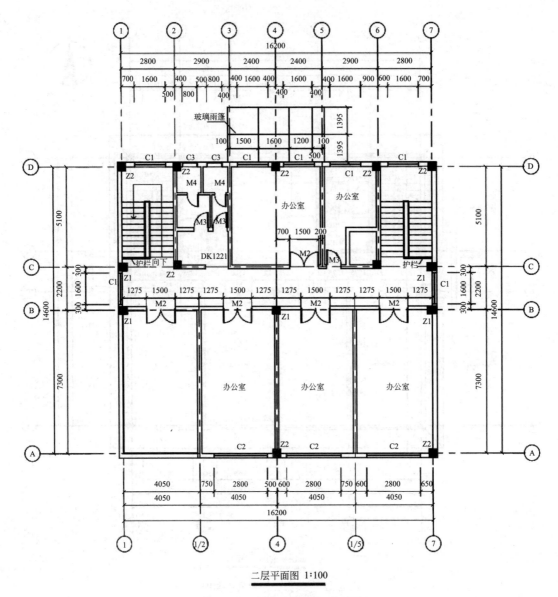

二层平面图 1:100

图 8-318 某办公楼二层平面图

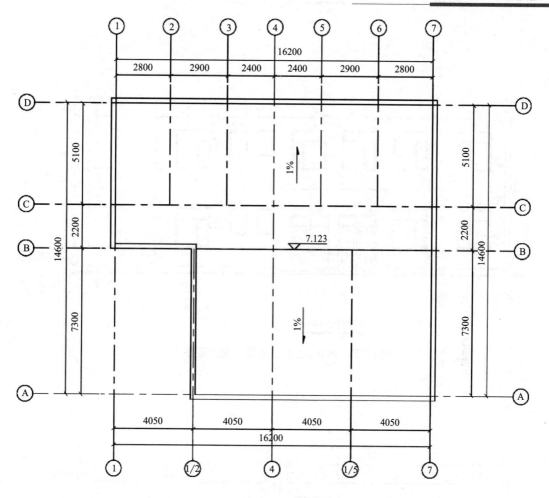

屋顶平面图 1:100

图 8-319 某办公楼屋顶平面图

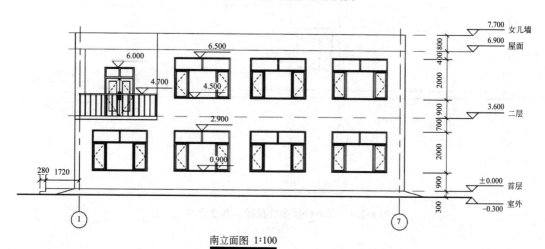

南立面图 1:100

图 8-320 某办公楼南立面图、北立面图 (一)

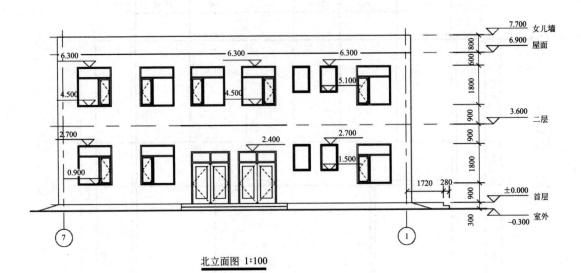

北立面图 1:100

图 8-320　某办公楼南立面图、北立面图（二）

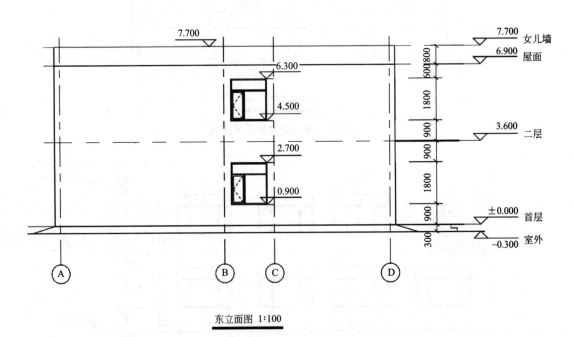

东立面图 1:100

图 8-321　某办公楼东立面图、西立面图（一）

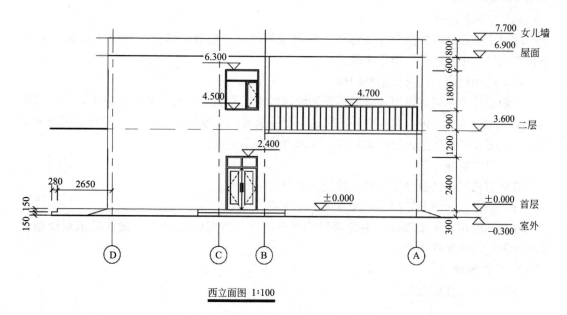

西立面图 1:100

图 8-321 某办公楼东立面图、西立面图（二）

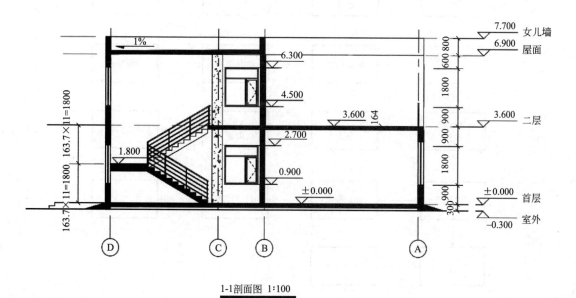

1-1剖面图 1:100

图 8-322 某办公楼 1-1 剖面图

另外，此项目的二层部分有露台，可采用楼板一次性进行绘制。

（4）绘制楼梯

此项目为双跑楼梯，一共有两个，左右对称布置，初级考证中以整体现浇楼梯为重点考查内容，要求考生基本掌握，多加练习。

（5）绘制栏杆及台阶、散水

此项目二层露台栏杆在题目中没有要求，需根据立面图选择对应的栏杆类型，栏杆及台阶、散水的操作较为简单，要求考生基本掌握。

（6）绘制玻璃雨篷

玻璃雨篷在之前的项目中未涉及，为此项目的重点内容，将在后面的"4. 操作提示及模型成果"中描述具体操作步骤。

（7）绘制门窗、门窗标记及门窗表

一般建议考生完成模型主体后再开始绘制门窗，绘制门窗时以外门窗为主，外立面的门窗必须整齐美观，内门窗在时间有限的情况下放置在大概位置即可。门窗的绘制较为简单，但是需要考生大量做题积累经验，要求考生基本掌握。

（8）尺寸标注

具体方法之前已有详细步骤，此处不再赘述。

（9）创建剖面图及导出 AutoCAD. dwg 文件

在之前的项目中未涉及，为此项目的重点内容，将在后面的"4. 操作提示及模型成果"中描述具体操作步骤。

3. 工作流程

本项目的工作流程如图 8-323 所示。

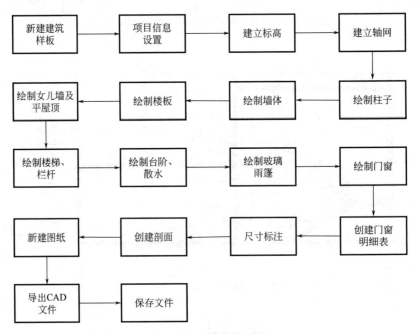

图 8-323　工作流程图

4. 操作提示及模型成果

根据本项目的图纸，本节重点对"玻璃雨篷""创建剖面图""导出 AutoCAD. dwg 文件"的操作步骤进行说明，并展示模型成果。

（1）玻璃雨篷

此项目在二层平面图①轴外墙面以外，③轴～⑤轴间，有一个玻璃雨篷，玻璃雨篷绘制步骤如下：

在"建筑"选项卡中找到"屋顶"→"迹线屋顶"，如图 8-324 所示。

码8-19
办公楼
实训提示

在"属性"下拉中选择"玻璃斜窗",如图 8-325 所示。

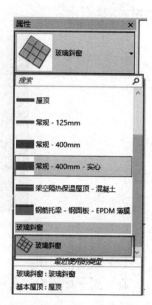

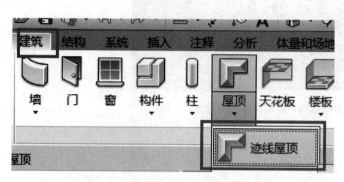

图 8-324 进入"迹线屋顶"命令

图 8-325 选择"玻璃斜窗"

进入绘图界面,选择"边界线"中的直线命令,按照二层平面图中玻璃雨篷的尺寸进行绘制,绘制完成在"模式"界面中选择"√",绘制完成后的玻璃雨篷如图 8-326 所示。

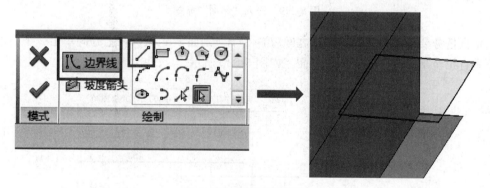

图 8-326 绘制玻璃雨篷

观察图纸可知,玻璃雨篷上有网格划分,与玻璃幕墙的网格划分类似,在"建筑"选项卡中选择"幕墙网格",进入该命令,如图 8-327 所示。

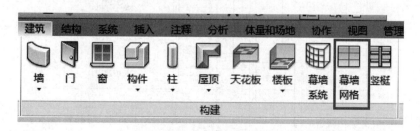

图 8-327 幕墙网格划分

根据图示尺寸，对玻璃雨篷进行水平方向和垂直方向的网格划分，完成后的玻璃雨篷如图 8-328 所示。

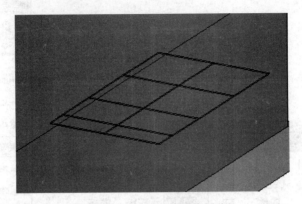

图 8-328　玻璃雨篷网格划分

（2）创建剖面图

在一层平面图中，在快速工具栏中选择"剖面"，如图 8-329 所示。

图 8-329　进入"剖面"命令

根据任务要求，在①轴到②轴之间放置一个"剖面 1"，鼠标在上开间单击一下，然后向下垂直拉至下开间，即可创建剖面，如图 8-330 所示。

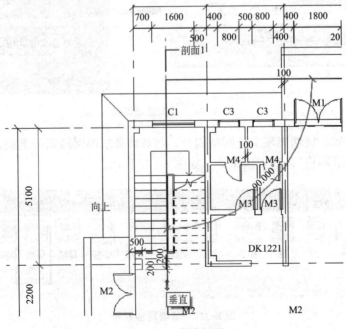

图 8-330　创建剖面

对于创建完成的剖面，如发现投射线方向有误，可在平面视图中选中剖切线，点击"翻转剖面"即可对投射线方向进行调整，如图 8-331 所示。

剖面图创建完毕后，在"项目浏览器"中会自动生成相应的剖面，根据题目要求，在"项目浏览器"中找到剖面 1，单击鼠标右键，将其重命名为"1-1 剖面图"，如图 8-332 所示。

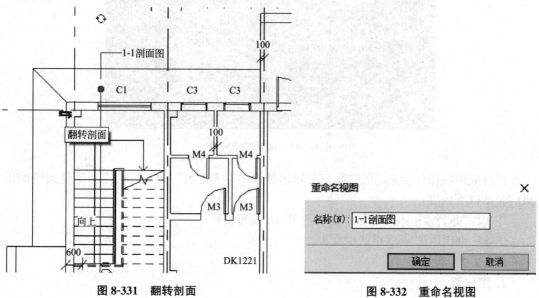

图 8-331　翻转剖面

图 8-332　重命名视图

（3）导出 AutoCAD. dwg 文件

转到已创建好的 1-1 剖面图纸界面，点击 Revit 图标，选择"导出"→"CAD"→"DWG"，如图 8-333 所示。

DWG 导出设置中不需要做更改，直接点击"下一步"，按照题目要求，选择文件要保存的位置为桌面文件夹，将文件命名为"1-1 剖面图"，点击"确定"，完成 Auto-CAD. dwg 文件导出。导出后的文件如图 8-334 所示。

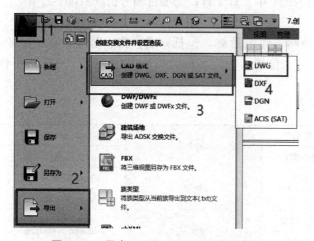

图 8-333　导出 AutoCAD. dwg 文件的步骤

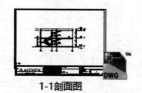

1-1剖面图

图 8-334　导出 AutoCAD. dwg 文件

（4）模型及成果

该项目的三维模型如图 8-335 所示。

图 8-335　模型渲染效果

所有成果应保存至桌面的"第三题输出结果＋本人姓名"的文件夹中，文件夹中的成果应包括以下内容：

① 以"办公楼＋本人姓名"命名的 Revit 模型文件；

② 1-1 剖面图的 dwg 格式的文件。

8.5.2.2　教学楼

1. 工作页

【任务情境】

根据任务要求及项目图纸创建某教学楼三维模型。要求 1.5 小时内完成建模。

【任务要求】（40 分）

根据以下要求和给出的图纸，创建模型并将结果输出。在桌面新建名为"第三题输出结果＋姓名"的文件夹，将结果文件保存在该文件夹。

（1）BIM 建模环境设置（2 分）

设置项目信息：①项目发布日期：2021 年 2 月 1 日；②项目编号：2021001-1。

（2）BIM 参数化建模（28 分）

① 根据给出的图纸创建标高、轴网、建筑形体，包括：墙、窗、幕墙、柱、屋顶、楼板、楼梯、洞口。其中，要求门尺寸、位置、标记名称正确。未标明尺寸与样式不作要求。

② 主要建筑构件参数要求详见下表。

外墙	10mm 厚红色外贴砖	楼板	30mm 厚水泥砂浆
	200mm 厚混凝土砌块		120mm 厚现浇混凝土
	10mm 厚白色涂料	屋顶	30mm 厚水泥砂浆
内墙	10mm 厚白色涂料		120mm 厚现浇混凝土
	200mm 厚混凝土砌块	建筑柱	600mm×600mm
	10mm 厚白色涂料		

（3）创建图纸（8 分）

① 创建门窗表，要求包含类型标记、宽度、底高度、高度、合计，并计算总数（2 分）。

窗明细表（单位：mm）

类型标记	尺寸	窗台高
C3020	3000×2000	800
C0918	900×1800	800
C5026	5000×2600	800

门明细表（单位：mm）

类型标记	尺寸
M0921	900×2100
M1524	1500×2400
M3621	3600×2100
M1	1750×2100

② 建立 A3 或 A4 尺寸图纸，创建 "2-2 剖面图"，样式要求（尺寸标注；视图比例：1∶200；图纸命名：2-2 剖面图；轴头显示样式：在底部显示）（6 分）。

（4）模型文件管理（2 分）

① 用 "教学楼＋姓名" 为项目文件命名，并保存项目（1 分）。

② 将创建的 "2-2 剖面图" 图纸导出为 AutoCAD.dwg 文件，命名为 "2-2 剖面图"（1 分）。

【任务图纸】

主要图纸如下：

（1）一层平面图（图 8-336）

（2）二层平面图（图 8-337）

（3）三层平面图（图 8-338）

（4）屋顶平面图（图 8-339）

（5）南立面图（图 8-340）

（6）北立面图（图 8-341）

（7）东立面图（图 8-342）

（8）西立面图（图 8-343）

（9）1-1 剖面图（图 8-344）

（10）一层北立面幕墙详图、一层东立面幕墙详图（图 8-345）

2. 考点分析

此项目为平屋顶教学楼建模，总分为 40 分，要求考生在 1.5 小时内完成建模内容。

本项目的考点包括：

（1）BIM 建模环境设置

（2）创建标高轴网

（3）绘制柱子、墙体、楼板、平屋顶

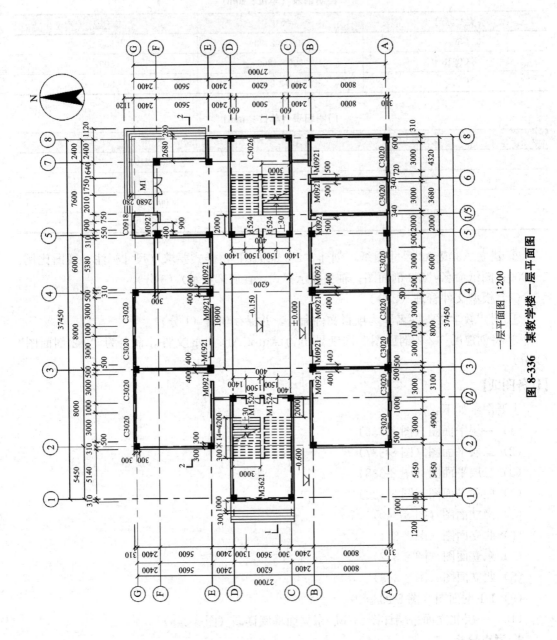

一层平面图 1:200

图 8-336　某教学楼一层平面图

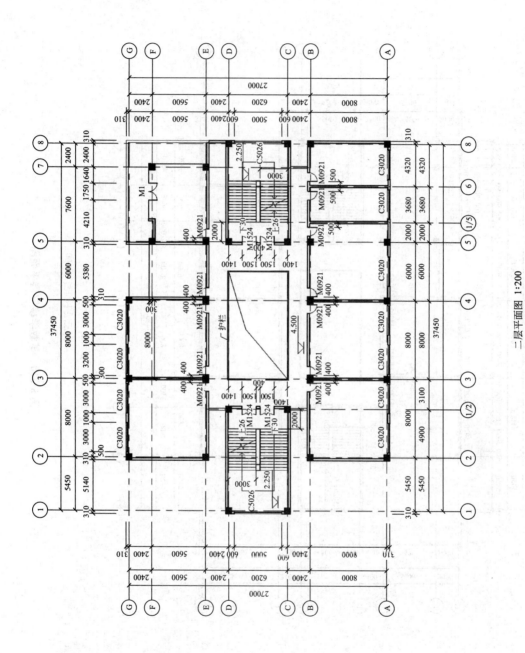

二层平面图 1:200

图 8-337　某教学楼二层平面图

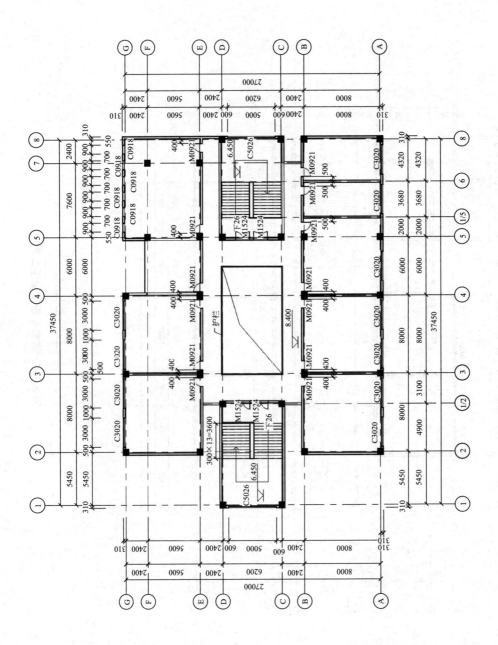

三层平面图 1:200

图 8-338 某教学楼三层平面图

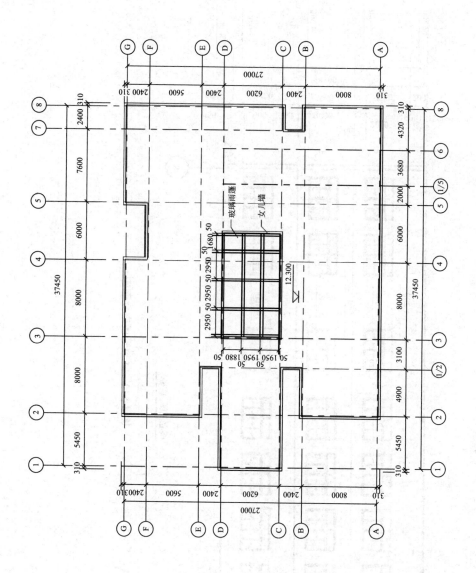

屋顶平面图 1:200

图 8-339 某教学楼屋顶平面图

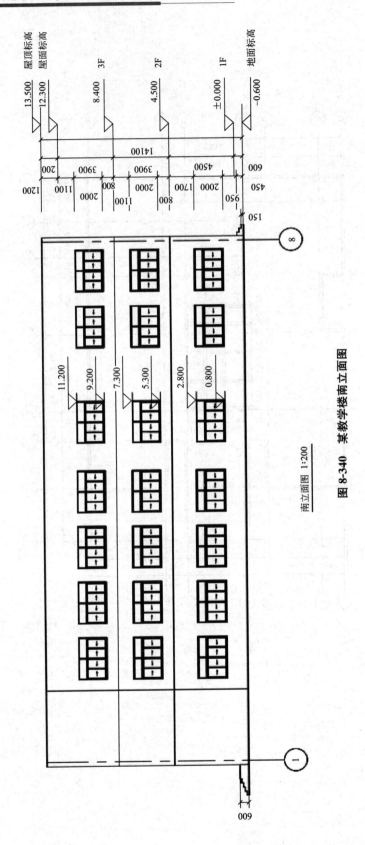

南立面图 1:200

图 8-340 某教学楼南立面图

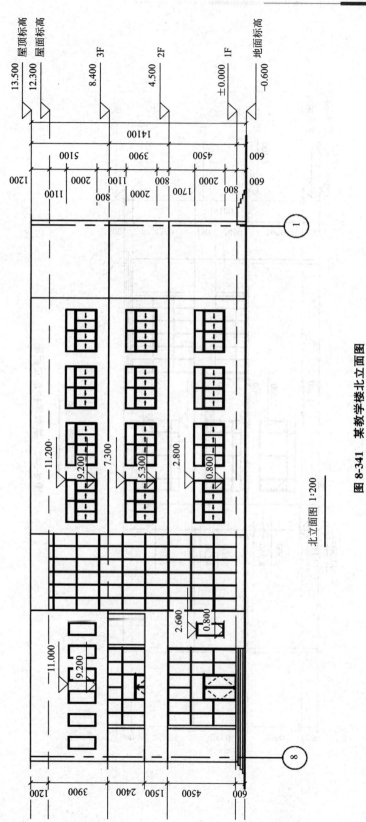

北立面图 1:200

图 8-341 某教学楼北立面图

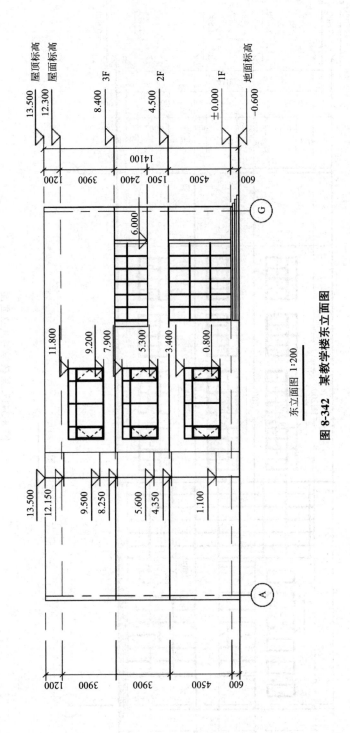

东立面图 1:200

图 8-342 某教学楼东立面图

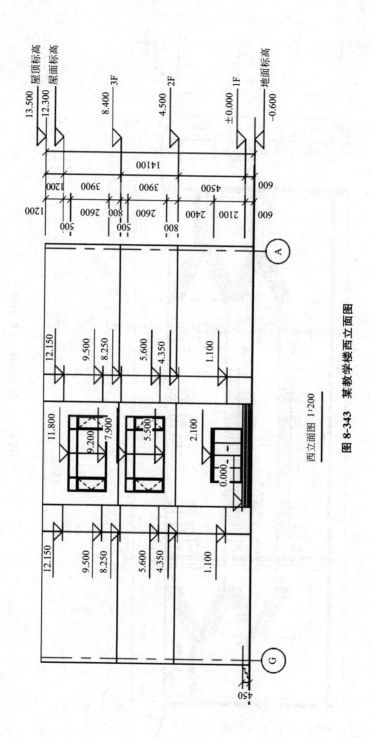

西立面图 1:200

图 8-343　某教学楼西立面图

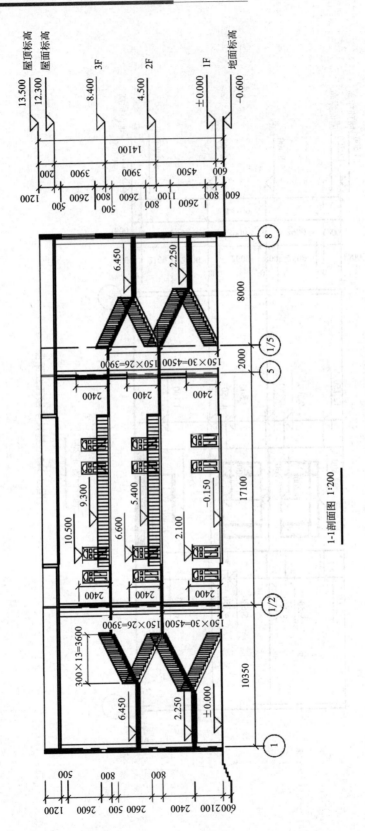

图 8-344 某教学楼 1-1 剖面图

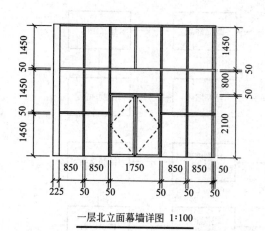

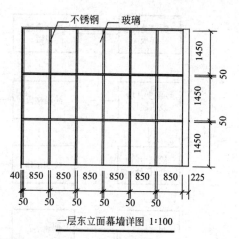

一层北立面幕墙详图 1:100　　　　一层东立面幕墙详图 1:100

图 8-345　某教学楼幕墙详图

（4）绘制台阶、栏杆

（5）绘制楼梯

此项目的楼梯为两层，其中首层层高为 4.5m，二层层高为 3.9m，层高不同，不可使用"多层楼梯"绘制，不同层高的楼梯需分别绘制，应细心识读楼梯参数。

（6）绘制玻璃雨篷

屋顶层有一玻璃雨篷，请认真审图，按前面平屋顶办公楼建模的方法进行绘制。

（7）绘制幕墙

本项目的东立面、北立面均设有幕墙，在设置幕墙竖梃时需要认真识读任务要求及幕墙详图，按照要求选择对应的竖梃类型。幕墙的创建在 1＋X 建筑信息模型（BIM）初级考证中是一个热点，操作步骤有一定的难度，需要多加练习。

（8）绘制门窗、门窗标记及门窗表

（9）尺寸标注

（10）创建剖面图及导出 AutoCAD. dwg 文件

注意：根据任务要求，剖面图创建时，建立 A3 或 A4 尺寸图纸，此处建议采用 A3 图幅，图纸命名为 2-2 剖面图，轴头显示样式在底部显示，视图比例为 1：200。

3. 工作流程

本项目的工作流程如图 8-346 所示。

4. 操作提示及模型成果

（1）操作提示

此项目中所有涉及的构件操作方法在之前的项目里均有涉及，软件操作层面上并无重难点，但是项目的体量较大，建筑形体较为复杂，考验的是识图能力，软件操作综合能力，因此在建模过程中，需细心识图，认真审题，考点分析中涉及的绘图提示需要灵活运用，方可事半功倍。

（2）模型及成果

该项目的三维模型如图 8-347 所示。

所有成果应保存至桌面的"第三题输出结果＋姓名"的文件夹中，文件夹中的成果应

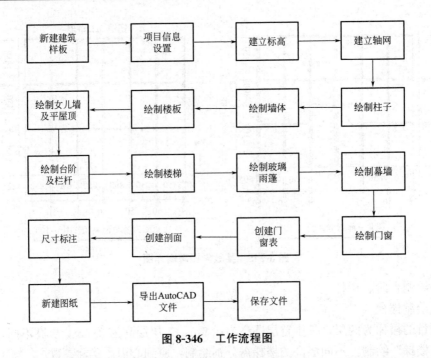

图 8-346　工作流程图

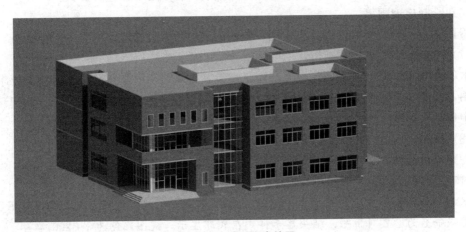

图 8-347　模型渲染效果

包括以下内容：

　　1）以"教学楼＋本人姓名"命名的 Revit 模型文件；

　　2）2-2 剖面图的 dwg 格式的文件。

▶▶ 项目 9 综合实训

【项目目标】

知识目标：

1. 理解模型创建工具使用时的相关设置和注意事项；
2. 熟悉"1+X"建筑信息模型（BIM）初级考证题目类型；
3. 熟练掌握建筑模型的创建流程。

能力目标：

1. 具备"1+X"建筑信息模型（BIM）初级考证能力；
2. 熟练使用 Revit 软件，掌握建筑模型的绘制技巧；
3. 掌握"1+X"建筑信息模型（BIM）初级考证技巧。

【思维导图】

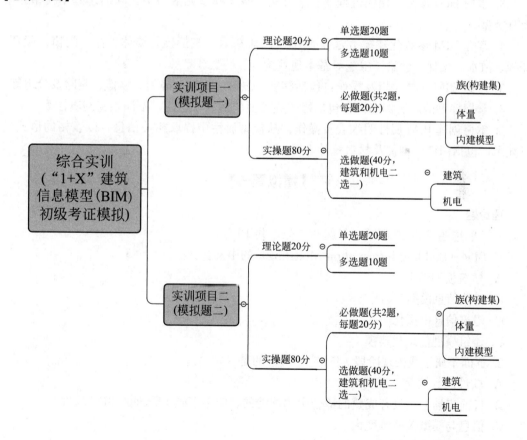

【目的】

以一套初级模拟题进行综合实训，按照考证题型设置题目类型，实训时间为 3 小时，完成理论题＋实操题的模拟训练，熟悉完整的 "1＋X" 建筑信息模型（BIM）初级考证流程，并自测成绩。

码9-1
"1+X" 建筑信息
模型(BIM)模拟题
说明及答题技巧

【要求】

1. 掌握 BIM 建模软件的基本概念和基本操作（建模环境设置、项目设置、坐标系定义、标高及轴网绘制、命令与数据的输入等）。

2. 掌握样板文件的创建（参数、族、视图、渲染场景、导入导出以及打印设置等）。

3. 掌握 BIM 参数化建模过程及基本方法：基本模型元素的定义和创建基本模型元素及其类型。

4. 掌握 BIM 参数化建模方法及操作：包括基本建筑形体，墙体、柱、门窗、屋顶、楼板、散水、楼梯、台阶、雨篷等基本建筑构件。

5. 掌握 BIM 实体编辑及操作：包括移动、复制、旋转、阵列、镜像、删除及分组等。

6. 掌握模型的族实例编辑：包括修改族类型的参数、属性，添加族实例属性等。

7. 掌握创建 BIM 属性明细表及操作：从模型属性中提取相关信息，以表格的形式进行显示，包括门窗、构件及材料统计表等。

【模拟题一】

理论题

一、单选题（共 20 道题，每题 0.5 分，共 10 分）

1. BIM（Building Information Modeling）的中文含义是（　　）。

A. 建筑模型信息

B. 建筑信息模型

C. 建筑信息模型化

D. 建筑模型信息化建模

2. 下面不属于我国现阶段 BIM 应用国情的是（　　）。

A. 软件间数据交互难度大

B. 目前市场上还没有成熟的适合中国国情的、应用于施工管理的 BIM 软件

C. 信息与模型关联难度大

D. 无法进行成本控制

3. 视图样板中管理的对象不包括（　　）。

A. 相机方位　　　　　　　　　　　　　　B. 模型可见性

C. 视图详细程度　　　　　　　　　　　D. 视图比例

4. 以下关于从业人员与职业道德关系的说法中，你认为正确的是（　　　）。

A. 遵守职业道德与否，应该视具体情况而定

B. 只有每个人都遵守职业道德，职业道德才会起作用

C. 每个从业人员都应该以德为先，做有职业道德之人

D. 知识和技能是第一位的，职业道德则是第二位的

5. BIM 软件中的 5D 概念不包含（　　　）。

A. 质量信息　　　　　　　　　　　　　B. 几何信息

C. 成本信息　　　　　　　　　　　　　D. 进度信息

6. 下列软件无法完成建模工作的是（　　　）。

A. Tekla　　　　　　　　　　　　　　B. MagiCAD

C. ProjectWise　　　　　　　　　　　 D. Revit

7. 多专业协同、模型检测，是一个多专业协同检查的过程，也可以称为（　　　）。

A. 模型整合　　　　　　　　　　　　　B. 成本分析

C. 深化设计　　　　　　　　　　　　　D. 碰撞检查

8. 以下机电管线在机房工程的管道综合排布中，最优先排布的是（　　　）。

A. 空调水管道　　　　　　　　　　　　B. 通风管道

C. 电气桥架　　　　　　　　　　　　　D. 喷淋管道

9. BIM 模型的（　　　）特点，使施工过程中可能发生的问题，提前到设计阶段来处理，减少了施工阶段的反复，不仅节约了成本，更节省了建设周期。

A. 可视化　　　　　　　　　　　　　　B. 协调性

C. 模拟性　　　　　　　　　　　　　　D. 优化性

10. 在我国现阶段普及最广的 BIM 软件是（　　　）。

A. CAD　　　　　　　　　　　　　　　B. Projectwise

C. BIM5D　　　　　　　　　　　　　　D. Revit

11. BIM 技术起源于（　　　）。

A. 英国　　　　　　　　　　　　　　　B. 德国

C. 美国　　　　　　　　　　　　　　　D. 法国

12. BIM 在施工项目管理的应用中，涉及碰撞分析、管线综合，综合空间优化属于（　　　）模块的应用。

A. 基于 BIM 的深化设计

B. 基于 BIM 的施工工艺模拟优化

C. 基于 BIM 的可视化交流

D. 基于 BIM 的施工和总承包管理

13. 使用"对齐"编辑命令时，要对相同的参照图元执行多重对齐，请按住（　　　）。

A. Ctrl 键　　　　　　　　　　　　　　B. Tab 键

C. Shift 键　　　　　　　　　　　　　　D. Alt 键

14. 钢结构深化设计因为其（　　　），在 BIM 应用软件出现之前，平面设计软件很难满足要求。

A. 高成本　　　　　　　　　　　　B. 国内应用少

C. 空间几何造型特征　　　　　　　D. 节点数量

15. 由于 Revit 中有内墙面和外墙面之分，最好按照（　　）方向绘制墙体。

A. 顺时针　　　　　　　　　　　　B. 逆时针

C. 根据建筑的设计决定　　　　　　D. 顺时针逆时针都可以

16. 将明细表添加到图纸中的正确方法是（　　）。

A. 图纸视图下，在设计栏"基本－明细表/数量"中创建明细表后单击放置

B. 图纸视图下，在设计栏"视图－明细表/数量"中创建明细表后单击放置

C. 图纸视图下，在"视图"下拉菜单中"新建－明细表/数量"中创建明细表后单击放置

D. 图纸视图下，从项目浏览器中将明细表拖拽到图纸中，单击放置

17. 以下关于栏杆扶手创建说法正确的是（　　）。

A. 可以直接在建筑平面图中创建栏杆扶手

B. 可以在楼梯主体上创建栏杆扶手

C. 可以在坡道上创建栏杆扶手

D. 以上均可

18. 建筑工程设计文件一般分为初步设计和（　　）。

A. 再次设计　　　　　　　　　　　B. 施工图设计

C. 详细设计　　　　　　　　　　　D. 机械设计

19. BIM 技术在施工阶段的主要任务不包括（　　）。

A. 成本管理　　　　　　　　　　　B. 进度管理

C. 设计方比选　　　　　　　　　　D. 资源管理

20. 以下对于 Revit 高低版本和保存项目文件之间的关系描述正确的是（　　）。

A. 高版本 Revit 可以打开低版本项目文件，并只能保存为高版本项目文件

B. 高版本 Revit 可以打开低版本项目文件，可以保存为低版本项目文件

C. 低版本 Revit 可以打开高版本项目文件，并只能保存为高版本项目文件

D. 低版本 Revit 可以打开高版本项目文件，可以保存为低版本项目文件

二、多选题（共 10 道题，每题 1 分，共 10 分）

1. 使用过滤器列表按规程过滤类别，其类别类型包括（　　）。

A. 建筑　　　　　　　　　　　　　B. 机械

C. 协调　　　　　　　　　　　　　D. 管道

E. 规程

2. 下列符合 BIM 工程师职业道德规范的有（　　）。

A. 寻求可持续发展的技术解决方案

B. 树立客户至上的工作态度

C. 重视方法创新和技术进步

D. 以项目利润为基本出发点考虑问题，利用自身的专业优势，诱导关联方做出对自己有利的决定

E. 进度高于一切，工期紧张时降低模型成果质量，先提交一版成果

3. 下列 BIM 软件属于建模软件的是（　　）。

A. Revit

B. Civil3D

C. Navisworks

D. Lumion

E. Catia

4. 下列选项中，关于碰撞检查软件的说法正确的是（　　）。

A. 碰撞检查软件与设计软件的互动分为通过软件之间的通信和通过碰撞结果文件进行的通信

B. 通过软件之间的通信可在同一台计算机上的碰撞检查软件与设计软件进行直接通信，在设计软件中定位发生碰撞的构件

C. MagiCAD 碰撞检查模块属于 MagiCAD 的一个功能模块，将碰撞检查与调整优化集成在同一个软件中，处理机电系统内部碰撞效率很高

D. 将碰撞检测的结果导出为结果文件，在设计软件中加载该结果文件，可以定位发生碰撞的构件

E. Navisworks 支持市面上常见的 BIM 建模工具，只能检测"硬碰撞"

5. 在应用 BIM 进行碰撞检查中，常见的碰撞内容包括（　　）。

A. 建筑与结构专业

B. 结构与设备专业

C. 建筑与设备专业

D. 设备内部各专业

E. 设备与室内装修

6. Revit 视图"属性"面板"规程"参数中包含的类型有（　　）。

A. 建筑

B. 结构

C. 电气

D. 暖通

E. 给水排水

7. 在"建筑"选项栏中的"洞口"命令下具体包含（　　）等功能。

A. 垂直洞口

B. 水平洞口

C. 竖井洞口

D. 面洞口

E. 老虎窗洞口

8. 创建构件时提示"绘制的构件在视图平面内不可见"的原因有（　　）。

A. 材质设置

B. 可见性设置

C. 过滤器设置

D. 视图范围

E. 规程

9. Revit 软件机电系统颜色设置的方法有（　　）。

A. 过滤器

B. 材质

C. 图形替换

D. 模型类别

E. 模型类型

10. BIM 软件宜具有与（　　）等技术集成或融合的能力。

A. 物联网

B. 自动控制

C. 移动通信

D. 无人驾驶

E. 地理信息系统

实操题

考生须知：

1. 第一题、第二题为必做题，第三题两道考题，考生二选一作答；

2. 考生需要将每道实操题的所有成果放入以"考题号"命名的文件夹内，并以 zip 格式压缩上传至考试平台（例：01.zip）；

3. 实操题答完一题上传一题，重复上传以最后一次上传的成果答案为准。

一、按照下面平、立面绘制鼓，根据给定尺寸建立模型，请将模型文件以"鼓＋考生姓名"保存在考生文件夹中（20分）。

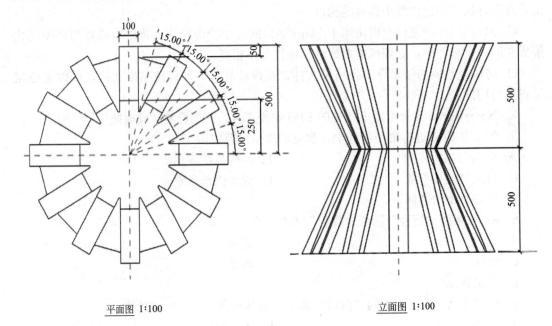

平面图 1:100　　　　　　　　　　　　　　　立面图 1:100

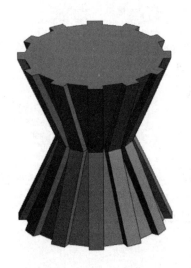

三维图 1:100

二、根据给定尺寸，创建气水分离器模型，气水分离器三个基脚间角度为120°，材质整体设为"不锈钢"，请将模型以"气水分离器＋考生姓名"保存至本题文件夹中（20分）。

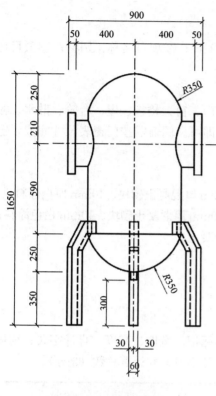

主视图 1:15

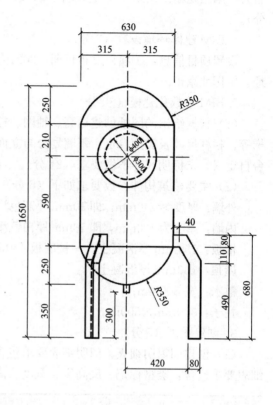

右视图 1:15

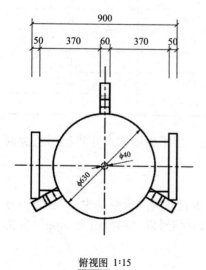

俯视图 1:15

三、综合建模（以下两道考题，考生二选一作答）（40分）

考题一：根据以下要求和给出的图纸，创建模型并将结果输出。在考生文件夹下新建名为"第三题输出结果+考生姓名"的文件夹，将本题结果文件保存至该文件夹中（40分）。

1.BIM建模环境设置（2分）

设置项目信息：①项目发布日期：2021年4月21日；②项目名称：别墅；③项目地址：中国北京市。

2.BIM参数化建模（30分）

（1）根据给出的图纸创建标高、轴网、柱、墙、门、窗、楼板、屋、台阶、散水、楼梯等，栏杆尺寸及类型自定，幕墙划分与立面图近似即可。门窗需按门窗表尺寸完成，窗台自定义，未标明尺寸不做要求（24分）。

（2）主要建筑构件参数要求如下（6分）：

外墙：厚度为240mm，即10mm厚灰色涂料、220m厚混凝土砌块、10mm厚白涂料；

内墙：厚度为120mm，即10mm厚白色涂料、100mm厚混凝土砌块、10mm白色涂料；

楼板：150mm厚混凝土，一楼底板450mm厚混凝土；

屋顶：100mm厚混凝土；

散水：宽800mm；

柱子：300mm×300mm。

3.创建图纸（5分）

（1）创建门窗明细表，门明细表要求包含：类型标记、宽度、高度、合计字段；窗明细表要求包含：类型标记、底高度、宽度、高度、合计字段，并计算总数（3分）。

门窗表			
类型	设计编号	洞口尺寸(mm)	数量
单扇木门	M0820	800×2000	2
	M0921	900×2100	8
双扇木门	M1521	1500×2100	2
玻璃嵌板门	M2120	2100×2000	1
双扇窗	C1212	1200×1200	10
固定窗	C0512	500×1200	2

（2）创建项目一层平面图，再创建A3公制图纸，将一层平面图插入并将视图比例调整为1：100（2分）。

4.模型渲染（2分）

对房屋的三维模型进行渲染，质量设置为"中"，设置背景为"天空：少云"，照明方案为"室外：日光和人造光"，其他未标明选项不做要求，结果以"别墅渲染.jpg"为文件名保存至本题文件夹中

5.模型文件管理（1分）

将模型文件命名为"别墅+考生姓名"，并保存项目文件。

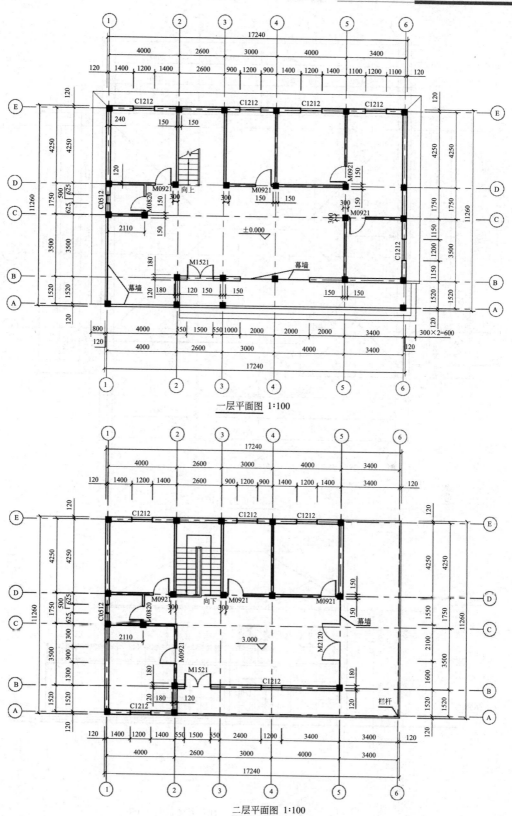

一层平面图 1:100

二层平面图 1:100

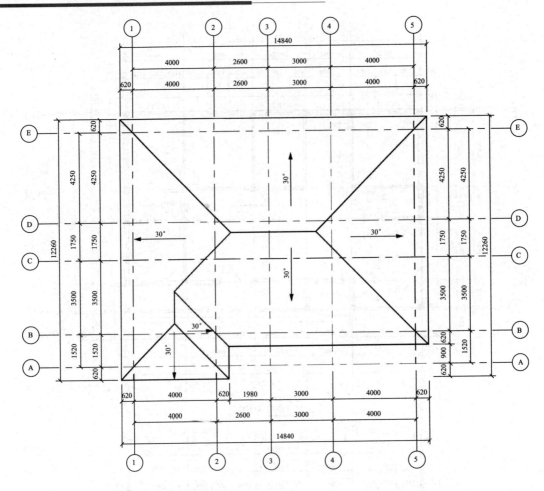

屋顶平面图 1:100

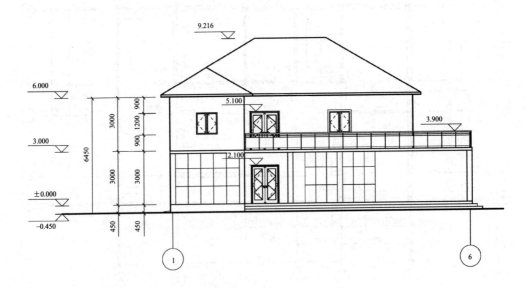

①—⑥立面图 1:150

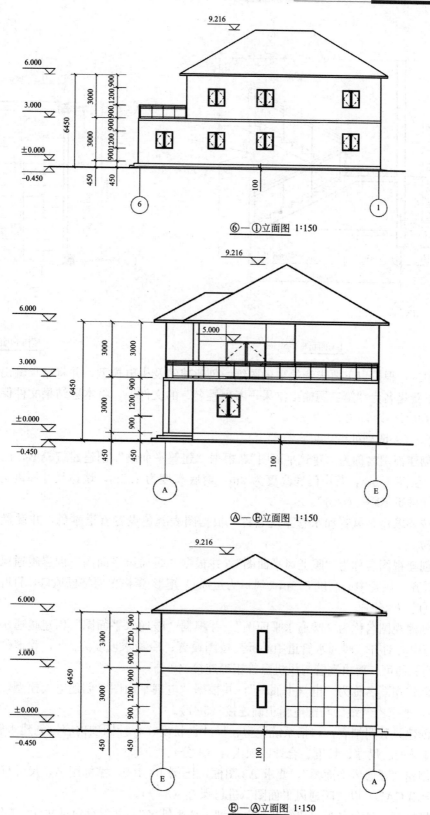

⑥—①立面图 1:150

Ⓐ—Ⓔ立面图 1:150

Ⓔ—Ⓐ立面图 1:150

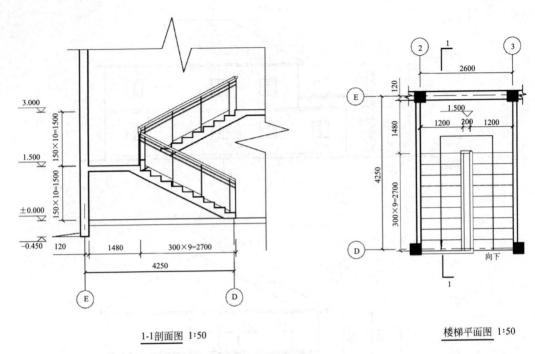

1-1剖面图 1:50   楼梯平面图 1:50

考题二：根据以下要求和给出的图纸，创建建筑及机电模型，并将结果输出。在考生文件夹下新建名为"第三题输出结果＋考生姓名"的文件夹，将本题结果文件保存至该文件夹中（40分）。

要求：（未明确处考生可自行确定）

1. 创建视图名称为"建筑平面图"，根据"建筑平面图"创建建筑模型，已知建筑位于首层，层高 4.0m，其中门底高度为 0m，窗底高度为 1.2m，墙体尺寸厚度为 200mm、100mm（材质不限）（6分）。

2. 按要求命名风管和水管系统名称，根据图表颜色设置管道颜色，并设置管道过滤器（6分）。

3. 创建视图名称为"暖通风平面图"，并根据"暖通风平面图"创建暖通风模型，风管中心对齐，风管中心高度 3.6m，风口为送风口-矩形-蛋格单层格栅风口，百叶风口为矩形防水百叶（6分）。

4. 创建视图名称为"暖通水平面图"，并根据"暖通水平面图"创建暖通水模型，暖通水管道中心对齐，暖通水管道中心标高按图设置；冷凝水坡度为 1%，管道位置按图大概位置绘制即可，要求水管与风机盘管正确连接（8分）。

5. 创建视图名称为"电气平面图"，并根据"电气平面图"创建电气模型，配电箱标高 0.4m，要求电气线管与配电箱正确连接（5分）。

6. 创建风管明细表，包括系统类型、尺寸、长度、合计四项内容；创建水管明细表，包括系统类型、尺寸、长度、合计四项内容（4分）。

7. 创建"暖通风平面图"，要求 A3 图框，比例 1：100，需标图名，尺寸标注不作要求，并导出 CAD，以"暖通风平面图"进行保存（3分）。

8. 将模型文件命名为"建筑及机电模型＋考生姓名"，并保存项目文件（2分）。

系统名称及颜色编号

系统名称	颜色编号（RGB）
SF-送风管	0,0,255
EA-排风管	255,128,0
XF-新风管	0,255,25
n-冷凝水管	255,0,255
LG-空调冷水供水管	0,255,0
LH-空调冷水回水管	0,255,0
LG-空调热水供水管	255,0,0
LH-空调热水回水管	255,0,0

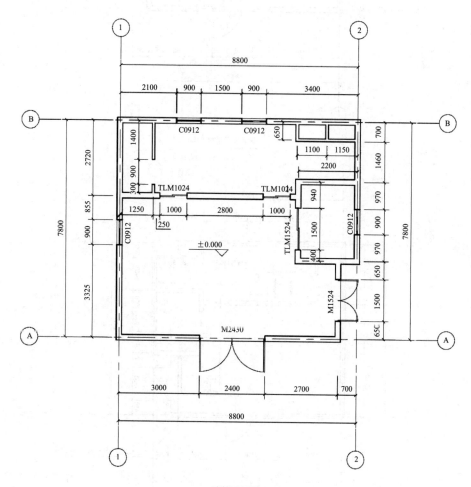

建筑平面图 1:80

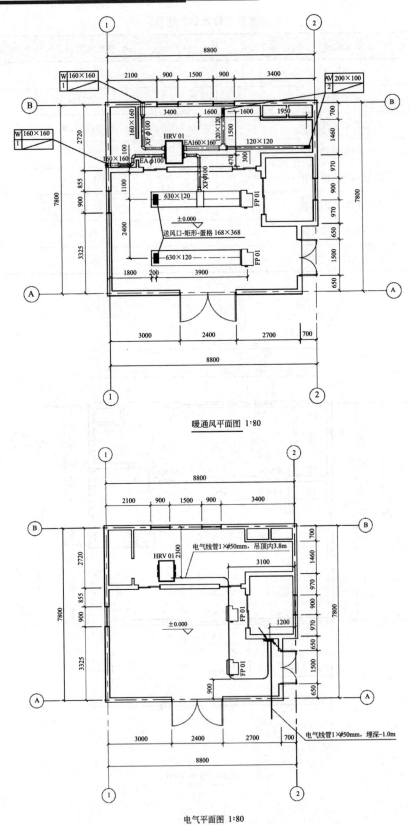

暖通风平面图 1:80

电气平面图 1:80

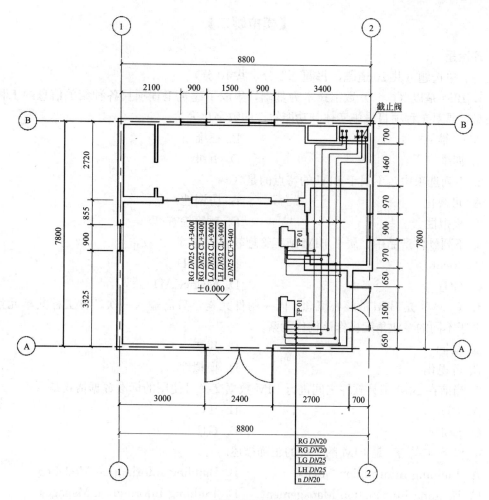

暖通水平面图 1:80

任务 9.2 实训项目二

【目的】

在第一套模拟题的基础上，再次实训一套初级模拟题，实训时间为 3 小时，完成理论题＋实操题的模拟训练，巩固"1＋X"建筑信息模型（BIM）初级考证的知识点，提升软件操作能力及答题技巧，并自测成绩。

【要求】

1. 提升做题正确率及答题时间；

2. 归纳总结答题技巧；

3. 独立完成。

【模拟题二】

理论题

一、单选题（共 20 道题，每题 0.5 分，共 10 分）

1. BIM 是以（　　）数字技术为基础，集成了建筑工程项目各种相关信息的工程数据模型，是对工程项目设施实体与功能特性的数字化表达。

A. 二维 　　　　　　　　　　　　B. 三维

C. 四维 　　　　　　　　　　　　D. 五维

2. 下列选项中，不属于 BIM 的特点的是（　　）。

A. 可视化 　　　　　　　　　　　B. 协调性

C. 模拟性 　　　　　　　　　　　D. 碰撞检查

3. 下列软件产品中，属于 BIM 施工管理软件的是（　　）。

A. Revit 　　　　　　　　　　　　B. BIM5D

C. GGJ 　　　　　　　　　　　　D. MagicCAD

4. （　　）是 BIM 的核心概念，同一构件元素，只需输入一次，各工种共享元素数据，并于不同的专业角度操作该构件元素。

A. 协同 　　　　　　　　　　　　B. 共享

C. 可视化 　　　　　　　　　　　D. 模拟性

5. 当前在 BIM 工具软件之间进行 BIM 数据交换可使用的标准数据格式是（　　）。

A. GDL 　　　　　　　　　　　　B. IFC

C. LBIM 　　　　　　　　　　　　D. GJJ

6. 以下（　　）是 BIM 的全称的正确描述。

A. Building Information Model 　　　B. Building Information Modeling

C. Building Information Management 　D. Building Information Manager

7. 以下视图中不能创建轴网的是（　　）。

A. 剖面视图 　　　　　　　　　　B. 立面视图

C. 平面视图 　　　　　　　　　　D. 三维视图

8. 以下图元中不属于基准图元的是（　　）。

A. 标高 　　　　　　　　　　　　B. 轴网

C. 参照平面 　　　　　　　　　　D. 尺寸标注

9. 国际上，通常将 BIM 的模型深度称为（　　）。

A. LOD 　　　　　　　　　　　　B. LCD

C. LDD 　　　　　　　　　　　　D. LED

10. 在项目的视图显示中，以下显示样式显示效果更为真实的是（　　）。

A. 线框 　　　　　　　　　　　　B. 着色

C. 一致的颜色 　　　　　　　　　D. 真实

11. 在项目中，尺寸标标注属于（　　）。

A. 注释图元 　　　　　　　　　　B. 模型图元

C. 参数图元 　　　　　　　　　　D. 视图图元

12. 将临时尺寸标注更改为永久尺寸标注的方法是（　　　）。

A. 单击尺寸标注附近的尺寸标注符号

B. 双击临时尺寸符号

C. 锁定

D. 无法互相更改

13. 以下方法可以在幕墙内嵌入基本墙的是（　　　）。

A. 选择幕墙嵌板，将类型选择器改为基本墙

B. 选择竖梃，将类型改为基本墙

C. 删除基本墙部分的幕墙，绘制基本墙

D. 直接在幕墙上绘制基本墙

14. 在绘制墙时，要使墙的方向在外墙和内墙之间翻转，可（　　　）。

A. 单击墙体　　　　　　　　　　　B. 双击墙体

C. 单击蓝色翻转箭头　　　　　　　D. 按 Tab 键

15. 编辑墙体结构时，可以（　　　）。

A. 添加墙体的材料层　　　　　　　B. 可以修改墙体的厚度

C. 可以添加墙饰条　　　　　　　　D. 以上均可

16. BIM 在项目管理中可以分为很多类别，下列不属于按工作目标划分的是（　　　）。

A. 工程工期控制　　　　　　　　　B. 工程进度控制

C. 工程成本控制　　　　　　　　　D. 工程安全控制

17. （　　　）是 BIM 系列软件中组成项目的单元，同时是参数信息的载体，是一个包含通用属性集和相关图形表示的图元组。

A. 构件　　　　　　　　　　　　　B. 荷载

C. 体量　　　　　　　　　　　　　D. 族

18. 碰撞检测可以分为专业间碰撞检测和（　　　）。

A. 管线综合碰撞检测　　　　　　　B. 管道碰撞检测

C. 机电碰撞检测　　　　　　　　　D. 暖通碰撞检测

19. 基于 BIM 的（　　　）管理，是综合应用 GIS 技术，将 BIM 与维护管理计划链接，实现建筑物业管理与楼宇设备的实时监控相集成的智能化和可视化管理，及时定位问题来源。

A. 全生命周期　　　　　　　　　　B. 施工

C. 建筑运营维护　　　　　　　　　D. 项目信息

20. 施工单位的机电 BIM 深化设计不包含（　　　）。

A. 碰撞检测　　　　　　　　　　　B. 材料统计

C. 系统校核计算　　　　　　　　　D. 钢筋算量

二、多选题（共 10 道题，每题 1 分，共 10 分）

1. BIM 技术在建设项目过程中的运用，是为了实现（　　　）等目标。

A. 提高工作效率　　　　　　　　　B. 提高工作质量

C. 减少错误　　　　　　　　　　　D. 降低风险

E. 避免错误

2. 以下属于 BIM 的视图类别的是（　　）。

A. 楼层平面　　　　　　　　　　B. 天花板平面

C. 明细表　　　　　　　　　　　D. 隐藏线

E. 轮廓线

3. 项目中渲染，可以实现的渲染设置为（　　）。

A. 背景　　　　　　　　　　　　B. 树木量

C. 灯光选项　　　　　　　　　　D. 材质颜色

E. 图像透明度

4. BIM 应用中，属于设计阶段应用的是（　　）。

A. 净高分析　　　　　　　　　　B. 能量分析

C. 碰撞检测　　　　　　　　　　D. 数字化加工

E. 施工图设计

5. 下列选项属于 BIM 技术的特点的是（　　）。

A. 可视化　　　　　　　　　　　B. 参数化

C. 一体化　　　　　　　　　　　D. 仿真性

E. 自动化

6. 下列选项中属于方案设计阶段中 BIM 应用的是（　　）。

A. 场地风环境模拟　　　　　　　B. 分配平面空间

C. 能耗分析　　　　　　　　　　D. 方案比选

E. 多专业协同

7. 下列选项属于总平面图内容的是（　　）。

A. 总平面布置图　　　　　　　　B. 土方工程图

C. 竖向设计图　　　　　　　　　D. 结构布置图

E. 管线综合图

8. "实心放样"命令的用法，正确的有（　　）。

A. 必须指定轮廓和放样路径

B. 路径可以是样条曲线

C. 轮廓可以是不封闭的线段

D. 路径可以是不封闭的线段

E. 路径必须是封闭的线段

9. Revit 软件的基本文件格式主要为（　　）。

A. rte 格式　　　　　　　　　　B. rvt 格式

C. rft 格式　　　　　　　　　　D. rfa 格式

E. Revit 格式

10. Revit 视图"属性"面板"规程"参数中包含的类型有（　　）。

A. 建筑　　　　　　　　　　　　B. 结构

C. 电气　　　　　　　　　　　　D. 暖通

E. 给水排水

实操题

考生须知：

1. 第一题、第二题为必做题，第三题两道考题，考生二选一作答；

2. 考生需要将每道实操题的所有成果放入以"考题号"命名的文件夹内，并以 zip 格式压缩上传至考试平台（例：01.zip）；

3. 实操题答完一题上传一题，重复上传以最后一次上传的成果答案为准。

一、根据以下平面图及立面图给定的尺寸，建立如左图所示的吊灯构建集模型，并设置"副灯数量"参数，控制四周副灯的数量，请将模型文件以"吊灯＋考生姓名"保存到考生文件夹中（20 分）。

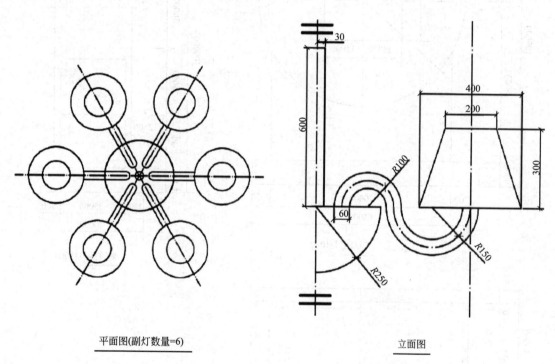

平面图(副灯数量=6)　　　　　　　　　　　　　　立面图

三维示意图

二、根据给定尺寸，用体量方式创建模型，请将模型文件以"方圆大厦＋考生姓名"为文件名保存到考生文件夹中（20分）。

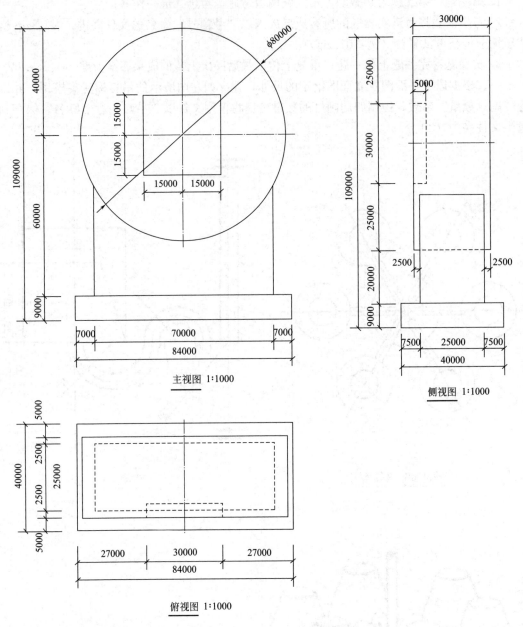

主视图 1:1000

侧视图 1:1000

俯视图 1:1000

三、综合建模（以下两道考题，考生二选一作答）（40分）

考题一：根据以下要求和给出的图纸，创建模型并将结果输出。在考生文件夹下新建名为"第三题输出结果＋考生姓名"的文件夹，将本题结果文件保存至该文件夹中（40分）。

1. BIM 建模环境设置（2分）

设置项目信息：①项目发布日期：2016 年 5 月 1 日；②项目编号：2016001-1。

2. BIM 参数化建模（23 分）

（1）根据给出的图纸创建标高、轴网、建筑形体，包括墙、门、窗、柱、屋顶、楼板、楼梯、洞口。其中，要求门窗尺寸、位置、标记名称正确，参数信息见门窗表。未标明尺寸与样式不作要求（15 分）。

（2）主要建筑构件的参数要求如下（8 分）：

300 外墙	5mm 厚外墙面砖	200 厚大理石地板	20mm 厚大理石地板
	5mm 厚玻璃纤维布		10mm 厚水泥砂浆
	20mm 厚聚苯乙烯保温板地板		150mm 厚混凝土
	10mm 厚水泥砂浆		20mm 厚水泥砂浆
	250mm 厚水泥空心砌块	结构柱	300mm×400mm
	10mm 厚水泥砂浆		
200 内墙	10mm 厚水泥砂浆		
	180mm 厚水泥空心砌块		
	10mm 厚水泥砂浆		
100 内墙	10mm 厚水泥砂浆	屋顶	厚度 150mm
	80mm 厚水泥空心砌块		超出轴线 600mm
	10mm 厚水泥砂浆		坡度见图

3. 创建图纸（13 分）

（1）创建门窗表，要求包含类型标记、宽度、高度、底高度、合计，并计算总数（4 分）。

窗明细表				
类型标记	宽度（mm）	高度（mm）	底高度（mm）	合计
C1	1500	1800	900	8
C2	1200	1800	900	6
C3	1800	1800	900	6
C4	900	1500	1200	2
C5	1200	1200	1200	6

总计：28 扇。

门明细表			
类型标记	宽度（mm）	高度（mm）	合计
M1	2100	800	14
M2	2100	1200	2
M3	2100	900	2

续表

门明细表			
类型标记	宽度（mm）	高度（mm）	合计
M4	2100	700	2
TLM1	2100	1800	2

总计：22樘。

（2）建立 A4 尺寸图纸，创建"1-1 剖面图"，样式要求（尺寸标注；视图比例：1：100；图纸命名：1-1 剖面图；楼板截面填充图案：实心填充；高程标注；轴头显示样式：在底部显示）与试卷一致（9 分）。

4. 模型文件管理（2 分）

（1）用"住宅"为项目文件命名，并保存项目文件（1 分）。

（2）将创建的"1-1 剖面图"图纸导出为 AutoCAD. dwg 文件，命名为"1-1 剖面图"（1 分）。

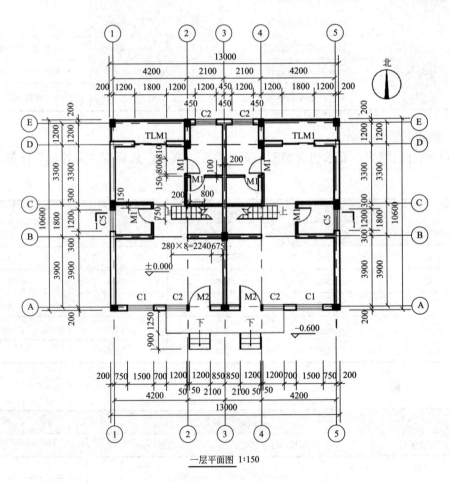

一层平面图 1:150

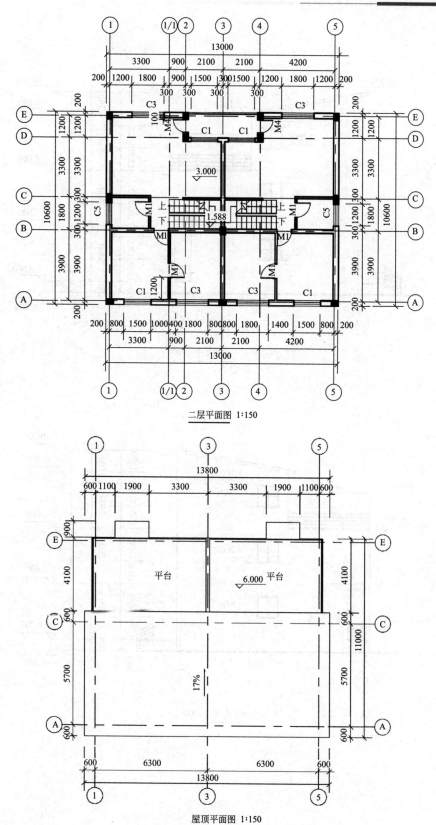

二层平面图 1:150

屋顶平面图 1:150

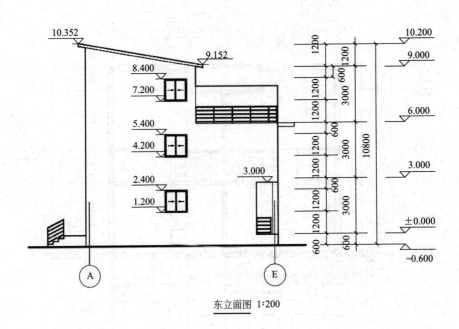

东立面图 1:200

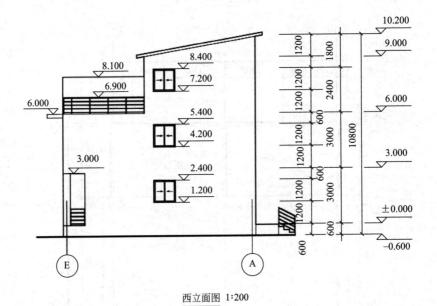

西立面图 1:200

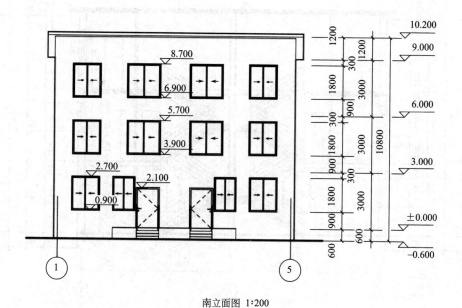

南立面图 1:200

北立面图 1:200

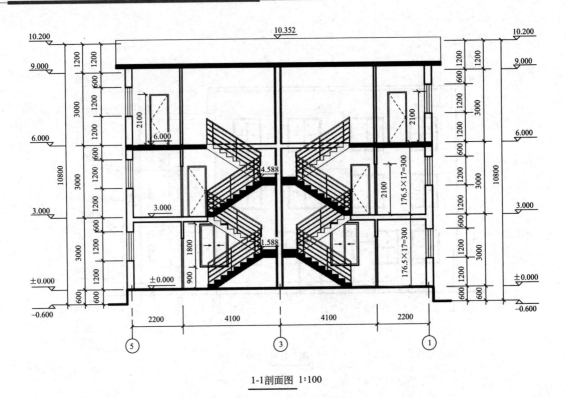

1-1剖面图 1:100

考题二：根据以下要求和给出的图纸，创建建筑及机电模型。新建名为"第三题输出结果+考生姓名"的文件夹，将本题结果文件保存至该文件夹中（40分）。

要求：（未明确处考生可自行确定）

1. 根据"建筑平面图"创建建筑模型，已知建筑位于首层，层高4.0m，其中门底高度为0m，窗底高度为1.2m，柱尺寸为600mm×600mm，墙体尺寸厚度为240mm（材质不限），卫生间隔墙厚度为100mm（材质不限）（4分）。

2. 按要求命名风管和水管系统名称，并根据图表颜色设置管道颜色（2分）。

3. 创建视图名称为"暖通风平面图"，并根据"暖通风平面图"创建暖通风模型，风管底部对齐，风管底高度2.8m，风口为单层百叶风口（5分）。

4. 创建视图名称为"消火栓平面图"，并根据"消火栓平面图"创建消火栓模型，消火栓管道中心对齐，消火栓管道中心标高3.3m；消火栓箱采用室内组合消火栓箱，尺寸为700mm×1600mm×240mm（宽度×高度×厚度），放置高度自定义（5分）。

5. 创建视图名称为"电气平面图"，并根据"电气平面图"创建电气模型，灯具为"单管悬挂式灯具"，标高3.0m；开关为单控明装，标高1.2m；配电箱标高1.2m（7分）。

6. 创建视图名称为"卫生间给水排水详图"，并根据"卫生间给水详图""卫生间排水详图"及给水排水系统图创建卫生间给水排水模型，给水管标高3.2m；排水管排出室外标高-1.5m，坡度为3‰；并根据图示创建卫生器具（10分）。

7. 创建风管明细表，包括系统类型、尺寸、长度、合计四项内容；并创建配电盘明细表（2分）。

8. 创建"暖通平面图",要求 A3 图框,比例 1∶75,需标注图名,标注不作要求,并导出 CAD,以"暖通平面图"进行保存(3 分)。

9. 将模型文件命名为"建筑及机电模型+考生姓名",并保存项目文件(2 分)。

系统名称及颜色编号

系统名称	颜色编号(RGB)
PY-排烟管	255,0,255
W-污水管	64,0,64
J-给水管	0,255,0
F-消火栓管	255,0,0

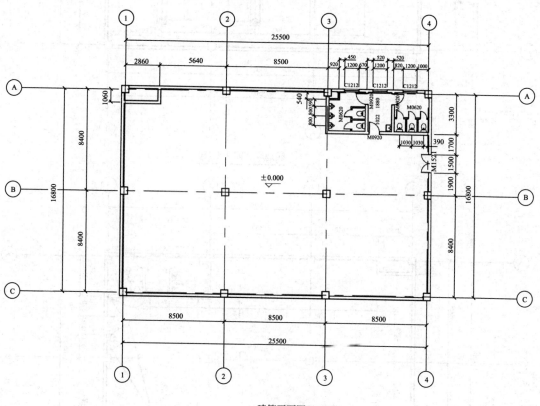

建筑平面图 1∶150

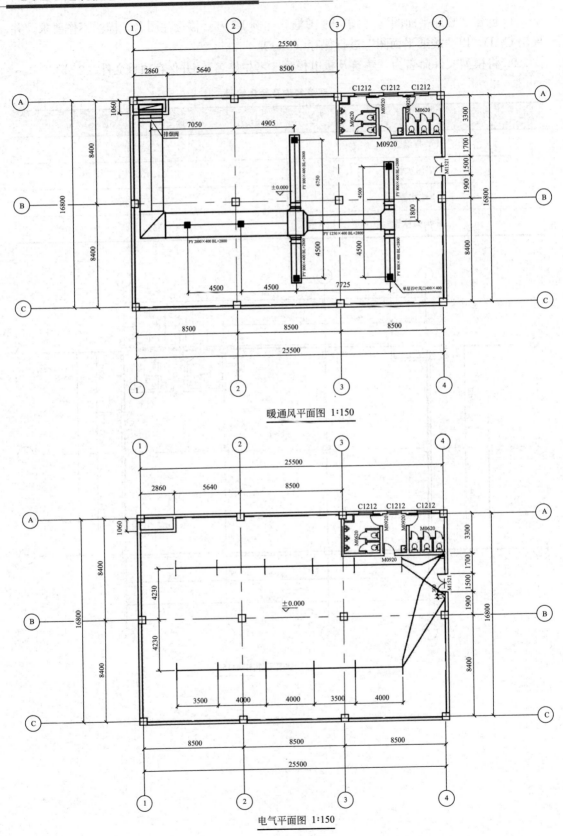

暖通风平面图 1:150

电气平面图 1:150

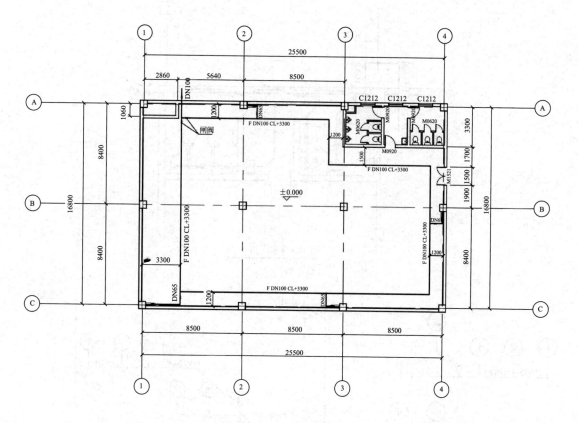

消火栓平面图 1:150

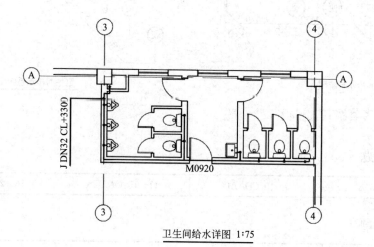

卫生间给水详图 1:75

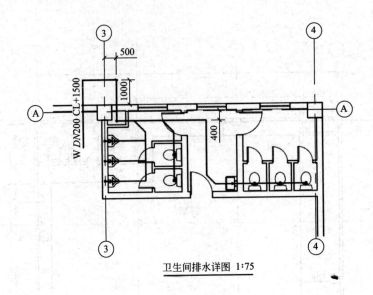

卫生间排水详图 1:75

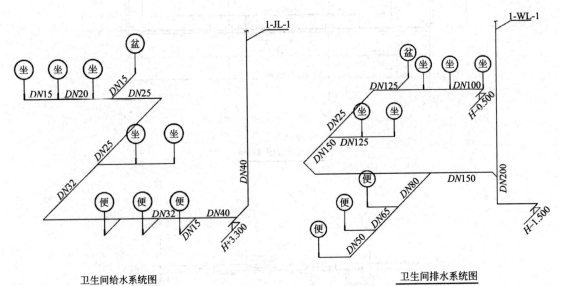

卫生间给水系统图　　　　　　　　　　卫生间排水系统图

理论题参考答案：

实训项目一

一、单选题

| 1～5：BDACA | 6～10：CDAAD | 11～15：CAACA | 16～20：DDBCA |

二、多选题

1. ABCE	2. ABC	3. ABE	4. ABCD
5. ABDE	6. ABC	7. ACDE	8. BCDE
9. BD	10. ACE		

实训项目二

一、单选题

1~5：BDBAB	6~10：BDDAD	11~15：AAACD	16~20：ADACD

二、多选题

1. ABCD	2. AB	3. ACDE	4. ABCE
5. ABCD	6. BCD	7. ABCE	8. ABD
9. ABCD	10. ABC		

参考文献

［1］BIM工程技术人员专业技能培训用书编委会.BIM技术概论［M］.北京：中国建筑工业出版社，2016.

［2］叶雯.建筑信息模型［M］.北京：高等教育出版社，2016.

［3］王君峰，陈晓.Autodesk Revit土建应用之入门篇［M］.北京：中国水利水电出版社，2013.

［4］陈若山.BIM建筑信息模型的创建和应用［M］.北京：中国建筑工业出版社，2020.

［5］王鑫.建筑信息模型（BIM）建模技术［M］.北京：中国建筑工业出版社，2019.

［6］王鑫，董羽.Revit建模案例教程［M］.北京：中国建筑工业出版社，2019.